U0190298

澜湄水资源合作研究丛书

LANMEISHUIZIYUANHEZUOYANJIUCONGSHU

澜湄

水资源自动监测关键技术研究与实践

毕宏伟　陈卫　杨俊　王志飞　等　著

长江出版社

CHANGJIANG PRESS

澜湄水资源合作研究丛书　　编　委　会

参编人员（以姓氏笔画为序）

王志飞　韦人玮　邓翠玲　毕宏伟　刘　陶

李　浩　许　凯　杨　琳　何子杰　佟宇晨

张先员　张汶海　陈　卫　林玉茹　罗祥生

周　敏　赵树辰　胡　波　徐　驰　高　明

郭利娜　曹慧群　董林垚　程东升　翟红娟

总前言

　　澜沧江—湄公河发源于中国,依次流经缅甸、老挝、泰国、柬埔寨和越南,既是联系六国的天然纽带,又是沿岸国民众千百年生息繁衍的摇篮。2016年,澜湄六国携手共同建立了由上下游国家参与的全方位合作机制——澜沧江—湄公河合作(简称"澜湄合作")。澜湄六国一致同意在澜湄合作框架下共建澜湄国家命运共同体,确定了"3+5合作框架",即坚持政治安全、经济和可持续发展、社会人文三大支柱协调发展,优先在互联互通、产能、跨境经济、水资源、农业和减贫领域开展合作。

　　澜湄合作因水而生,因水结缘。自澜湄合作机制启动以来,水资源合作经历了培育期、快速拓展期,现已阔步迈入全面发展的新阶段。作为澜湄合作的旗舰领域之一,澜湄水资源合作风生水起,结出了累累硕果。在机制建设方面,六国定期举办澜湄水资源合作部长级会议和论坛,成立了澜湄水资源合作联合工作组,设立了澜湄水资源合作中心,积极推进水资源领域协商对话、经验交流和项目合作。在共同应对水旱灾害方面,中国作为上游国家,充分发挥澜沧江水利工程调丰补枯作用,尽最大努力保障合理下泄流量,多次应湄公河国家需求提供应急补水,积极与湄公河国家携手应对全球气候变化影响。在信息共享方面,中国水利部自2020年开始正式向湄公河国家提供澜沧江全年水文信息,并开通澜湄水资源合作信息共享平台网站,积极同澜湄流域国家开展水资源数据、信息、知识、经验和技术等方面的共享。在惠民项目合作方面,中方联合湄公河国家积极争取中国—东盟海上合作资金、亚洲区域合作专项基金、澜湄合作基金等资金支持,在水资源规划、山洪灾害防治、应对水旱灾害、小流域综合治理、供水工程建设、学科体系建设、监测能力提升、大坝安全、人员交流与能力建设方面申报了系列项目,全方位、宽领域、深层次提高湄公河国家水利基础设施和管水、用水、护水能力。近年来,澜湄水资源合作政策对话与技术交流进一步加强,流域信息共享进程进一步加快,防洪抗旱应对能力进一步提高,民生保障工程效益进一步发挥。

　　《澜湄水资源合作研究丛书》由长江出版社和澜湄水资源合作中心组织长期从事澜湄水资源合作的专家、学者编写。《澜湄水资源合作研究丛书》共 5 册,以澜湄流域内国家水资源项目务实合作为主线,围绕水资源整体情况、水资源管理、水资源相关科学研究成果、水资源务实合作项目成效、水资源合作机制建设等领域,详细介绍了在澜湄合作机制下澜湄水资源合作第一个金色五年取得的丰硕成果,是充分展现澜湄六国友好合作和中国水利服务构建澜湄国家命运共同体的书籍。

　　我们相信,《澜湄水资源合作研究丛书》的出版,将有助于社会各界更加全面、科学地认识澜湄流域、澜湄六国和澜湄水资源合作,更加系统、翔实地了解中国水利参与共建澜湄国家命运共同体的实践。同时,丛书在编写过程中既重视学术性,也强调可读性,力求将与澜湄水资源合作相关的专业知识通俗准确地介绍给更为广大的读者群体。

作　者
2023 年 6 月

前 言

PREFACE

2016 年 3 月,澜湄合作首次领导人会议在中国海南三亚召开,会议发表了《三亚宣言》,标志着澜湄合作机制正式建立,并明确了水资源是五个优先合作领域之一。自澜湄合作机制成立以来,中国、柬埔寨、老挝、缅甸、泰国、越南六国水利部门积极落实领导人共识,加强政策对话与技术交流,加快流域信息共享进程,提高防洪抗旱应对能力,发挥民生保障工程效益,推动澜湄水资源合作进入"快车道",增进了流域各国民生福祉。

湄公河流域水资源时空分布十分不均,雨季洪灾频发,旱季用水矛盾突出,受全球气候变化的影响,极端洪旱事件频发。湄公河流域各国经济社会发展水平相差较大,水资源开发利用率整体不高,水利基础设施建设滞后,水资源监测系统不完善,基本数据极度缺乏,无法支撑水资源合作的快速推进。因此,提升湄公河流域各国水资源监测能力水平成为推动澜湄水资源合作的基础和首选任务。

水资源监测是一项复杂而全面的系统工程,包括通过科学方法对自然界水的时空分布和变化规律进行监控、测量、分析以及预警等,是一门综合性学科。为了更深度地研究水资源的量及其时空分布变化规律,更好地服务防汛抗旱的监测和预报以及特殊灾情的应急处置,更加有力地支撑水资源配置、利用、保护和防灾减灾工作,需要对江、河、湖、库的水位、流量、流速、降雨(雪)、蒸发、泥沙、水质等水文要素开展全面的监测和分析,因此水文监测具有多要素属性。水文监测数据为防汛抗旱、水资源开发利用、水利工程建设、水资源统一管理调度和经济社会发展提供了重要的基础性支撑。我国一直都很重视水文水资源监测能力建设,结合社会科技的发展和我国水文水资源现状进行了全方位的研究,并将研究成果应用于改革开放后的国家非工程措施建设中,形成了较为完善的水文水资源监测预报预警体系。进入 21 世纪后,通过通信和互联网相关新技术的广泛应用、监测新设备的引进和应用实施,国内各大流域已建成自动化程度较高的多要素感知体系,初步建成了集基本资料收集、水旱灾害防御、水资源管理、水环境治理及水生态保护等功能为一体的水资源监控系统。因此,在推动澜湄水资源合作进程中,如何将我国在水资源监测能力提升过程中的成熟经验、先进理念和方法应用于湄公河流域各国水资源监测体系建设中,是一个必须面对的课题。

自澜湄水资源合作以来,水利部长江水利委员会作为中方主要支撑单位之一,一直积极参与其中,申报并实施了一批务实合作项目,一系列中国方案为提升湄公河流域国家水治理能力、造福各国民生做出了积极贡献。中柬合作项目"柬埔寨国家水资源科学技术研究院学科体系及配套设施示范建设""柬埔寨国家水资源综合规划纲要编制"提升了柬埔寨水利科研和管理水平,支撑了柬埔寨国家"四角战略"。中老合作项目"老挝国家水资源信息数据中心示范建设""南乌河流域综合规划""南屯河流域综合规划"建成了 1 个中心站和 25 个自动监测站,培训了一批老挝技术骨干,为老挝防汛抗旱、水资源管理提供了可靠保证。在已实施的合作项目中,长江水利委员会水文局独立完成"老挝国家水资源信息数据中心示范建设项目"并获得中老双方领导人的肯定,同时,长江水利委员会水文局参与的柬埔寨水文信息监测与传输技术示范建设项目、湄公河流域数据支持与管理项目(老挝试点)等湄公河流域水资源监测能力提升相关项目已经初步探索和积累了一些符合湄公河流域的水资源监测体系建设的经验和做法,经过提炼和总结,可为在澜湄合作框架体系下积极推进湄公河流域相关国家水资源监测体系建设和提升监测能力水平提供一定的技术支撑和保障。本书是一部水文多要素自动监测、集成与应用技术的专著,是长江水利委员会水文局近几年来在澜湄合作框架下,通过多个项目研究湄公河流域特殊自然和社会环境下有关水文水资源自动监测技术及实践成果的全面总结。本书由毕宏伟、陈卫、杨俊、王志飞、王巧丽、李然、高明、雷昌友、鲁青、邹红梅、吴琼撰写。全书由陈卫、王志飞具体组稿、统稿,毕宏伟审定。雷昌友、高明、李然、蒋正清参与全书的图表、文字编辑及校审工作。

　　本书得到了长江水利委员会国际合作与科技局李中平和澜湄水资源合作中心胡波、邓翠玲等同志的指导和大力支持,全书参阅了大量相关文献以及长江水利委员会水文局在各阶段的相关研究成果,在此谨致谢意。由于本书涉及面广,未免挂一漏万,不足之处,敬请批评指正。

作　者

2023 年 6 月

目 录

CONTENTS

第1章 绪 论

CHAPTER 1

1.1 湄公河流域概况

澜沧江—湄公河是一条国际河流,在我国境内称为澜沧江,流经东南亚部分称湄公河,是亚洲流经国家最多的河,也是亚洲第三大河、世界第六大河,被称为"东方的多瑙河"。干流全长约 4880km,流域面积 81.24 万 km²。湄公河流域面积 64.80 万 km²,干流长 2719km,分别占澜沧江—湄公河全流域面积的 79.8%,河道总长的 55.7%。澜沧江—湄公河发源于我国青海省玉树藏族自治州唐古拉山脉北麓,自北向南流经我国青海、西藏、云南三省(自治区)和缅甸、老挝、泰国、柬埔寨、越南五国,于越南胡志明市附近湄公河三角洲注入南中国海,是亚洲一条重要的河流,干流总落差 5060m,入海口多年平均径流量约 4750 亿 m³,位列全球第十。澜沧江—湄公河在云南省南腊河口出境以后的河段称湄公河,占总流域面积的 77.8%,几乎包括整个老挝、柬埔寨和泰国的大部分地区、越南的三角洲地区和部分中部高原,河道平均比降约 0.16‰。主要支流有南塔河、南乌江、南康河、南俄河、南屯河、邦非河、色邦亨河、蒙河、桑河、洞里萨河等,其中蒙河为最大支流。

湄公河全程分上游、中游、下游和河口三角洲四段。从中国与老挝两国国境交界处到老挝万象为上游段,流经地区大部分海拔 200~1500m,地形起伏较大,两岸高山夹峙着河水奔流在河谷中,水势湍急。从万象到老挝巴色为中游段,大部分地区海拔 100~200m,地形起伏不大。河流在老挝高原、清迈高原上冲积形成更谷平原、巴色平原等河谷小平原,该段多数可通航行船。巴色到柬埔寨的金边为下游河段,流经地区为平坦而略为起伏的准平原,海拔不到 100m,河床宽阔,多岔流。湄公河在巴色以下不远处就遇到一处巨大的玄武岩山脉,将湄公河切出一条宽约 10000m 的大瀑布——孔瀑布,它是世界最大的瀑布之一,洪水期的流量达 4 万 m³/s。湄公河在金边以下为河口段,先分为两支,在进入越南时分成 9 条支汊入南海(湄公河在越南境内称为九龙江)。湄公河从中上游高原山地带来的大量泥沙在此处沉积,形成巨大的湄公河三角洲。

湄公河干流河谷较宽,多弯道,经老挝境内的孔瀑布进入低地,在柬埔寨金边与洞里萨河交汇后,进入越南三角洲。三角洲上再分 6 支,经 9 个河口入海,故入海河段又名"九龙江"。

湄公河流域受西南季风影响,左岸迎风坡为多水带,右岸背风坡为少水带。因而左岸水系较右岸多,产水量也远高于右岸,约占全流域水量的70%。

湄公河流域是亚洲乃至全世界最具发展潜力的地区之一,流域内人口达3.26亿。湄公河五国GDP总量超过6000亿美元,年平均增速近7%。澜湄六国山水相连,人文相通,睦邻友好,安全与发展利益紧密相关。流域各国目前都处于经济社会快速发展阶段,建设和发展是各国的主要目标,但经济社会发展不平衡,水利基础设施薄弱,水资源开发利用不充分,同时受人口持续增长、城镇化进程加速和全球气候变化等因素影响,如何实现水资源的持续利用以支撑经济社会可持续发展已成为事关流域各国发展的核心问题和研究方向。

1.1.1 流域气候特征

澜沧江—湄公河流域呈南北长、东西窄的狭长形,从河源到河口跨越25个纬度,流经寒带、温带、亚热带和热带等4个气候带。湄公河流域位于亚洲热带季风区的中心,主要受季风气候的影响,干湿两季分明,降雨年内时空分布极为不均。5—9月底受来自海上的西南季风影响,潮湿多雨,5—10月为雨季;11月至次年3月中旬受来自大陆的东北季风影响,干燥少雨,11月至次年4月为旱季。强度很大、历时较短、影响范围较小的雷雨在整个雨季都很频繁;历时较长、范围很大的降雨在9月最频繁,导致洪水泛滥现象严重,但其影响大多只局限于三角洲地区和流域西部,偶尔穿越大陆使更大范围遭受长时间大雨袭击。由于降雨的季节分布不均匀,流域各地每年都要经历一次强度和历时不同的干旱。受地形、西南季风走向和穿越中国、越南而来的东北部热带气旋的影响,老挝北部中心区域年降水量超过3000mm,而泰国东北干旱地区年降水量却少于1000mm。老挝沿安南山脉高海拔区域分布的地区(老挝北部、南部色公河和色桑河的河源区)年降水量超过2500mm。泰国锡蒙河流域和柬埔寨东部的洞里萨湖流域年平均降水量有着明显的东西向降雨梯度。降雨的时空分布不均导致洪旱灾害频繁发生。

随着河流流经地形和纬度的变化,湄公河流域气温有相应的变化。一般来说,气温由北向南递增,垂直变化明显。湄公河流域年内气温变化较为均匀,年均气温在25~27℃变化。大气平均相对湿度在9月最高,略大于80%;在3月最低,为60%左右。流域蒸发量年内变化很大,如7月蒸发量为80mm,而在6月达160mm。

1.1.2 流域洪水特性

湄公河流域每年都会暴发洪水。洪水已造成整个流域,尤其是柬埔寨低地和湄公河三角洲的自然环境与生态破坏。流域的自然、文化、沿岸社会经济和福利以及洪泛区植被、动物和土地利用等均与洪水息息相关。湄公河流域的洪水主要由降雨、人为因素和海岸洪水等三种因素引起(表1.1-1),每个类型都有其自身的特性、风险及危害。在湄公河与其支流汇合处,河道受到干流及干流与支流回水的联合顶托,形成非常重要的洪泛区。

表 1.1-1　　　　　　　　　　　　　　　　　　　湄公河流域洪水

洪水因素		原因	特征	风险与危险等级
类型	名称			
降雨	干流	流域集水区过度降雨	启动迅速,流速慢,可在下游持续 2~4 个月	1 级。柬埔寨和越南三角洲干流洪水风险及危害明显高于其他地区。相比之下,老挝和泰国的洪水风险及危害要低一个数量级
	支流	支流集水区过度降雨	集水区狭小陡峭,故启动迅速,流速快,持续时间一般为几天至一周	2 级。老挝、泰国、柬埔寨三国的支流洪水,尤其是山洪和滑坡灾害的危害很大,但比柬埔寨、越南的干流洪水低一个数量级
	局部	局部集水区过度降雨	启动迅速,对日常生活影响大,一般持续数小时至一天	4 级。局部洪水危害较小,至少比支流洪水低一个数量级
人为因素	大坝泄洪	大坝过度泄洪	启动较快,尤其是应急泄洪时突发性强	3 级。发生大坝泄洪洪水的可能性较小,但其潜在危害和破坏力强
	溃坝	大坝失事	瞬时暴发,水位上涨迅速	3 级。发生溃坝洪水的可能性非常小,但其潜在危害和破坏力极强
	溃堤	堤坝失事或漫顶	"保护区"突然淹没	3 级。发生溃堤洪水的可能性小且洪水相对温和,洪水位及危害远低于溃坝洪灾
海岸洪水	风暴潮	热带气旋、低压和风暴	启动慢,洪水位高,会发生暴风、海啸破坏	5 级。发生特大风暴潮洪水的可能性较小,但具有潜在的危害和破坏力,仅限于越南三角洲沿海地区
	海啸	海底地震	瞬时启动,水位急速上涨,破坏力极强	5 级。发生特大海啸的可能性较小,但有潜在危险;仅限于越南三角洲沿海地区,但海岸走向可提供一定保护

（1）洪水发生时间

湄公河流域产生暴雨的水汽输送主要为来自孟加拉湾西南的暖湿气流,来自南海的水汽输送次之;流域暴雨主要是由来自南海的热带风暴所带来的降雨所形成。流域洪水多为连续大雨或暴雨形成,属暴雨洪水类型,但洪水出现时间比降雨时间滞后,滞后不超过 1 个月。洪水期一般为 6—12 月,其中 8—9 月为主汛期。

根据实测资料统计分析,湄公河干流水文站年最大洪水主要集中出现在 7—10 月。年最大洪水最早出现在 6 月,巴色站 1965 年最大洪水出现在 6 月 26 日;一般情况下各水文站年最大洪水最迟出现在 10 月。

清盛、琅勃拉邦、万象、穆达汉、巴色水文站年最大洪水出现频次最多的月份均为 8 月，除巴色水文站出现频次为 47％外，其余各水文站均超过 50％；上丁水文站为 9 月，出现频次为 48％。清盛以上水文站年最大洪水出现频次第二多的月份为 7 月，琅勃拉邦至巴色之间的水文站为 9 月，9 月出现年最大洪水的概率越往下游越大，巴色水文站频次达 45％，与 8 月出现频次基本相当。

清盛、琅勃拉邦、穆达汉、巴色水文站年最大洪水出现最多的 3 个月为 7—9 月；万象和上丁水文站年最大洪水出现最多的 3 个月为 8—10 月，概率达 95％以上。

湄公河流域呈南北向发育，暴雨结束时间越往下游越晚，相应地洪水结束时间也就越晚，下游地区 12 月也有可能发生洪水。湄公河流域干流部分水文站年最大洪峰流量出现时间及频次见图 1.1-2。

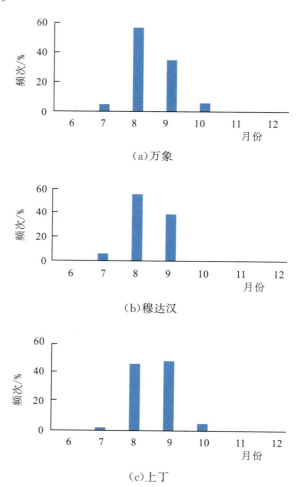

（a）万象

（b）穆达汉

（c）上丁

图 1.1-2　湄公河流域干流部分水文站年最大洪峰流量出现时间及频次

（2）洪水量级

湄公河干流主要水文站清盛、琅勃拉邦、万象、巴色和上丁等水文站多年平均年最大日平均流量分别为 10900m³/s、14800m³/s、16800m³/s、37600m³/s、54000m³/s。琅勃拉邦站实测最大日平均流量为 25200m³/s（1966 年），万象站实测最大日平均流量为 25900m³/s（1966 年），巴色站实测最大日平均流量为 57800m³/s（1978 年），上丁站实测最大日平均流量为 78100m³/s（1939 年）。

湄公河流域洪水峰高且量大。清盛、琅勃拉邦、万象、巴色和上丁等水文站的多年平均 30d 洪量分别为 190 亿 m³（1960—2013 年）、286 亿 m³（1950—2007 年）、344 亿 m³（1913—2007 年）、814 亿 m³（1923—2007 年）、1129 亿 m³（1910—2007 年）。

（3）洪水类型

由于湄公河流域纬度跨越幅度较大，地形和降雨多变，并且河流走向、流域形状与季风活动路线基本平行，湄公河流域洪水以区域性洪水为主，出现全流域性洪水的概率较小。

自有实测资料以来，湄公河流域覆盖范围最广的一场洪水发生在 1966 年 8—9 月，万象站洪峰流量 25900m³/s，位居第一位（1913—2007 年系列），万象城大部分和整个廊开城几乎被洪水淹没了一个月，是该场洪水危害最为严重的地区，洪水等级为 50～100 年一遇；穆达汉站至巴色站河段洪水为 10～20 年一遇的较大洪水，上丁站以下则为一般洪水。

1978 年 8 月大洪水几乎淹没了整个巴色城，巴色站洪峰流量 57800m³/s，位列第一位（1923—2007 年系列），为超过 100 年一遇的特大洪水。但在万象至穆达汉河段为 5～20 年一遇洪水，上丁以下为 10～20 年一遇洪水。1978 年发生在穆达汉至洞里萨河入汇处的台风是产生巴色河段特大洪水的主要原因，洪水的特点是洪峰和长历时洪量均比较突出，而湄公河上游因在台风影响范围之外仅为一般洪水。

1996 年 9 月洪水造成廊开、穆达汉、巴色、上丁、桔井等 5 个水文站的最高日平均水位超过保证水位，但也仅仅为湄公河下游区域性大洪水，巴色站洪峰流量、15d 洪量不足 5 年一遇，上丁站洪峰流量 69800m³/s，位列第一位（1966—2007 年系列），为 10～20 年一遇洪水。

2008 年 8 月连日暴雨造成湄公河水位迅猛上涨，老挝、泰国和柬埔寨等国家部分地区遭遇洪水侵袭。该场洪水主要发生在琅勃拉邦、万象至廊开河段，为 20～50 年一遇的大洪水，澜沧江和穆达汉以下河段为一般洪水。

1.1.3　流域水资源及生活灌溉用水情况

（1）流域水资源现状

湄公河水资源量空间分布十分不均，总体上呈水资源下游多于上游、左岸多于右岸、平原多于谷地的空间分布特征。全流域 35% 的年径流量来自老挝，泰国和柬埔寨的径流贡献率均为 18%，这 3 个国家的径流量构成了湄公河水量的主体部分。另有 16% 的径流量来自中国，11% 的径流量来自越南，而来自缅甸的径流量仅为 2%（表 1.1-2）。

表 1.1-2 澜沧江—湄公河流域各国水资源分布

国家	流域面积/（万 km²）	流经里程/km	占全流域面积/%	平均产水量/(m³/s)	径流贡献率/%
中国	16.5	2161	21	2140	16
缅甸	2.4	265	3	300	2
老挝	20.2	1987	25	5270	35
泰国	18.4	976	23	2560	18
柬埔寨	15.5	501	20	2860	18
越南	6.5	229	8	1660	11
总计	79.5	4880	100	15060	100

湄公河万象站以上河段以雨水补给类型为主,万象站以下万象平原及湄公河低地地下水对河川径流补给调节功能显著,金边站以下主要以雨水补给与河汊调节和回流调节为主。湄公河流经老挝、缅甸、泰国、柬埔寨进入越南,在越南的胡志明市注入南中国海,河口多年平均径流量 4765 亿 m³。湄公河流域各国所占湄公河水资源见表 1.1-3。

表 1.1-3 湄公河流域各国所占湄公河水资源

国家	多年平均集水量/亿 m³	占湄公河流域总集水量的比例/%	湄公河流域面积/万 km²	占流域总面积的比例/%	领土面积/万 km²	湄公河流域面积占国家领土的比例/%
缅甸	94.70	2.37	2.40	3.80	67.70	3.54
老挝	1663.00	41.66	20.20	32.00	23.70	85.23
泰国	808.00	20.24	18.40	29.20	51.30	35.87
柬埔寨	903.00	22.58	16.17	24.60	18.10	85.60
越南	524.00	13.12	6.50	10.30	33.00	19.70
总计	3992.70	100.00	64.66	100.00	637.40	—

就湄公河流域面积而言,老挝境内最大,占流域面积的 32%;其次为泰国和柬埔寨,分别占流域面积的 29.20% 和 24.60%。

就湄公河流域面积占国家领土面积的比例而言,老挝和柬埔寨境内湄公河流域面积分别占国家领土的 85.23% 和 85.60%,国家绝大部分的领土位于流域内;泰国境内湄公河流域面积占国家领土的 35.87%;越南境内湄公河流域面积占国家领土的 19.70%,而富饶的湄公河三角洲(面积达 4.4 万 km²)88.9% 的面积位于越南南部,为越南最富庶的粮仓,其农产值占越南全国 GDP 的 30% 以上,稻米出口量占全国稻米出口量的 80% 以上。

就流域多年平均集水量而言,老挝最多,为 1663.00 亿 m³,占流域总集水量的 41.66%。缅甸境内湄公河流域面积、河长及集水量均最少,其中流域面积占湄公河流域总面积的 3.80%,集水量占湄公河总集水量的 2.37%。

(2)流域内生活用水情况

湄公河流域生活用水量较少,其原因通常与总取水量有关。湄公河年径流量约为 4570 亿 m³,当前生活用水总需求量约为 30 亿 m³/a,占湄公河年径流量的 0.7%。正常情况下,生活总用水量由人口数量和生活方式决定。城市用水远高于农村,其水消费量因使用自来水管而大幅提高。湄公河流域当前生活用水人均需求量及趋势见表 1.1-4。

表 1.1-4   湄公河流域当前生活用水人均需求量及趋势

国家	人均用水量/(L/d)		
	2007 年	2030 年	2060 年
柬埔寨	农村:90 城市:130	农村:100 城市:150	农村:100 城市:170
老挝	农村:60 城镇:140 城市:180	农村:80 城镇:160 城市:200	农村:100 城镇:160 城市:200
泰国	农村:50 城镇:120 城市:250	农村:70 城镇:170 城市:270	农村:100 城镇:200 城市:300
越南	农村:60 城市:100	农村:80 城市:150	农村:100 城市:175

注:数据来源于老挝供水局、泰国自来水管理局、柬埔寨供水系统第 2 阶段能力建设、越南建设部。

根据湄公河流域各国用水数据及人口增长情况,表 1.1-5 显示了其预计生活用水量。到 2060 年湄公河流域的总取水量虽仍只占湄公河年径流量的 1.3%,但到 2030 年和 2060 年,湄公河流域的生活用水量预计将在 2007 年的基础上分别增长约 50% 和 125%。

表 1.1-5   湄公河流域年生活用水量及其趋势

国家	年生活用水量/×10⁶ m³		
	2007 年	2030 年	2060 年
柬埔寨	520	936	1544
老挝	239	447	862
泰国	1123	1377	1743
越南	545	1032	1803
湄公河流域总量	2427	3792	5952

泰国东北和越南所有主要城市和省城均安装了自来水管,但供水系统的容量不够,难以满足需求。老挝和柬埔寨只有主要城市通了自来水管。其主要供水来源为地表水(江、河、湖等)和地下水。大部分农村居民依靠地下井水,大部分城市居民的用水取自水库和河流。泰国大部分城市用水为地下水,其 60% 的地下水为生活用水。越南约有 2/3 的供水来自地表水,其余来自地下水。

(3)流域内灌溉用水情况

灌溉是湄公河流域最大的用水项目,年淡水消费量约达 41.8 亿 m³。其中超过一半的用水发生在湄公河三角洲(26.3 亿 m³),其次是泰国(9.5 亿 m³)、老挝(3.0 亿 m³)、柬埔寨(2.7 亿 m³)和越南高地(0.5 亿 m³)。图 1.1-3 为湄公河年净灌溉用水总估计量。

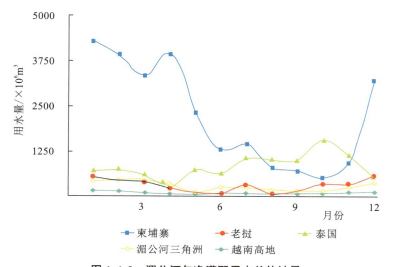

图 1.1-3　湄公河年净灌溉用水总估计量

随着湄公河流域四国灌溉面积逐渐增加,泰国北部地区和越南三角洲的大部分农田已建设了灌溉设施。自 1990 年以来,柬埔寨政府在发展伙伴的捐赠以及贷款扶持下,灌溉项目投资已得到显著提高。老挝旱季水稻生产完全依赖灌溉供水。自 1990 年安装了柴油泵和电动泵后,其水稻产量才显著增加。泰国东北部的灌溉农业面积近十年一直相当稳定,尽管投资较大,但是除雨季外实际用水仍保持较低水平。在越南三角洲,灌溉供水除了用于种植水稻、旱地作物和果树外,还用于盐水虾养殖。越南中部高地的水稻总产量要低得多,据估计,该地区雨季灌溉稻面积为 141684hm²,旱季为 76184hm²。

湄公河流域灌溉总面积约为 400 万 hm²,其中雨季为 350 万 hm²,旱季为 120 万 hm²,另外,约有 150 万 hm² 可种三季作物,见表 1.1-6(2007 年统计数据)。在粮食危机导致粮价上涨之前,水稻市场价格较低,限制了旱季水稻产量,故雨季稻是该地区最常见的粮食作物。大多数雨季灌溉稻栽培采用非正式或临时浇灌的用水制度。

表 1.1-6   2007 年灌溉稻及其他作物灌溉面积

国家	可灌溉面积/hm²	水稻/hm²			非水稻作物面积/hm²	年灌溉面积/hm²
		第一季	第二季	第三季		
柬埔寨	504245	273337	260815	16713	12172	563037
老挝	166476	166476	97224		6977	270677
泰国	1411807	1354804	148225		252704	1755763
越南	1919623	1669909	739594	1478740	329740	4217983
三角洲		1528225	663410	1478740	294899	3965274
高地		141684	76184		34841	252709
湄公河流域	4002151	3464526	1245888	1495453	601593	6807460

湄公河委员会(以下简称"湄委会")四国在湄公河流域内已建总灌溉项目 11420 个,灌溉面积总计 4002151hm²。其中泰国已建灌溉项目 6388 个,总灌溉面积约 1411807hm²,主要位于河流两岸及泰国北部的洪泛区,未来 60 年内湄公河流域内无新增灌溉面积。老挝已建灌溉项目 2333 个,总灌溉面积 166476hm²,与流域内其他国家相比较少,规划 2030 年新增灌溉面积 28%达到 21.3 万 hm²,2060 年增加 29%达 21.5 万 hm²。柬埔寨已建灌溉项目有 2091 个,总灌溉面积 504245hm²,规划 2030 年新增灌溉面积 53%达到 77.2 万 hm²,2060年新增 66%达 83.8 万 hm²。越南已有灌溉项目 608 个,但单个项目平均灌溉面积最大,总灌溉面积达 1919623 万 hm²,未来几十年内无新增灌溉面积。湄公河流域内湄委会四国已有、规划灌溉项目及灌溉面积统计见表 1.1-7。

表 1.1-7   湄公河流域内湄委会四国灌溉项目及灌溉面积统计

国家	项目数量	2030 年		2060 年	
		灌溉面积/万 hm²	灌溉面积增加比例/%	灌溉面积/万 hm²	增加比例/%
柬埔寨	2091	77.2	53	83.8	66
老挝	2333	21.3	28	21.5	29
泰国	6388	141.2	0	141.2	0
越南	608	192.0	0	192.0	0
合计	11420	431.7	8	438.4	10

注:表中数据经四舍五入所得。

由表 1.1-7 可见,湄公河流域内湄公河四个国家中,越南已建灌溉面积最大,其灌溉面积约占湄公河流域总灌溉面积的 48.0%。其次为泰国,灌溉面积约占湄公河流域总灌溉面积的 35.3%。剩余 16.7%灌溉面积位于柬埔寨和老挝。未来几十年内柬埔寨和老挝在湄公河流域的灌溉面积将有所增加,泰国和越南在湄公河流域的灌溉面积可能保持不变。

1.1.4 流域干支流水电工程情况

湄公河水能资源丰富,水能蕴藏量 58000MW,可开采量 32110MW,其中 13000MW 分布在干流上,19110MW 分布在支流上(包括老挝 13000MW,柬埔寨 2200MW,越南 2000MW)。目前,已建水电开发工程主要分布在支流上,水电开发量仅占水能蕴藏量的 5%,开发潜力巨大。

为利用湄公河水能资源,流域国家对湄公河干支流进行了不同程度的开发。据统计,截至 2020 年 9 月,湄公河干流上共规划了 18 座水电站,其中已建 2 座,处于规划阶段的有 16 座;湄公河支流上规划的大、中、小型水电站共 125 座,其中已建 31 座,在建 9 座,处于规划阶段的有 85 座。

湄公河干流规划的 18 座梯级水电站中,2 座位于中国—缅甸边境,5 座位于老挝—缅甸边境,3 座位于老挝—泰国边境,6 座位于老挝境内,2 座位于柬埔寨境内;目前干流已建水电工程为老挝境内的沙耶武里水电站与栋沙宏水电站。湄公河支流水电项目中,91 座位于老挝境内,15 座位于越南境内,12 座位于柬埔寨境内,7 座位于泰国境内。

老挝境内湄公河流域已建、在建及规划水电站共 100 座(占流域水电站总数的 73.5%),其中干流水电站 9 座,支流水电站 91 座。柬埔寨境内湄公河流域干流规划水电站 2 座,支流已建、在建及规划水电站 11 座,均位于公河(Se Kong)、桑河(Se San)和斯雷博河(Srepok)流域。泰国境内湄公河流域目前有 7 座已建水电站,均位于其东北部的湄公河支流上,未来若干年内无水电工程规划。越南境内湄公河流域已建水电站 7 座、在建水电站 5 座、规划水电站 3 座,均位于湄公河支流,其中在建和规划工程均位于桑河和斯雷博河流域。

湄公河流域范围内柬埔寨、老挝、泰国、越南 4 国已建、在建及规划水电工程总装机容量为 30000MW,截至目前,已建水电站总装机容量为 12286MW,在建水电站总装机容量为 3000MW,规划建设水电站总装机容量为 14715MW。湄公河流域装机容量较大的水电工程主要分布在干流上,为 14697MW,约占总装机容量的 49.0%;其中老挝境内湄公河干流水电工程装机容量为 10417MW,占干流总装机容量的 70.9%。支流已建、在建及规划水电工程总装机容量为 14987MW,主要分布在老挝境内。

截至目前,湄委会四国干支流所建水电项目见表 1.1-8。

表 1.1-8 湄委会四国干支流已建水电项目进展更新

国家	数量	装机/MW
柬埔寨	2	401
老挝	65	8033
泰国	7	1245
越南	14	2607
合计	88	12286

湄公河干流规划主要水电工程见表 1.1-9。

表 1.1-9 湄公河干流规划主要水电工程

工程	国家	装机容量/MW	状态	总库容/亿 m^3
官木	中国—缅甸	140	规划	—
南腊	中国—缅甸	680	规划	—
索累	老挝—缅甸	840	规划	—
相腊高坝	老挝—缅甸	2000	规划	—
相腊低坝	老挝—缅甸	72	规划	—
孔康	老挝—缅甸	570	规划	—
孟喜	老挝—缅甸	690	规划	—
北本	老挝	1230	2023 年投产	5.59
琅勃拉邦	老挝	1460	预计 2030 年投产	15.89
沙耶武里	老挝	1285	2019 年建成投产	13.00
芭莱	老挝	1000	预计 2030 年投产	8.90
萨拉康	老挝	700	预计 2025 年投产	10.73
巴蒙	老挝—泰国	1080	规划	—
班库	老挝—泰国	1800	规划	—
拉素	老挝—泰国	600	规划	—
栋沙宏	老挝	260	2020 年投产	0.25
上丁	柬埔寨	980	规划	0.70
松博	柬埔寨	1700/2500	规划	37.94

1.2 实施流域水资源监测关键技术研究的背景与意义

1.2.1 研究背景

澜沧江—湄公河合作(以下简称"澜湄合作")是我国与湄公河五国共同发起和建设的新型次区域合作平台,旨在深化六国睦邻友好合作,促进次区域经济社会发展,缩小地区国家发展差距,助力东盟一体化建设和地区一体化进程,为推进南南合作、落实联合国 2030 年可持续发展议程做出新贡献。各方为建设澜湄国家命运共同体,将澜湄合作打造成亚洲命运共同体建设的"金字招牌"和"一带一路"建设的重要平台而共同努力。澜湄合作旨在促进澜湄沿岸各国经济社会发展,增进各国人民福祉,缩小本地区国家发展差距,支持东盟共同体建设,并推动落实联合国 2030 年可持续发展议程,促进南南合作。在"领导人引领、全方位覆盖、各部门参与"的架构下,按照政府引导、多方参与、项目为本的模式运作,旨在建设面向和平与繁荣的澜湄国家命运共同体,树立以合作共赢为特征的新型国际关系典范。

2016 年 3 月,澜湄合作首次领导人会议在中国三亚举行,会议发表了《三亚宣言》,标志着澜湄合作机制正式启动。作为澜湄合作五个优先领域之一的水资源合作按照国家统筹推进澜湄合作的整体安排,由水利部全力推动并取得积极进展和显著成效。初步建立了澜湄水资源合作机制,成立了澜湄水资源合作联合工作组,2017 年 2 月,澜湄水资源合作联合工作组第一次会议在北京成功举行,会议通过了联合工作组概念文件,标志着澜湄水资源合作机制正式成立;举办了澜湄水资源合作论坛,搭建了利益相关方的沟通交流平台,2018 年 11 月在云南昆明成功举办首届澜湄水资源合作论坛,通过了《首届澜湄水资源合作论坛昆明倡议》;为加强高层合作和强化顶层设计,2019 年 12 月举行首届澜湄水资源合作部长级会议,通过了《澜湄水资源合作部长级会议联合声明》和《澜湄水资源合作项目建议清单》等文件;同时,组建了澜湄水资源合作中心,开展了广泛的技术交流,积极稳妥推进湄公河流域水文信息数据共享;依托澜湄合作专项基金、中国—东盟海上合作基金等渠道,与湄公河流域国家共同实施了一批务实合作项目,加强洪旱等灾害应急合作,提升湄公河流域各国的水资源管理能力,确保水资源可持续利用,造福各国民生。

在水资源监控能力提升方向上,从澜湄合作机制正式启动至今,在水利部指导下,水利部长江水利委员会积极申报中国—东盟海上合作基金、澜湄合作专项基金、亚洲区域合作专项基金项目。首先成功获批"澜湄水资源合作项目",开始实施老挝国家水资源信息数据中心示范建设项目,该项目列入《中国—老挝水利项目合作谅解备忘录》,项目完成后时任老挝总理通伦出席老挝国家水资源信息中心揭牌仪式。2018 年长江水利委员会承担的中国—东盟海上合作基金项目"中国—东盟国家防洪抗旱应急管理合作项目"经外交部、财政部批准立项,实施周期为 2018—2020 年。根据项目工作安排,开展了中国—东盟国家防洪抗旱及水资源综合管理研讨会、东盟国家防洪抗旱技术培训班等技术交流和培训、东盟国家防洪抗旱数据库构建、湄公河流域降雨预报方案编制、湄公河流域洪旱预警预报系统研发、老挝国家水资源信息中心(二期)建设、中国—老挝山洪灾害防御合作与示范等工作。

目前,各项目均按计划顺利推进,同时长江水利委员会积极开展流域管理相关研究工作,为澜湄水资源合作提供技术支撑,大力推动《澜湄水资源合作五年行动计划(2018—2022)》的实施,推动澜湄水资源务实合作。在上述项目推进实施过程中,为了更好地依托我国在水资源利用与管理、防洪减灾、水生态保护与修复等领域的成功经验、成熟技术和先进设备等综合优势,响应湄公河国家防洪抗旱、水资源利用等诉求,开展了澜湄水资源自动监测技术相关研究,并取得一些成效和科技成果,为澜湄水资源合作打下了坚实的技术基础。

1.2.2　实践意义

水资源是澜湄合作机制成员国人民赖以生存的重要自然资源和宝贵财富。水资源可持续利用对支撑经济社会可持续发展、维护区域生态安全、推进联合国 2030 年可持续发展议程至关重要。各成员国都处于经济社会快速发展阶段,工业化和城镇化对水资源的需求日益增长。同时,六国还共同面临洪旱灾害频发、局部地区水生态系统受损、水污染加重以及气候变化带来的不确定性等挑战,不同程度地存在水利基础设施建设滞后、水治理能力有待提高等问题。各成员国面临的相似挑战和对未来发展的共同愿景,成为澜湄水资源合作的战略基础,也为推进水资源领域务实合作指明了方向,并就水电开发、环境管理、水旱灾害评估等一系列议题开展合作研究。

由于湄公河流域国家自身条件及地理位置不同,各国对流域水资源利用的侧重点有所不同,但对水资源的开发利用需求都必将不断增大,水资源及水能开发利用率都将呈快速上升趋势。各国之间水资源开发利用矛盾及冲突也将不断加大;而且湄公河流域洪涝灾害频发,各国在水文监测领域技术投入参差不齐,大部分国家水文监测技术和手段落后,严重影响流域内人民生命与财产安全。因此,流域各国之间迫切需要合作及协调进行水资源开发利用,以提高流域水资源的利用率,促进整个流域的可持续发展,同时提升湄公河流域水文水资源监测管理能力,有利于更好地监测流域的水量及水资源情况、建立综合防洪减灾信息体系、提高防灾抗风险能力,也有利于提高河流洪水灾害快速、准确预报预警以及指挥调度能力。

根据湄公河流域水资源利用现状,各国在多个方面急需实施监测技术研究和实践。首先是在防汛抗旱方面,这是湄公河流域沿岸政府的法定责任,各国根据各自防洪能力及防洪重点,正在积极开展洪水风险管理和干旱风险管理等相关工作。洪水风险管理目前主要采取工程措施与非工程措施相结合的方式,其中工程措施主要是建筑物防洪,非工程措施主要是建设和发展防洪和区域防洪应急规划。而实现这些建设和规划就必须对相关要素监测技术进行研究,提高本国河流干支流水文要素监测能力,逐步完成水文自动监测系统体系建设,以提供实时、可靠的监测数据,支撑各国面对洪涝灾害的应急协商决策,指导防汛抗旱其他相关工作的开展。其次,在水电开发及运维方面,水利工程的建设期有防汛需求,运行期有防汛和水资源调度利用的需求,水文自动监测所采集的实时水文数据为水利工程安全度汛、水资源高效利用和流域梯级调度起到了至关重要的作用。特别重要的是,在同一支流水电系统中,需要明确所有水坝的整体性能及优化范围,并建立灵活、自适应的水库管理制度。自适应管理非常重要,因为随着时间推移,水库的安全和发展需要会随之改变,同时还面临着流域利益相关方如何评价水库的安全运行、发电功能与其他多目标用途之间关系的问题。

湄公河流域国家尚未针对流域性的水利工程建设系统的大坝水情监测系统和防洪发电调度系统。流域级的调度有利于提高整体防洪能力、提高水资源利用率。因此水资源监测技术的研究和实施将为流域及流域内各国的水电合理开发和安全调度打下坚实的基础。

湄公河流域国家水资源总体来说较为充沛,水资源利用主要分布在工业、农业和生活等方面,随着经济社会的不断发展,各国对水资源的需求量逐步上涨,局部区域水资源相对紧张。由于水生生态系统的服务功能下降,水产品逐渐减少,水资源在过去几年中已发生了变化。相关数据表明,各种因素引起的水资源变化已对流域各国社会生活各方面造成较为深远的影响。由于人们的生计和粮食安全对水资源存在高度依赖性,当水资源的可用性、质量及多样性下降时,其脆弱性就暴露无遗。由于人口分布不均、依赖程度不同,水资源变化对不同国家、社会、生态边界及社会群体产生的影响也存在很大差异。因此,流域各国亟须建设有效的水资源监控和管理,开展监测技术研究,建设完整的水资源自动监测体系。针对水资源、水生态等方面开展全面水文监测将直接体现水资源利用情况和水生态服务现状,为社会层面的影响监测提供坚实支撑。

1.2.3　总体目标

充分应用国内成熟的先进技术和理念,推广中国经验和技术,根据各国需求和重点河流情况建设水位雨量自动监测系统,实施水文监测自动化能力提升工程,主要是针对流域各国原有水文站点的基础设施及技术装备,进行典型式改造及信息化升级,重点在于提升水文关键要素的自动化监测能力,完善湄公河流域水文关键要素如流量、水位、雨量、风速、风向、温度、湿度等的在线自动测报系统的标准化建设,提升湄公河流域各国水文数据采集和传输的监测水平及人员技术管理能力。

1.3　国内与湄公河流域水文监测现状分析

1.3.1　国内流域水文监测体系现状

我国水旱灾害频繁且严重。新中国成立以来,我国开展了大规模的水利工程建设,对长江、黄河等大江大河进行了持续不断的治理。改革开放以来,特别是 1998 年大水以后,国家持续加大水利投入,逐步强化水文监测预报预警等防汛抗旱减灾方面的非工程措施建设,经过几十年的艰苦努力,国内已初步建成整体功能完备的水文站网监测体系,形成了分级管理、联合会商、成果共享的水文预报体系,水情预警发布基本实现中央、流域、地方全覆盖,构建了较为完善的防汛抗旱水文监测预报预警服务体系,防灾减灾效益显著,为国家防汛抗旱决策提供了有力的支撑和保障。

水利部长江水利委员会经过多年发展,持续加强长江流域站网建设,不断改进监测预报手段,基本建成了较为完善的水文监测预报预警一体化支撑体系,主要体现在以下几个方面。

(1)基本建成了布局合理的水文监测站网

目前在长江干流及重要支流已布设了 400 多个水文监测站点采集各类水文信息,并与流域内各省市水文、气象及水库管理等多个部门开展信息互联互通,共享 2 万余个站点水雨情信息。长江流域已初步建成了集基本资料收集、水旱灾害防御、水资源管理、水环境治理及水生态保护等功能于一体的监测站网体系。

(2)基本实现了水文监测要素采集自动化

目前,我国已建立了较为完备的感知体系。水位、雨量、蒸发、水温等要素实现了自动采集、传输与处理。流量要素测验手段提档升级,从主要采用流速仪法、浮标法,发展到声学多普勒测流、声学时差法测流、扫描式雷达测流、单点雷达测流等多方法兼用,自动化水平显著提高,全流域流量在线监测比例已大幅提升。泥沙测验技术取得突破,实现了快速监测,已有少量站点实现了在线监测。

(3)基本实现水文监测数据传输网络化和数据处理标准化

建立了长江水文监测数据接收处理平台和监测管理移动工作平台,集成数据接收、水文测验、计算、校审、分析处理、存储等功能,实现了洪水测验业务的在线管理,大幅提高工作效率。所有水雨情信息在 20min 内到达流域水文预报中心,在 30min 内到达水利部,准时到报率超过 98%,为上级防汛决策提供及时、准确的水文信息支撑。

(4)初步实现水文数据分析科学化和水文监测信息服务多样化

建立了长江流域预报调度一体化体系,发展河系、水利工程和防洪对象的拓扑关系标准化构建技术,建立流域预报调度计算体系,配合模型库、调度规则调用和调度演算约束,将降水预报、降雨径流、洪水演进及调度模型无缝耦合,实现河库(湖)联动的预报调度一体化。2018 年以来,在长江防洪预报调度系统的基础上,构建了耦合 40 座控制性水库群、42 座蓄滞洪区及流域主要控制站的预报调度一体化平台,取得了较好的应用效果。构建水情预警发布体系,通过广播、电视、报纸、网络等媒体,统一向影响范围内各级防汛部门、航运部门、水工程管理部门、企事业单位及社会公众等发布水情预警,有效提高社会公众的防灾避险意识。同时,结合实际需求开展有关降水、台风、江河来水、重点水库来水、洪水及干旱预测预报信息服务,结合降水、水库蓄水、土壤墒情等水文要素开展旱情分析和应急水量调度,为防汛抗旱减灾提供有力信息支撑。

1.3.2　湄公河流域水文监测系统现状

湄公河是世界上最大的季节性河流之一,洪涝灾害与干旱问题突出,近年来全球灾害性天气事件频繁发生,流域上下游各国都有迫切开发利用水资源兴利除害的诉求。湄公河特殊的地理、气候和河道特征使湄公河成为东南亚生物多样性、水能资源最为丰富的河流,流域各国都有责任和义务治理和保护好这一河流。湄公河流域各国都是发展中国家,发展经济、改善人民生活是各国政府的共同目标,水资源禀赋差异使各国的水资源开发利用焦点有所不同,湄公河上游(含缅甸、老挝、泰国)主要开发方式为水电、航运、旅游,湄公河中下游(含老挝、泰国、柬埔寨、越南)和三角洲(含柬埔寨和越南)则以灌溉、渔业、防洪为主,水电、航运、旅游为辅。经济社会发展程度差异决定了流域各国水资源开发利用水平不一,缅甸、老挝、柬埔寨的经济水平较低,客观上限制了其在水资源领域的投入,泰国和越南技术力量相对较强,加大了水资源开发利用程度。以湄公河左、右岸的老挝与泰国为例,由于国力存在差异,老挝与泰国堤防建设的标准不一,老挝的防洪能力低于泰国,受洪水的威胁程度大于泰国。湄公河流域水资源的开发利用关系到上下游各国的利益,因而受到流域各国的广泛关注。湄公河流域水资源时空分布十分不均,雨季洪灾频发,旱季用水矛盾突出,受全球气候变化影响,极端洪旱事件频发。湄公河流域 5 国经济社会发展水平相对较低,水资源开发利用率整体较低,水利基础设施建设滞后,防灾减灾能力极其薄弱,主要表现为:

a. 基础资料不足,雨情、水情、工情、险情、灾情信息掌握水平低。

b. 尚未建成完善的防洪抗旱体系,缺乏协同应对自然灾害风险的抓手,洪水调度能力薄弱,应急抗旱能力落后,导致流域防灾减灾形势十分严峻。

c. 湄公河国家水利规划、建设理念及技术落后,经验不足,水利人才匮乏,管理水平落后。

d. 资金短缺,水利行业投入有限,严重依赖外方投资支持。

2017 年,水利部组织水文技术专家组成中湄水文技术调研团,分别对柬埔寨和泰国国家湄委会进行了走访,对其下辖的水文站进行了实地考察,了解了缅甸、老挝、泰国、柬埔寨和越南水文站装备及技术情况,总体而言,泰国水文站网建设和维护情况较好,其他几个国家水文站条件十分简陋,自动站通信方式单一,传感器技术水平落后,相当于我国 20 世纪 90 年代的水平。

以老挝为例,通过实地查勘及座谈,了解到老挝水资源开发利用水平比较低、基础设施和管理能力相对薄弱,水利对经济社会发展的支撑和保障能力与现实要求存在很大差距。现有水文站的水文数据采集与传输情况和数据中心的数据接收处理现状存在以下问题:

a. 现有水文站的水文数据目前基本采用人工监测方式,数据传输采用传统人工方法,导致水文数据无法实时传输到气象水文司。

b. 水位、雨量、流量、地下水、水质站等相关水资源数据基本通过人工方式传送到水资源司下属的数据信息中心,数据中心的数据接收处理设备与相关软件比较简陋,难以处理过于繁杂的数据。

c. 大多数流量站均采用传统流速仪测量,只有少量测区配有 ADCP,自动化水平很低,费时、费力。

d. 老挝的水资源数据尚未形成信息化机制,水管理部门之间因缺乏设备和数据中心,不能实现信息共享,也没有自动化设备支持水资源管理和开发。

1.3.3 国内流域与湄公河流域水文监测体系差别

将国内流域水文监测现状与湄公河流域各国水文监测现状比较,可以发现相对于已建成了较为完善水文监测预报预警一体化支撑体系的国内流域而言,湄公河流域各国在水文监测体系建设方面仅处于起步阶段,信息碎片化、数据质量较低、获取方式单一被动,未能形成完整的水文要素自动化监测体系。

(1)水文监测站网方面

我国经过多年规划建设,已实现大江大河及其主要支流、有防洪任务的中小河流水文监测全覆盖;而湄公河流域各国站网主要围绕水文资料收集和部分水利工程、水电开发设计而布设,布局不够合理,功能不尽完善,监测站点和断面相对稀疏,站网密度不够。

(2)水文监测基础设施设备建设方面

我国近年来加大水文基础设施建设力度,水文自动监测水平不断提高,全国基本实现雨量监测自动化,90%以上水位站点实现水位自动监测,蒸发、水温、墒情等水文要素也正逐步实现自动监测,流量、泥沙等自动监测设备也正开始得到更为广泛的应用;由于湄公河流域相关经费投入力度不大,大部分水文站测验基础设施设备仍处于手段落后、装备简陋阶段,主要表现为:

a. 测洪能力低,不能适应正常测验要求。

b. 测验仪器设备大多较为陈旧老化,性能下降。

c. 已建雨量站只有少量服务于水利工程项目的设备有人维护,大部分雨量站设备缺乏维护,导致观测资料质量下降。

d. 测验手段和技术落后,除湄委会项目和水电开发项目所属站点实现自动监测外,大部分测站雨量、水位仍然靠人工观测。

e. 各站测量的水文要素较少,主要以雨量、水位为主,极少数站点有流量、水质类项目测量,基本未见蒸发、泥沙、墒情等常规监测项目。

(3)水文水资源数据信息处理和报送方面

随着计算机技术的发展和移动通信技术的突飞猛进,我国在各大流域、省(市)及水电工程项目中开展了相关水文自动测报系统的建设,水文监测信息接收处理已逐步实现自动化和标准化,而且水利部相关部门基于全国统一的实时雨水情数据库标准,开发部署了统一的水情信息交换系统,实现了中央、流域、省、市4级水文监测数据的高效、全面、准确交换。而湄公河流域各国均未建立完整的水文自动监测数据报送和处理体系,仅依托湄委会的发展计划和投资实现了主要干流的重要水文站点数据监测自动化,数据信息主要发往湄委会接收处理,且多数站点报汛手段落后,通信设备单一,畅通率差,缺乏维护。

(4)水文监测数据服务方面

我国水利部门在完成统一专用数据库平台建设的基础上,开发和完善了中国洪水预报系统、全国水情信息综合服务系统、全国水情预警公共服务系统、国家防汛抗旱水情会商系统、防汛抗旱水文气象综合业务系统及水情值班系统等多个全国性水文数据服务相关系统,各流域及各地区也因地制宜地相继开发了洪水预报、水情会商及预警发布等一体化业务系统。在这些水文信息系统和大幅提升的水情分析技术的支撑下,水文信息服务已从以防汛抗旱服务为主向多领域服务并举转变、从偏向提供实时原始数据向注重水文数据深加工转变,加强了信息服务的针对性,丰富了信息服务产品种类,强化为各级政府的决策服务、为社会公众的生活服务、为经济发展的专业服务和为重点工程的建管服务等。而湄公河流域各国水文监测站点不足,未能形成完整独立的监测体系,水文监测数据质量无法保证,当前只能作为资料收集使用;少量自动监测站点的实效性也不足,数据量不够,也仅能单独为流域上某个水利工程建设或运行提供简单服务,无法为流域或国家的防汛抗旱、水资源管理服务,服务面窄、形式单一、信息化水平低。

1.3.4　湄公河流域水资源监测体系建设的关键环节

经过上述与我国流域成熟的水文水资源监测体系的比较,湄公河流域各国在当前已有监测站点和服务的基础上要建设各自完整的水文水资源监测体系,需要在多个关键环节逐步提升关键技术。

(1)布局合理的完整基本水文水资源站网设计和建设

基本水文站网是开展各项水文工作的基础和前提,必须超前进行。通过对现有水文站网的优化调整、增设补充,建成布局合理、站类完整、项目齐全的基本水文站网,可为开展各项水文业务积累长系列水文资料奠定基础,达到能适应各国水利和经济发展需要之目的。

(2)提升水文监测自动化能力,完成水文自动测报系统的体系建设

在湄公河流域各国完善水文监测站网布局的基础上,实施水文自动监测与预警能力提升建设,主要是针对各国原有水文系统站网站点的基础设施及技术装备进行典型式改造及信息化升级,重点在于水文关键要素(如雨量、水位)的监测自动化能力提升,同时开展各国水文信息数据中心平台的建设,形成完整的测报系统链条,可有效改变水文测站数据采集和传输方式、提高水文信息数据接收与处理能力,逐步改善水文基础设施和管理能力薄弱等状况。

（3）重要监测站点的全要素实时在线监测的逐步实施

在水文关键要素自动监测基本实现的同时,可以针对部分具有代表性的重要监测站点开始实施全要素(如流量、蒸发、泥沙及水质等)实时在线监测。首先,可实现的是流量在线自动监测技术,可采用的方法和传感器较多,流量流速监测设备包括多普勒流速剖面仪(Acoustic Doppler Current Profiler,ADCP)、时差法流速仪和电波点流速仪等监测传感器,可根据站点具体环境特点和需求进行自动监测方案设计,采用智能型和多功能流速流量监测仪器直接监测各点流速和剖面流量,还可以通过 GPS、罗经辅助监测,以提高测验精度。针对特殊站点,还可以一体化、多参数和灵活组合相关仪器来完成多组参数的采集和控制;其次,开展湄公河流域降蒸参数自动监测技术装备研究,提出计量精度高、性能稳定的蒸发、降水量监测系统实现方案。水文关键要素在线自动监测系统的逐步建立将大量增强相关数据采集的时效性和稳定性,降低相关技术人员的工作强度,取得较大的社会效益和经济效益。

（4）各类水文数据服务平台系统的实现

以湄公河流域各国国家水文数据库和水文信息计算机网络的建设为基础,以信息服务为导向,以防汛抗旱指挥决策支持的需求为重点,实现各类水文信息管理的规范化、标准化、自动化、共享化,提高流域各国水文数据服务的工作效率、质量、效益和水平,逐步建设一整套完整的,基于现代化电子信息服务技术的,以提供预测性、综合性、知识性和策略性支持服务信息为主的水文水资源信息服务系统。

第2章　水文水资源自动监测技术

2.1　水文水资源监测体系概述

水文水资源监测体系由水文水资源监测技术体系、管理体系、服务体系及质量控制体系等组成。其中,水文水资源监测技术体系是确保水文监测活动正常运行的基础和关键。而水文水资源监测技术体系包括流域监测站网的合理规划和确立、监测站点相关监测要素测验方式方法和先进仪器技术的应用及相关设施建设、高效适用的数据传输和接收系统的建设等。长江水利委员会依托澜湄合作专项基金、中国—东盟海上合作基金等渠道,在湄公河流域开展了大量水资源监测技术研究和实践,根据该流域水文测验服务对象的需求进行科学的分析研究,开展水雨情、流量、泥沙监测关键技术的应用,以解决该流域水文监测体系中存在的关键技术难题。水文水资源监测体系关系见图 2.1-1。

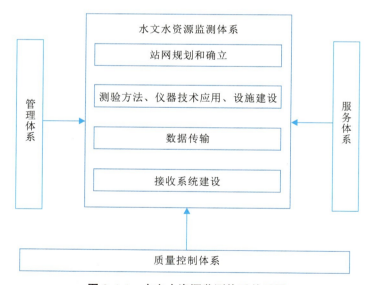

图 2.1-1　水文水资源监测体系关系图

2.2　水文监测站网规划与布设

2.2.1　站网规划的基本原则

水文站网规划是为制定一个地区(流域)水文测站总体布局而进行的各项工作的总称。其基本内容包括进行水文分区、确定站网密度、选定布站位置、拟定设站年限、各类站网的协调配套、编制经费预算、制定实施计划。

水文站网规划的主要原则是根据需要和可能,着眼于依靠站网的结构,发挥站网的整体功能,提高站网产出的社会效益和经济效益。制定水文站网规划或调整方案应根据具体情况,采用不同的方法,相互比较和综合论证;同时,要保持水文站网的相对稳定。规划主要依据以下原则:

(1)总体规划、分步实施、动态调整

通过澜湄水资源现状调查与资料分析,结合澜湄各国对水文、水资源以及用水监测的发展需求,采用轻重缓急、重点优先的实施原则,把各测站、各项目看成一个有机的整体,用所收集的资料,借助相关、内插、移用等方法,来满足多方面的需要。先对重点流域和区域的水文站网开展实施规划,对纳入规划范围的站点进行分步分期实施,最终实现澜湄水文水资源信息采集、传输和接收处理的全面自动化。同时,水文资料的内容和精度要求随着经济的发展而发展,对水文规律的认识也随着水文资料的积累而不断提高,要把水文站网看成一个不断发展和完善的动态系统。世界气象组织建议,第一步可以建立一个"容许最稀站网"(minimum network),然后逐步加以扩展。

(2)经济实用、稳定可靠、先进开放

1)经济实用

站网越密则内插精度越高,但所花代价越大。经济合理的密度与水文因素在地区上变化的急剧程度、国民经济的发展水平、设站条件与费用等因素密切相关。

2)稳定可靠

规划应保证设备能在恶劣的工作环境下稳定、可靠地运行,设备配置与功能应满足系统及各类站点的实际需求。

3)先进开放

在经济合理的前提下,尽量选用先进成熟的技术和设备,并可为今后系统功能的扩展预留接口。

(3)因地制宜

结合澜湄各国经济社会条件,规划适合当地情形的水文监测和自动测报系统。除满足工作需要外,水文站站址选择还应兼顾交通方便、生活方便、管理方便;观测方案确定及观测设施的配备均以满足基本功能为前提;自动测报系统设备的选择应能适应本地区的暴雨特点、地形地质条件和通信条件。

2.2.2 澜湄水资源监测站网布设基本要求

澜湄水资源监测站网布设主要包括水位、雨量、流量、蒸发、气象、泥沙等几类站点。站网布设主要遵循以下基本要求。

(1)水位站网的布设要求

在大河干流、水库湖泊上布设水位站网,主要用来监测水位的转折变化。以满足内插精度要求、相邻站之间的水位落差不被观测误差所淹没为原则,确定布站数目的上限和下限。其设站位置可按下述要求选择:

a. 满足防汛抗旱、分洪滞洪、引水排水、水利工程或交通运输工程的管理运用等需要。

b. 满足江河沿线任何地点推算水位的需要。

c. 尽量与流量站的基本水尺相结合。

(2)雨量站网的布设要求

降水量站应结合水文、气象要求,在一定范围内和不同高程上合理布设。各类监测站网的规划还应满足如下基本要求:

a. 满足水资源管理和防汛抗旱等对水文资料时效性的需要。

b. 考虑通信、交通、生活等因素,以利于通信组网和站点维护与管理。

c. 为保持水文资料的连续性,秉承经济合理的原则,尽量利用已有各类监测断面和站点。

(3)基本流量站网的布设要求

由于河流有大小、干支流的区别,流量站网的布设原则也不相同。在我国,控制面积为 $3000km^2$ 以上的大河干流流量站称为大河控制站;干旱区在 $500km^2$ 以下,湿润区在 $300km^2$ 以下的河流上设立的流量站称为小河站;其余天然河流上设立的流量站称为区域代表站。

大河控制站的主要任务是为江河治理、防汛抗旱、制定大规模水资源开发规划以及兴建重大工程系统地收集资料,在整个站网布局中居首要地位,按线的原则布设。小河站的主要任务是为研究暴雨洪水、产流、汇流以及产沙、输沙的规律收集资料。在大中河流水文站之间的空白地区,往往也需要小河站来补充,满足地理内插和资料移用的需要。因此,小河站是整个水文站网中不可缺少的组成部分。小河站按分类原则布设。

区域代表站的主要作用是控制流量特征值的空间分布、探索径流资料的移用技术,解决任何水文分区内任一地点流量特征值或流量过程资料的内插与计算问题。区域代表站按照区域要求布设。

1)线的要求

在干流沿线,布站间距不宜过小,布站数量不宜过多,任何两个相邻测站之间流量特征值的变化不应小于一定的递变率,否则这种变化和测验误差将很难区分。由此可以确定布站数量的下限。

同时,布站间距也不能过大,布站数量不能过少,否则将难以保证按 5%～10% 的精度标准,内插干流沿线任一地点的流量特征值。由此可以确定布站数量的上限。

在预估布站数量的上限和下限之后,还应综合考虑重要城镇、重要经济区防洪的需要,大支流的入汇,大型湖泊、水库的调蓄作用以及测验通信和交通、生活条件等因素,选定布站位置。

2)区域要求

在任一水文分区之内,沿径流深等值线的梯度方向,布站不宜过密,也不宜过稀。决定站网密度下限的年径流特征值内插允许相对误差采用 ±5%～±10%。决定密度上限的年径流特征值递变率采用 10%～15%。对于分析计算较困难的地区,在水文分区内,可按流域面积进行分级,一般情况下,分为 4～7 级,每级设 1～2 个代表站。选择布设代表站的河流和河段应符合以下要求:

a. 有较好的代表性和测验条件。

b. 能控制径流等值线明显的转折与走向,尽量不遗漏等值线的高、低中心。

c. 控制面积内的水利工程措施少。

d. 无过大的空白地区。

e. 综合考虑防汛和水利工程规划、设计、管理运用等需要。

f. 尽量兼顾交通和生活条件。

3)分类要求

布设小河站时,应在水文分区的基础上,参照植被、土壤、地质及河床组成等下垫面的性质进行分类,再按面积分级,并适当考虑流域形状、坡度等因素选择河流布设测站。小河站址的选择应符合下列要求:

a. 代表性和测验条件较好。

b. 水利工程影响小。

c. 流域面上分布均匀。

d. 按面积分级布站时,要兼顾坡降和地势高程的代表性。

e. 尽量兼顾交通和生活条件。

（4）基本泥沙站网的布设要求

在泥沙站网上进行测验是为流域规划、水库闸坝设计、防洪与河道整治、灌溉放淤、城市供水、水利工程的管理运用、水土保持效益的估计、探索泥沙对污染物的解吸与迁移作用以及有关的科学研究提供基本资料。泥沙站也分为大河控制站、区域代表站和小河站。

大河控制站以控制多年平均输沙量的沿程变化为主要目标，按直线原则确定布站数量，并选择相应的流量站观测泥沙。区域代表站和小河站以控制输沙模数的空间分布、按一定精度标准内插任一地点的输沙模数为主要目标，采用与流量站网布设相类似的区域原则确定布站数量；并考虑河流代表性，流域面上分布均匀，不遗漏输沙模数的高值区和低值区，选择相应的流量站观测泥沙。

（5）蒸发站网的布设要求

蒸发站包括水面蒸发和陆地蒸发。前者可根据气候、地形条件，按适当密度，大体均匀布站。后者可按地理条件分区布设。总体原则是要能控制年、月蒸发量在流域面上的变化，并能借助方法准确地求得流域面上某一地点的年、月蒸发量资料。

2.3 水文水资源要素监测技术

2.3.1 降水与蒸发观测

降水观测是在时间和空间尺度上进行的降水量和降水强度的观测。测量方法包括用雨量器皿直接测定方法以及用天气雷达、卫星云图估算降水的间接方法。直接观测方法需设定雨量站网，站网的布设必须有一定的空间密度，并规定统一的频次和传递资料的时间，有关要求根据预期的用途来决定。

目前常用于直接观测降水的方式分为人工观测和自计仪测量两种，两者雨量采集方法基本相同，都是通过承雨口（口径为 200mm 的漏斗）进行雨量采样，只是观读的方式不同，人工方式通过肉眼观察时段内承雨器皿的降水量，自计降水量观测仪器通过配套传感器和数据采集器共同完成降水量观测。人工方式观测仪器有雨量器、简易雨量计等，自计仪测量的传感器类型主要包括虹吸式雨量计、翻斗式雨量计、浮子式雨量计、称重式雨雪量计、光学雨量计、测雨雷达等。

2.3.1.1 雨量器

雨量器一般由承雨器、漏斗、储水筒等几个部分组成，有的雨量器配有承雪器。雨量器都配有专用量测降水量的量雨杯。图 2.3-1 为一种常规结构的雨量器及量雨筒。专用量测降水量的量雨筒直径为 40mm，其内截面积是承雨器截面积的 1/25，若承雨器口承接 1mm 降雨，那么倒入量雨筒内的水量高度为 25mm，即量雨筒 25mm 值为降水量 1mm 的标定值。为保证雨量器在承接降雨时采样的准确性,承雨器内壁须光滑,其口径尺寸应满足 $\varphi=200_{0}^{+0.60}\mathrm{mm}$ 的范围标准。

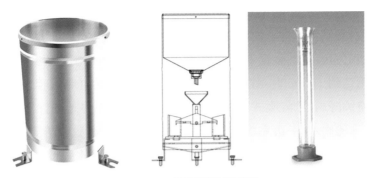

图 2.3-1　雨量器及量雨筒

雨量器是一种人工式的雨量测量仪器,其只能测量某一时段内的降水量,而不能记录降雨过程。降水量通过人工观测专用量雨杯的读数获取,对观测人员的专业技术能力要求不是很高,除了在降水收集过程中和雨水汇入量雨杯过程中可能产生极小的湿润误差外,测量结果与实际降水量偏差不大。因此,在一些雨量监测站点,为了检测雨量自计仪器的准确度,经常在同一地点安装一台人工观测雨量器作为雨量计数的标准值进行比测。需要注意的是,测量设备对降雨的测量受诸多因素影响,与仪器的安装高度、受风情况、遮挡情况均有相当大的关系,因此,即使所处同一站点或相隔较近的雨量监测设备,测量的结果也可能存在差异,不能简单地将人工雨量器的观测结果作为绝对真值,从而评判自计雨量器性能的好坏。

2.3.1.2　虹吸式雨量计

虹吸式雨量计是一种利用虹吸原理,自动记录降雨的起止时间、降水强度及降水量的仪器,主要工作原理见图 2.3-2。首先,降雨通过承雨器取样收集,经大、小漏斗和进水管进入浮子室,随着降雨时间的持续,浮子室内收集的雨水越来越多,水位不断升高,浮子室内的浮子亦因受浮力作用而随之不断上升,并带动连接在浮子杆上的记录笔上抬,在自记钟不断转动的记录纸上做出相应的记录。当降水量累计达 10mm 时,浮子室内水位刚好到达虹吸管弯头的最顶端,由于虹吸作用,浮子室内的雨水从虹吸管流出,浮子随浮子室内的水位下降而下降,直至排空;虹吸结束,浮子回落到起始位置。若此时降雨仍在持续,则浮子室中浮子重新慢慢上升,利用虹吸作用如此往返。最终根据记录纸上的记录曲线,可以得出降雨的起止时间、降水量、降水强度等相关信息。

虹吸式雨量计结构组成示意图见图 2.3-3,主要由承水部分、虹吸部分和自记部分组成。承水部分由承水口和大、小漏斗组成,主要起到承接降雨的作用。虹吸部分由浮子室、浮子、虹吸管组成,主要是利用虹吸原理,当浮子室内收集的降雨达到 10mm 时,通过虹吸管自动排放至储水瓶中。自记部分由自记钟、记录纸、记录笔及相应的传动部件组成,主要起到记录降雨起止时间、降水量及降水强度的作用。

虹吸式雨量计结构简单、操作方便、成本较低。在小雨情况下,测量精度较高,性能也较为稳定。但受其自身测量原理上的限制,无法将所测量的降水量转换为可处理的电信号输出,也难以进一步进行有效的数据处理,所以其自身的局限性也制约了其自身发展。

另外,当降雨达到10mm时,虹吸式雨量计的浮子室开始虹吸过程,一般要求在14s以内,若此时还在持续降雨,则虹吸式雨量计的承水器仍然在不停地向浮子室注水,浮子室一边接收承水器注入的雨水,一边完成虹吸过程,向储水瓶排水。这就导致一次虹吸过程的排水量大于10mm,虹吸式雨量计记录值比实际降水量小。当降水强度达到4mm/min时,该误差明显增大,这也是虹吸式雨量计计量误差的最主要因素。因此,在对雨量资料进行整编时,通常须对虹吸雨量资料按照降水强度、降雨时间进行修正。

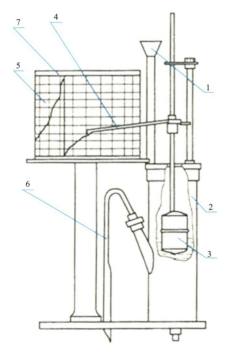

1—小漏斗;2—浮子室;3—浮子;
4—记录笔;5—记录纸;6—虹吸管;7—自记钟

图2.3-2　虹吸式雨量计工作原理示意图

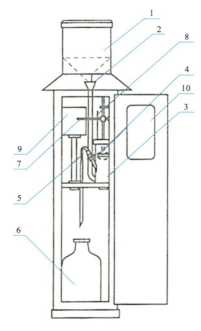

1—承雨器;2—漏斗;3—浮子;4—浮子室;5—虹吸管;
6—储水瓶;7—自记笔;8—笔挡;9—自记钟;10—巡视窗

图2.3-3　虹吸式雨量计结构组成示意图

虹吸式雨量计记录纸的更换应在规定的时间进行,更换记录纸时,应分别在记录纸上予以标记。换纸时一定注意记录纸两端的水平线应对齐,避免在换纸期间产生误差。若一天内未下雨,则不必换纸,但应转动记录筒,重新校准记录的开始时间。

2.3.1.3　翻斗式雨量计

翻斗式雨量计具有工作可靠、结构简单、易于将降水量转换成电信号输出的特点,广泛应用于水情自动测报系统的雨量自动观测。严格地讲,该类型观测仪器还不能独立完成雨量计量,必须和雨量采集器(雨量固态存储器或水文遥测终端机)配合使用,才能完成雨量、雨强的分析计算。翻斗式雨量计见图 2.3-4。

图 2.3-4　翻斗式雨量计

翻斗式雨量计有两种形式:单翻斗式和双翻斗式。分辨力较大时采用单翻斗形式,分辨力较小时采用双翻斗形式。翻斗式雨量计又根据分辨力进行分类,主要有 0.1mm、0.2mm、0.5mm 和 1.0mm 几种常用类型。目前用于老挝、柬埔寨水文信息监测与传输技术示范项目的主要是分辨力为 0.5mm 的单翻斗式雨量计。

翻斗式雨量计由筒身、底座、内部翻斗等三部分组成。筒身由具有规定直径、高度的圆形外壳及承雨口组成,筒身和内部翻斗都安装在底座上。

典型的单翻斗式雨量计内部结构见图 2.3-5。降水进入承雨口,首先经过防虫网,过滤污物,然后进入翻斗。翻斗一般由金属或塑料制成,支承在刚性轴承上。当斗内水量达到规定量时,翻斗即自行翻转。翻斗下方左右各有 1 个定位螺钉,调节其高度可改变翻斗倾斜角度,主要用于调整雨量计的测量精度。翻斗上部装有磁钢,在翻斗翻转过程中,磁钢与干簧管发生相对运动,改变干簧管接点的状态,产生脉冲信号,并作为电信号输出。仪器内底部装有用于水平的圆水泡,依靠 3 个底脚螺钉调平,使圆水泡居中,仪器呈水平状态,翻斗即处于正常工作位置。

翻斗式雨量计本身不需要电源。其输出信号实际上是干簧管与磁钢吸合或释放后簧片输出的开关量信号。一个翻斗式雨量计左右两侧各有一个干簧管,一个正常使用,另一个备用。每个干簧管有2根输出信号线,1根作为公用输出信号线。翻斗式雨量计连接数据采集终端设备时,与正常使用干簧管的2根线连接。干簧管一次通断信号代表一次翻斗翻转,即代表一个分辨率的雨量值,数据采集终端设备接收处理此开关信号。

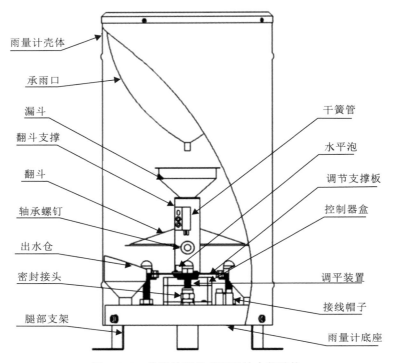

图 2.3-5 典型单翻斗式雨量计内部结构

（1）主要技术指标

a. 承雨口:直径为 $\varphi=200^{+0.60}_{0}$ mm,承雨口刃口角度 40°～45°。

b. 分辨力:0.1mm、0.2mm、0.5mm、1.0mm。

c. 适用降水强度范围:0～4mm/min。

d. 翻斗计量误差:－4％～＋4％。

e. 传感器输出方式:一般为开关量,可采用干簧管、水银开关或其他发信元件。

f. 接点容量:接点输出绝缘电阻大于 1MΩ,接点接触电阻应小于 10Ω。当电流为 50mA、电压为 12V 时,接点寿命大于 5×10^{5} 次。

g. 环境条件:工作环境温度 0～50℃;工作环境温度 40℃(凝露)时湿度≤95％RH。

（2）翻斗式雨量计应用

选用翻斗式雨量计时,应根据区域降水量的差异,合理选择雨量计的分辨力,以满足雨量资料收集的要求;而不同分辨力雨量计的测量精度也应满足所在区域规定的精度要求。

翻斗式雨量计分辨力的选用可按下列因素选配:需要控制雨日地区分布变化的基本雨

量站和蒸发站必须记至 0.1mm,选配分辨力为 0.1mm 的雨量计;不需要雨日资料的雨量站可记至 0.2mm,选配分辨力为 0.2mm 的雨量计;多年平均降水量大于 800mm 的地区以及无人驻守观测的雨量站可记至 0.5mm,选配分辨力为 0.5mm 的雨量计。

2.3.1.4　称重式雨雪量计

称重式雨雪量计利用一个弹簧装置或一个重量平衡系统,连续记录储水容器连同其中积存的降水总重量。其容积固定,没有自动排水功能,到一定上限值时需进行人工倒水,特别适合测量固体降水。可以连续记录承雨口上以及存储在储水容器内的降水的重量。可以通过机械发条装置或平衡锤系统将全部降水的重量如数记录,并能够记录雪、冰雹及雨雪混合降水,用以连续测量记录降水量、降雨历时和降水强度,适合气象台(站)、水文站、环保等有关部门测量降水量。称重式雨雪量计结构见图 2.3-6。

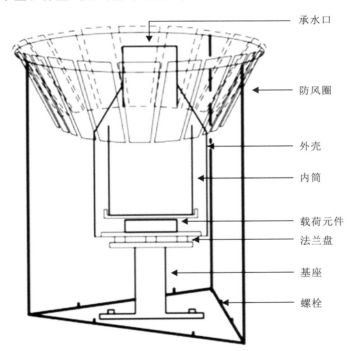

图 2.3-6　称重式雨雪量计结构图

称重式雨雪量计的筒罩顶端是承雨口,雨雪从承雨口飘进来,直接落在筒罩内部的储水器内,储水器放置在称重部件的托盘上,称重传感器根据时段内储水器的重量增加量计算降水量。承雨口四周有电热器,冰冻天气可以通过加热方式融化器口内缘的冰,融水直接滴入储水器。雨雪量计呈上细下粗的结构,这样设计主要有两大好处:一是保证降水可以完全落入储水器,不会黏附在口壁内侧;二是可以增大储水器的容积体积,以便增大仪器量程。

主要技术指标如下:

a. 使用环境条件:-40~+60℃。

b. 承雨口：200cm²/400cm²。

c. 雨量分辨力：0.01mm，0.01mm。

d. 适用降水强度范围：0.00～300.00mm/h。

e. 储水器容量：1500/750mm。

f. 传感器输出方式：SDI-12/RS485。

g. 供电：5-28V DC。

h. 功耗：9.2mA@12V。

称重式雨雪量计计量精度高，理论上既可以用于热带地区，也可以用于严寒地区，但是与其他类型雨量计相比，其价格相对昂贵，因此常用于北方等常降雪的地区，科研行业也用在高寒山区的气候观测中。但是在风沙扬尘较大地区及落叶林地带必须谨慎使用，并采取必要的防护措施。这是因为沙尘和落叶落入储水器内会增加容器重量，造成降水的假象，从而带来较大观测误差。

2.3.1.5　光学雨量计

光学雨量计是一种新型气象传感器，基于光电检测原理方式测量降水量。当雨滴（或雪粒等其他降水粒子）穿越采样空间时，雨滴会遮挡激光，接收传感器接收到的光信号及其转变的电信号（如电压或电流）就会改变，当雨滴穿过采样空间后，接收传感器的电信号又恢复到雨滴进入采样空间之前的状态。在雨滴穿过采样空间时，对接收传感器的电信号进行处理，就可以得到雨滴穿过采样空间的时间。光学雨量计见图 2.3-7。

图 2.3-7　光学雨量计

光学雨量计是一款测量降水量的设备,内部采用光学感应原理测量降水量,内置多个光学探头,雨量检测可靠,区别于传统的机械雨量计,光学雨量计体积更小、更灵敏可靠、更智能,易维护。可广泛应用于智慧灌溉、船舶航行、流动气象站、自动门窗、地质灾害等行业和领域。

(1)光学雨量计的特点

a. 体积小,重量轻,安装简单。

b. 低功耗设计,节约能源。

c. 高可靠性,可在高温高湿环境下正常工作。

d. 易维护的设计,不易被落叶遮挡。

e. 光学测量,测量准确。

f. RS485 信号输出,通信距离长且稳定。

(2)主要技术指标

a. 测量直径:6cm。

b. 雨量分辨力:0.1mm,精度:$\pm 5\%$。

c. 最大瞬时雨量:24mm/min。

d. 工作温度:$-40 \sim +60℃$,工作湿度:$0 \sim 99\%$RH(无凝结)。

e. 工作压力范围:标准大气压$\pm 10\%$。

f. 传感器输出方式:RS485。

g. 供电:$10 \sim 30$V DC。

h. 功耗:20mA 12V DC。

(3)室外安装方式

光学雨量计使用了电子光学和一系列微电子滤波、放大、检波技术,这种原理较常规机械式雨量计在灵敏度方面更具优势。光学雨量计为非机械非接触测量,无水平安装要求,安装简单,后期维护也方便,外壳线条流畅,采用易维护设计,不易被落叶遮挡。安装时,需将雨量传感器放置在空旷的地方,四周及上方不能有遮挡物。首先,通过 4 颗 304 不锈钢螺钉以及螺母将光学雨量计固定在配件中的托片上。然后,将托片安装到待安装的位置(待安装位置需开 $\phi=5$mm 的圆孔),托片要水平放置,最后,通过 3 颗 304 不锈钢螺钉以及螺母固定住托盘及设备。光学雨量计安装示意图见图 2.3-8。

(4)使用注意事项

雨量计需要长期处于室外,使用环境相当恶劣,因此仪器的表面应保持清洁,经常用软布擦拭,仪器长期工作时一般 $1 \sim 3$ 个月清理一次。

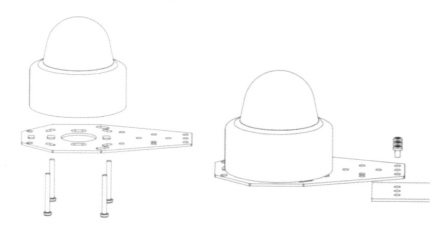

图 2.3-8　光学雨量计安装示意图

2.3.1.6　测雨雷达

测雨雷达又称天气雷达,是利用雨滴、云状滴、冰晶、雪花等对电磁波的散射作用来探测大气中的降水或云中雨滴的浓度、分布、移动和演变,从而了解天气系统的结构和特征。测雨雷达能探测台风、局部地区强风、冰雹、雨和强对流云体等,并能监视天气的变化。

测雨雷达观测降水量的方法原理是运用雷达气象方程表示雷达回波强度与雷达参数、降水云层性质、雷达行程距离和其间介质状况之间的关系,确定雷达回波强度,进而推算降水强度。其特点是可以直接测得降水的空间分布,并具有实时跟踪暴雨中心走向和暴雨强度、时空变化的能力,但测雨精度尚待提高。

最新城市测雨雷达多为脉冲雷达,常用工作波长为 3cm、5cm 和 10cm。探测高度为 20km,探测距离为 200～400km。测雨雷达采用多种显示器:距离显示器显示不同距离上的气象目标的回波强度;平面位置显示器显示以雷达为中心的周围降水区和风暴的水平分布;距离高度显示器显示给定方位上的降水区、风暴在距离——高度坐标上的结构分布。当天线进行方位扫描时,可采用对信号进行衰减的方法,观察显示器上降水区、风暴、台风等气象目标回波图像的变化,测定其强度,确定其最强的中心位置。配有图像处理系统的测雨雷达通过将回波信号变换为数字信号,并经电子计算机处理,在显示器上以数字和彩色分层显示回波的强度。

雷达图像根据未经处理的原始资料制作,只能定性地反映降水情况。测雨雷达根据雷达回波来推算雨量,是一种间接的测雨方法。因此,雷达图只能反映非定量的降水情况。通过与用常规方法测雨结果进行比较,可以从雷达测量结果中获得定量降水信息。

测雨雷达工作原理见图 2.3-9。

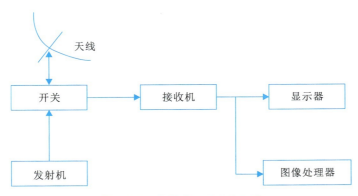

图 2.3-9   测雨雷达工作原理图

（1）工作原理

测雨雷达是利用物体对电磁波的散射作用对云、雨、雪、雹等进行观测。当雷达天线发射出去的电磁波在空间传播时，若遇到云、雨、雪、雹等目标物，就有一部分辐射能会被反射回来，并被雷达天线接收，经过处理后在显示器上会出现许多亮度不等的区域，即云、雨、雪、雹等的回波图像，简称气象回波。所以，测雨雷达可随时提供几百千米范围内的降水分布和结构等气象情报。与气象卫星云图相比，测雨雷达提供中尺度的降水信息，对于补充地面测雨站的不足十分有效。利用雷达回波可以测定降雨云团的方位、高度、距离等三维信息，还可以测定降雨的历时和变化过程，配合地面雨量站的实时校正，测雨雷达的精度很高。

用人工方法以一定的重复频率发射持续时间很短（0.25～4μs）的脉冲波，再接收被降水粒子散射回来的回波脉冲。降水对发射波的散射和吸收同雨强、降水粒子与冰晶粒子形状等特性有关，分析和判定降水回波可以确定降水的各种宏观特性和微物理特性。在降水回波功率和降水强度之间建立各种理论和经验关系式，据此测定雷达探测范围内的降水强度分布和总降水量。雷达将降水资料、气象卫星探测资料与常规气象观测资料相结合，可进行暴雨监视、短时间降水预报，又可兼作洪水预报。先进的测雨雷达由电子计算机控制并处理降水量等资料。

（2）常用测雨雷达系统

1）711 雷达

中国最早测雨雷达——711 雷达是国产的一种小型测雨雷达。波长 3.2cm，天线直径1.5m，天线增益 38dB，波束宽度 1.5 度，发射脉冲功率 75kW，脉冲宽度 1μs，脉冲重复频率为 400Hz，最小可测功率为 98dB·mW，配备有 PPI（平面位置显示器）和 RHI（距离高度显示器）合用的显示器和 A/R 显示器。这是中国最早定型生产的测雨雷达，现有 300 余台，装备在全国各地的天气雷达站、航空港、海港、盐场等地。

2）712 雷达

712 雷达是国产的一种测雨雷达。波长 3.2cm，天线口径为 5.5m（垂直）和 1.1m（水平),波束宽度 0.45 度(垂直)和 2 度(水平),发射脉冲功率 180kW,脉冲宽度 1μs,脉冲重复频率为 300Hz。配有 PPI(平面位置显示器)和 RHI(距离高度显示器)合用的显示器。此外,还配有 HCT-1 型图像传输设备,传输距离为 50km。此雷达实际是测高雷达的变型,具有较窄的垂直波瓣,适合比较精确测定云底和云顶高度,所以较多地使用于航空港。

3)713 雷达

713 雷达是国产的一种测雨雷达。波长 5.6cm,天线直径 3.7m,天线增益 38dB,波束宽度 1.2 度,发射脉冲功率 250kW,脉冲宽度 2μs,脉冲重复频率为 200Hz,最小可测功率为 －107dB·mW,最大探测距离为 400km。配有 PPI(平面位置显示器)、RHI(距离高度显示器和距离仰角显示器合用)显示器,并配有视频信号处理器,可对降水进行较准确的测量。主要装备在地区气象台、部分省级气象台以及气象研究机构。

(3)影响精确测雨的主要因素

1)雷达分辨率的影响

雷达分辨率指雷达发射与接收的信号显示屏上区分回波的最小距离。人们对于降雨检测的雷达开发起步较晚,雷达的分辨率不高。雷达分辨率及显示距离与控制精度是成一定的比例的。雷达的分辨率越高,降雨检测区域的控制精度越高,越有利于获得精确的测雨数据。

2)测雨区域划分影响

通过单一的测雨雷达不能实现对于测雨区域的全覆盖,因此需要建立天气雷达网络,并对地理区域进行划分。目前,主要采用相邻测雨雷达区域相互重叠的方式实现地理区域全覆盖。由于不同地理地势差异很大,测雨区域划分很难实现网格化、平均化,测雨数据准确度直接受测雨雷达功率的影响。邻近区域电磁波存在互相干扰也会影响测雨的精确程度。

3)反射率变化的影响

雷达信号检测在接收过程中的反射率在空间的垂直方向上发生变化,这主要是因为在降雨过程中雨水的自然蒸发、大气气流的运动等使雷达的回波测量精度下降,进而影响测雨精确程度。经调查发现,雷达的仰角越大,对降雨测量精确程度影响也越大,因此需要对测雨雷达系数进行调整。

(4)解决方案

1)提高检测分辨率

为了实现地理地域的精确测雨,需要提高检测的分辨率。一方面,要提高雷达自身的空间分辨率。可以通过技术研发不断提高雷达的分辨率,也可以引进先进的测雨雷达设备,以满足水文对于测雨地域精确控制的需求。另一方面,要提高雷达自身的时间分辨率。测雨雷达技术应用的主要目的就是更加准确地预报降雨走势,然而,如果预报时间偏短,不利于指导人们的生产活动。例如,暴雨天气的预报时间越提前,其形成的洪水对人们生命财产安全造成的破坏程度越小。

2)合理划分检测区

a. 要对雷达监测站的设置进行筛选。通过合理布局,尽可能使测雨区域网格化、平均化,降低不同雷达之间的信号相互干扰程度。

b. 建立测雨雷达网络平台。加强对各个检测区测雨数据的整理和分析工作,借助网络平台,实现测雨雷达数据共享,进而增强不同区域的协同化管理,有利于发现检测区存在的问题,进而不断优化检测区的划分范围。

c. 结合地理气候信息,实现检测区域划分。在对测雨区域进行划分时,需要综合考虑各种影响因素。

3)校正雷达检测系数

测雨检测回波信号在垂直方向产生波动是无法避免的,因此,为了提高测雨雷达的准确性,减小雷达回波信号的波动范围,最有效的措施就是减少雷达仰角,并对低仰角测雨数据和高仰角测雨数据进行对比分析,建立降雨数学检测模型,校正雷达检测系数。此外,针对不同地理气候区和不同降雨特征,建立测雨雷达 Z—R 关系图,通过数据整理后的图形分析,结合雨量统计,实现雷达与传统测雨站的相互校正,这样有利于雷达检测系数校正的准确性。

尽管测雨雷达技术还不是十分成熟,影响精确测雨的因素依然存在,但是测雨雷达技术可以实现对于降雨过程的瞬时检测,极大地提高不同区域降雨走向预报的准确性。因此,需要不断完善测雨雷达技术,促进水文行业的全面发展。

(5)测雨雷达的优势

由于雷达信号传输系统与人造卫星可实现无缝对接,不同地域降水的监测方案可根据监测需求制定。整个降水监测过程的数据传输都采用数字化模拟信号,可以实现对降水监测数据的定量化分析,进而提高测雨雷达技术在水文监测中应用的检测精度。为了有效保证雷达测试数据的精度,需定期采用其他监测技术进行验证,进而保障测雨雷达的监测质量。

降水过程的主要监测内容包括时间分布监测和空间分布监测,这样才能更好地对不同区域的降水过程进行更准确的预报。然而,影响降水时间和空间分布监测数据的不确定性因素太多,极大地限制了行业的发展。而雷达可以实现降水的实时跟踪,对降水走向和降水量的波动预测更真实,拓展了水文学的研究思路,提升了检测技术,增加了水文检测深度。

2.3.1.7　降水仪器的适用比较

不同降水观测仪器的适用范围和环境不同,表 2.3-1 对不同传感器类型的降水观测仪器的优缺点进行了对比分析,可作为仪器配置的选型参考。

表 2.3-1　　　　　　　　　　　　　降水仪器适用性比较一览表

传感器类型	适用范围	优点	缺点
雨量器	临时或应急观测	观测直观	受观测人员影响
虹吸式雨量计	降水不大的区域	可连续记录	当降水强度达到 4mm/min 时，该误差明显增大
翻斗式雨量计	大部分区域	可连续观测	根据区域降水量的差异，采用不同精度
称重式雨雪量计	北方和高寒地区	精度高	需人工排水
光学雨量计	大部分区域	精度高,功耗低	受光线和灰尘影响
测雨雷达	大范围监测	测量范围广	精度不高

2.3.1.8　蒸发量观测

蒸发是指温度低于水的沸点时,水汽从水面、冰面或其他含水物质表面逸出的过程。蒸发是地表热量平衡和水量平衡的组成部分,也是水循环中最受土地利用和气候变化影响的一项,同时,蒸发也是热能交换的重要因子。在自然界中,蒸发是海洋和陆地水分进入大气的唯一途径,是地球水文循环的主要环节之一。蒸发量是流域或水体水量平衡中的损耗项,在时空分布上是一个连续的自然过程。对蒸发过程中蒸发量的观测是对流域地表水面蒸发、土壤蒸发和植物散发等进行观测和记录。通常在有代表性的测点安装蒸发器直接观测,以反映所代表的面上的蒸发量。计量单位为 mm,测记至 0.1mm。观测蒸发是水资源估算、水利工程设计计算以及研究流域水文循环和推求作物需水量等方面的基础工作。蒸发量观测主要分为陆地蒸发量观测和水面蒸发量观测两大类。

测量蒸发量的仪器有大型蒸发器、小型蒸发器、蒸发池等。在地面气象观测中常用 E-601B 型蒸发器(传感器)和小型蒸发器,以及用于自动观测的超声波蒸发量传感器。

陆地蒸发是水循环的重要途径之一。地表和海面蒸发时刻进行着,相关研究表明,陆地降水有 70% 因蒸发而消耗,很多地区年蒸发量远大于降水量,因此做好蒸发量观测对于研究水循环规律,做好水资源配置具有重要意义。陆地蒸发是地面水分以水汽状态逸出地表进入大气的过程,是特定区域天然情况下的实际总蒸散发量,又称流域蒸发。它等于地表水体蒸发、土壤蒸发和植物散发量之和,通常由多年平均降水量与径流量的差值求得,是水文计算中必不可少的水平衡要素。陆地蒸发的大小与气象因素、土壤条件、地下水活动和陆地表面特性(包括植被、冰雪)等有关,受蒸发能力和供水条件(降水量)制约。

影响蒸发的因素很多,可以通过监测影响蒸发量的气象因子间接推求蒸发量,即间接法;也可以通过测量水体的水面变化直接得出时段蒸发量,即直接法或者器测法。

蒸发观测仪器主要由蒸发器皿和度量工具两部分组成,其中蒸发器皿用于盛装待蒸发的水样,水文行业常用的蒸发器皿包括口径为 200mm 的蒸发皿、口径为 618mm 的 E601B

蒸发器以及 5m² 或者口径更大的蒸发池;配套度量工具有雨量筒、电子秤、水位电测针、高精度液位传感器等。随着电子技术和传感器技术的进步,蒸发量由过去的人工观测方式逐步向自计方式迈进,目前蒸发量自动测量系统实现了蒸发量采集、传输和补水排水全自动控制。根据测量原理,蒸发量自动测量系统主要有称重式和液位式两种,其中称重式蒸发量测量系统以 200mm 蒸发皿为蒸发水样容器,通过智能式称重传感器检测蒸发皿的重量变化,配合数据采集器和计算机软件测算出日蒸发量;液位式蒸发量自动测量系统一般以 E601B 标准蒸发器为蒸发水样容器,通过高精度液位传感器监测蒸发器内的水位变化,测量出日蒸发量。液位式蒸发量自动测量系统常用的液位传感器分为磁致伸缩传感器、角度编码浮子式水位计、超声波液位计、测针接触式液位计等。

(1)小型蒸发器

小型蒸发器是一种口径 20±0.03cm、高 11.5cm 的金属圆盆,口缘镶有角度为 40°～45° 内直外斜的刀刃形铜圈。器旁有一倒水小嘴,至底面高度距离为 6.8cm,俯角 10°～15°。为了防止鸟兽饮水,器口附有一个上端向外张开成喇叭状的金属丝网圈。一般情况下,蒸发器安装在口缘距离地面 70cm 高处。每天 20:00 进行观测,测量前一天 20:00 注入的 20mm 高清水经 24h 蒸发剩余的水量,蒸发量计算公式如下:

$$蒸发量＝原量＋降水量－剩余量$$

蒸发器内的水量全部蒸发完时,记为＞20.0,该情况应避免发生,平时要注意蒸发情况,增加原量。

结冰时宜采用称量法测量,其他季节采用量杯测量或称量法均可。有降水时,应取下金属丝网圈;有强降水时,应随时注意从器内取出一定的水量,以防溢出。

(2)E601B 蒸发器

为了使蒸发观测仪器的测量值更加接近地表蒸发真值,科技工作者在 20 世纪 80 年代进行了大量的科学实验,成功研制了 E601B 蒸发器,并于 20 世纪 90 年代在全国推广使用。按照相关规范安装的 E601B 蒸发器,实测蒸发量与地表真实蒸发量的换算系数稳定在 0.9～1,因此该类型蒸发器推荐为当前气象、水文行业的标准观测仪器。E601B 蒸发器外观见图 2.3-10。

1)构造与组成

E601B 蒸发器的组成结构见图 2.3-11,主要由蒸发电测针、蒸发器、水圈、溢流桶等 4 个部分组成。蒸发器是内径为 618±2mm 的玻璃钢材质容器,主要用于盛装待蒸发的水样,蒸发器上边沿有溢流孔,降雨天气蒸发器内水量过多时从溢流孔流入溢流桶,在蒸发器的外沿有水圈,起到隔热和模拟天然水体环境的作用,在蒸发器的器口外壁有蒸发电测针卡座,用于放置蒸发测针,以便测量蒸发器内水面高度。日蒸发量按照式(2.3-1)计算。

$$E＝P－\sum h_{取}－\sum h_{溢}＋\sum h_{加}＋(h_1－h_2) \tag{2.3-1}$$

式中：E——日蒸发量，mm；

P——日降水量，mm；

$\sum h_{取}$，$\sum h_{加}$——前一日 8 时至次日 8 时各次取水量之和及加水量之和，mm；

$\sum h_{溢}$——前一日 8 时至次日 8 时各溢流量之和，mm；

h_1，h_2——上次（前一日）和本次（当日）的蒸发器水面高度，mm。

以上量值均用换算后的水深表示。晴天日降水量等于 0，溢流量等于 0，雨天的雨量用蒸发观测场配套的雨量计测量；溢流量需要根据蒸发器器口面积折算出等效深度。

图 2.3-10　E601B 蒸发器外观

图 2.3-11　E601B 蒸发器组成结构

2）蒸发电测针测量原理

蒸发电测针是 E601B 蒸发器水位常用度量工具，主要由支杆、测针、游尺、调微旋钮、微分刻度盘等 5 个部件组成(图 2.3-12),其工作原理与螺旋测微器类似。E601B 器口有配套的插座用于固定蒸发电测针,蒸发器内有静水小筒,便于风浪天气液位观测。测量时将支杆末端插入插座直至其底部,游尺和测针固定在一起,调微旋钮和微分刻度盘构成一个整体,游尺和调微旋钮通过螺杆连接,旋转调微旋钮螺杆带动游尺在轨道上上下滑动,滑动幅度为 7cm,游尺上有刻度,分辨力为 1mm,轨道下方刻有基准参考线,方便观察游尺相对基线移动的距离。调微旋钮每旋转 1 周,游尺运动 1mm,微分刻度盘均匀分成 10 小格,每格代表 0.1mm,轨道上方也刻有基准参考线,方便观察微分刻度盘旋转的角度。当游尺上的毫米刻度线对准轨道下方基线时,微分刻度盘的 0 刻度正好对准轨道上方的基准线。测量水面高度时,可以旋转调微旋钮,使测针的针尖恰好接触水面。将游尺的读数(精确到毫米)加上微分刻度盘的读数(单位 0.1mm)记作水位初始值。过一段时间后(一般为 1d)再次用同样办法观察蒸发电测针的读数,记作截止时刻水位值,两次观测的水位差值即为该时段的蒸发量。由于肉眼判断测针针尖是否接触水面非常困难,通常蒸发电测针配备有蜂鸣器,当针尖接触水面时,蜂鸣器打开,离开水面时蜂鸣器关闭,可以将针尖接触水面的读数和针尖离开水面蜂鸣器正好关闭的读数的均值作为水位值。

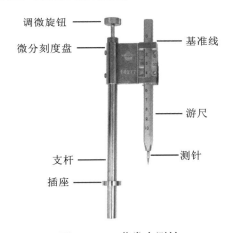

图 2.3-12　蒸发电测针

3)性能与指标

E601B 蒸发器具有防腐蚀、防冻裂、隔热性好、防止小水体和地面剧烈的热交换、测量精度高、使用方便、寿命长等优点,其主要技术指标如下。

　　a. 测针最大量程:70mm。

　　b. 测针最小读数:0.1mm。

　　c. 蒸发桶器口直径:618±2mm。

　　d. 环境温度:−40～+50℃。

　　e. 蒸发桶器深:600mm。

需要注意的是,由于 E601B 通过液位差法测量蒸发量,冰期不宜采用该类型蒸发器。

4）观测场地及安装要求

为保证观测的蒸发值具有代表性，场地选址应尽量符合蒸发观测相关要求。观测场宜避免设在陡坡、洼地和有泉水溢出的地段，或邻近丛林、铁路、公路和大型工矿的地方。如条件受限，必须布设在城市或大型工矿区附近时，观测场宜按照风向出现最多方向，相对迎前布设。蒸发观测场四周应空旷平坦，保证气流畅通。观测场附近的丘岗、建筑物、树木等障碍所造成的遮挡率宜小于 10％，如受条件限制，其遮挡率应不大于 25％。

仪器安装时有如下要求：

a. 蒸发器器口应高出地面 30cm，器口应尽量保持水平。

b. 水圈应紧靠蒸发桶，水圈的排水孔底和蒸发桶的溢流孔底，应在同一水平面上。

c. 水圈与地面之间应设一宽 50cm（包括放坍墙在内）、高 22.5cm 的土圈，土圈外层的防坍墙用砖干砌而成。

d. 埋设仪器时应尽量少地扰动原土，坑壁和筒壁的间隙用原土回填捣实。溢流桶应设在土圈外带盖的套箱内，用胶管将蒸发桶上的溢流嘴和溢流桶相连。安装后，蒸发桶外的雨水应不能从接口处进入溢流桶。

e. 蒸发电测针的底座应保持水平。

f. 仪器安装完毕后应在蒸发桶中注水至最高水位处，水圈内注水高度应与蒸发桶内水面高度接近。

（3）高精度降水蒸发自动监测系统

高精度降水蒸发自动监测系统是融合最新的电子、物联网通信及计算机软件技术，结合水文监测行业实际需求的具有测量精度高、人机交互灵活便捷、系统运行安全、集成度高、电源管理科学等突出特点的蒸发自动监测系统。

1）结构及组成

由数据采集传输终端机（RTU）、传感器设备（包括雨量传感器、温度传感器和蒸发传感器）、给排水设备（包括电磁阀、水泵等）、供电设备（包括蓄电池、充电器、太阳能板）等组成。采用 RS485 通信总线技术，不同的传感器通过唯一的地址号，数据采集传输终端机与传感器之间通过 Modbus 协议实现数据交换。应用该技术，传感器网络结构简单，布线和后期维护非常方便。系统组成见图 2.3-13。

2）液位测量技术

雨量和蒸发量监测使用磁致伸缩液位传感器作为核心测量部件，其分辨力为 0.01mm，测量时不存在温度漂移。该类型传感器主要由磁性浮球、磁感应轴和数据处理模块三个部分构成。采用磁致伸缩液位传感器可减少测量时机械摩擦产生的影响。将此类技术应用在蒸发自动监测中提高了液位测量精度。蒸发量采集示意图见图 2.3-14。

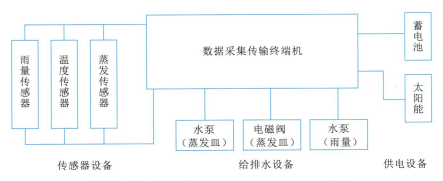

图 2.3-13　高精度降水蒸发自动监测系统组成图

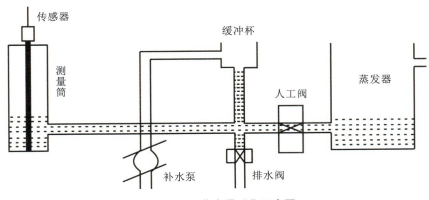

图 2.3-14　蒸发量采集示意图

3）蒸发监测方式

蒸发量采集应用连通器原理，用一个测量筒和 E601B 蒸发器底部连通，构造一个连通器，传感器置于测量筒内，通过采集测量筒内的水面变化，间接计算蒸发器的水面变化。采用此法间接测量的优点是监测设备远离 E601B 蒸发器，不影响实际蒸发量，采集的数据具有较好的代表性，符合规范要求，可以直接用于水文分析计算。测量筒具有静水作用，可以减小测量误差。

4）液位式双筒互补性降水蒸发监测技术

液位式雨量计直径为 200mm。承雨口将收集的降水量装在圆柱形的集雨器（雨量筒）内，通过采集集雨器内的水位，计算相应时段内的降水量，此类型雨量计计量不受雨强影响，与翻斗式雨量计相比精度优势突出。

应用双筒互补性降水蒸发监测技术，在集雨器排水期间，通过监测蒸发器的水面变化，计算排水时段的降水量（即雨量筒排水期间，用蒸发器计量雨量），成功解决了同类产品集雨器排水期间雨量漏计问题，与虹吸式雨量计相比，精度优势明显，结构见图 2.3-15。

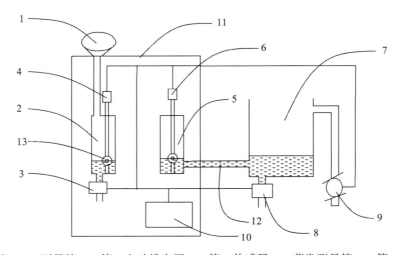

1—承雨口；2—雨量筒；3—第一电动排水阀；4—第一传感器；5—蒸发测量筒；6—第二传感器；
7—蒸发器；8—第二电动排水阀；9—补水泵；10—采集控制器；11—仪器柜；12—连通管；13—感应浮球

图 2.3-15　雨量蒸发采集系统结构图

5）性能与指标

a. 蒸发器部分。

蒸发器口径：$\phi 618 \pm 2$mm；

蒸发分辨力：0.1mm；

蒸发测量相对偏差：$<3\%$；

蒸发重复性误差：<0.1mm。

b. 雨量器部分。

承雨口内径：$200.00 \sim 200.60$mm；

雨量分辨力：0.1mm；

最大雨强为 4mm/min 情况下雨量测量误差：<0.1mm；

雨量重复性误差：<0.1mm。

c. 数据采集控制器。

标准信号接口：1 个 RS232、3 个 RS485、4 个信号控制口；

输出接口（通信方式）：RS232/蓝牙 4.0/GSM/GPRS；

电压波动：在直流 $10.8 \sim 13.8$V 时工作正常；

静态值守电流（带通信终端）：<20mA；

工作电流：<350mA；

工作环境：$0 \sim 55$℃，$<95\%$RH。

6）适用条件与注意事项

该系统采用液位差测量蒸发量，因此冰冻天气应停止使用，并且将内部的水放空，以免内部管材被冻裂。

2.3.2　水位观测

一般利用水尺和水位计等设备设施对江河、湖泊和地下水等的水位进行实地测定。观测时间和观测次数要适应一日内水位变化的过程,要满足水文预报和水文基本资料收集等要求。在一般情况下,日测1~2次。在发生洪水、结冰、流冰、冰坝和有冰雪融水补给河流时,增加观测次数,使测得的结果能完整地反映水位变化的过程。

水利工程的规划、设计、施工和管理中需要水位资料,桥梁、港口、航道、给排水等工程建设中也需水位资料,防汛抗旱中水位资料更为重要,它是水文情报预报的基础依据。水位资料在水位流量关系的研究和在河流泥沙、冰情等的分析中都是重要的基本资料。因此,水位资料与人类社会生活和生产关系密切。

水位观测适用于地下水水位监测、河道水位监测、水库水位监测、水池水位监测等。水位观测可以监测水位动态信息,为决策提供依据。

水位观测应采用合理的基面,水位观测基面包括绝对基面、假定基面、测站基面和冻结基面。绝对基面是以某海滨地点的特征海水面为准,将这个特征海水面的高程定为0m,比如黄海、吴淞、珠江等基面。假定基面是在水文站附近无国家水准网,暂时不能引测时,假定测站的水准点的高程为一个假定值。测站基面也是一种假定基面,一般选最低水位以下0.5~1.0m的水面作为测站基面。冻结基面是水文站专用的一种固定基面,将其首次使用的基面固定,作为冻结基面。水准点高程见图2.3-16。

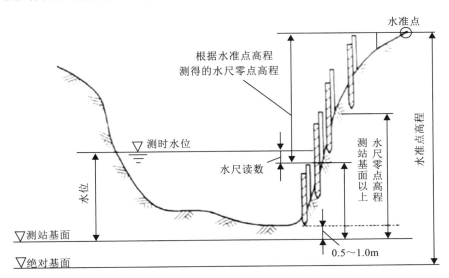

图 2.3-16　水准点高程图

水位观测的基本要求:

a. 水位一般应记至0.01m,在一些场合可能要记至0.5cm。

b. 为减少波浪造成的水位观测误差,人工观读水尺时,应读记波浪峰谷2个读数,取均值。自记水位计应具有多次测量水位后的数字平均功能,尽量消除波浪影响。

c. 人工观测水位按规定的时段定时观测记录。自记水位计应能记录所需的水位变化过程线,其记录时段可以人为设定,最小时段为 6min 或 1min。

常用的水位观测设备有水尺和水位计。水尺是传统有效的直接观测设备,实际观测时,水尺上的读数加水尺零点高程即为水位。水位计是利用浮子、压力、声波和图像等制成的能提供水面涨落变化信息的仪器,能直接绘出水位变化过程线。水位计记录的水位过程线要利用同时观测的其他项目的记录加以检核。

水位观测仪器主要分为人工观测和自计两大类。水尺是人工观测水位的传统设备,根据水尺的安装方式不同,常用的水尺主要分为直立式水尺、倾斜式水尺、矮桩式水尺、悬垂式水尺等,他们都是通过观察刻度尺的示数来观测水位。随着水文信息化的发展,水尺成为水位观测的辅助设施,一般用于校准自计水位仪。根据数据存储介质的不同,自计水位观测仪主要分为纸介质自计水位仪和电子自计水位仪,当今电子技术发展迅速,纸介质自计水位仪已经很少使用,电子自计水位仪已经成为当今自计水位仪的主流。根据测量原理的不同,自计水位仪主要分为浮子式水位计、压力式水位计、超声波水位计、雷达水位计、激光水位计、电子水尺和视频水位计等几种类型。

2.3.2.1 水尺

水尺是一种通过人工观读方式来获取水位数据值的标尺,它是一切水位测量的基准。在没有配备水位自动监测设备的站点,通过观读水尺,可以快速获取实时水位值。而那些已经配备水位自动监测设备的站点,通过观读水尺,可以有效地对水位自动监测设备的水位测量值进行必要的校正。在水尺的实际使用中较普遍的是直立式水尺,其次是斜坡式水尺和矮桩式水尺。

(1)直立式水尺

直立式水尺是一种竖直安装的水尺,一般由水尺桩和水尺板组成,见图 2.3-17。水尺板一般长 1m、1.2m,宽约 8cm、10cm。尺面上有长度刻度,分辨力一般是 1cm,材料一般为搪瓷板、合成材料、不锈钢等。水尺桩一般由水泥、金属或木材制成,水尺板固定在水尺桩上。水尺安装在户外长期受风吹日晒,因此它需具有一定的强度、不易变形、耐日晒、耐水浸。为了便于水尺的夜间观察,可在水尺表面涂上反光涂料。

在布设水尺时,需注意相邻两个水尺之间的水位刻度需保持一定的重叠,这样就可以保证在任何水位情况下都可通过观读水尺来获取水位。水尺安装完成后,需用专用的测量设备确定每根水尺板的零点高程。读取水位时,首先需读取被水体淹没的水尺板上的水位刻度值,再加上该水尺的零点高程值,就可以获取此时该处水体的水位。另外,在一些特殊条件下,利用水边的建筑物体(如桥墩等),可直接在水边建筑物的外墙上安装一定数量的水尺板,而不必一根根地设立直立式水尺。

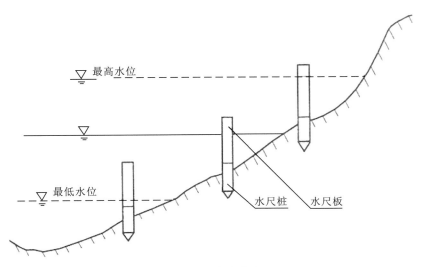

图 2.3-17　直立式水尺

（2）斜坡式水尺

图 2.3-18 所示是一种在斜坡面上安装的水尺。一般在水位断面的岸坡较陡、水位涨落范围内边岸距离不长、岸坡又很稳定的情况下可以采用斜坡式水尺。在设立斜坡式水尺时，首先需要将水位断面的岸坡加以整修硬化，修筑一条规则的斜尺面，斜尺面一般可用水泥、石头、不锈钢等材质。然后用水准测量的方法将不同的水位高程依次对应在斜尺面上并加以标记，这样水位就可直接从斜坡式水尺的尺面上观读。在一些山区性河流，直立式水尺容易被上游来的洪水毁坏，如果岸坡牢靠且满足设立斜坡式水尺的要求，设立斜坡式水尺是一种比较合适的选择。

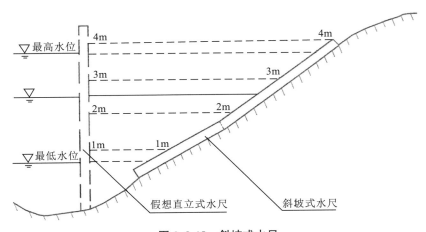

图 2.3-18　斜坡式水尺

（3）矮桩式水尺

图 2.3-19 所示是一种矮桩式水尺，适用场合与斜坡式水尺类似。它主要在岸坡稳定又

较陡的河岸上建造一定数量的永久性基桩。每个基桩略高出岸坡地面,桩面上有一圆形水准基点。观读水位时,观测人员首先需选择一组已被水体淹没的矮桩,然后将另一专用水尺放在该淹没水尺的水准基点上,再观读该水尺的水位读数,最后再加上此矮桩的基点高程,便可获得此时该水体的实际水位。在观读水位时,观测人员需靠近水边将水尺垂直放置于淹没在水体下的矮桩上,因此矮桩式水尺修建的矮桩的数量相对较多较密,这样才能保证在任何水位情况下,观测人员附近均有矮桩放置水尺。

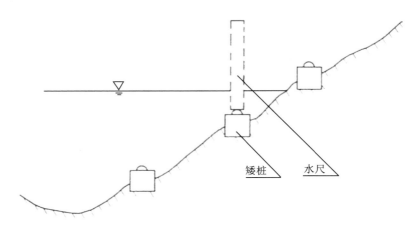

图 2.3-19　矮桩式水尺

2.3.2.2　浮子式水位计

浮子式水位计是最早使用的水位计,且仍为目前主要的水位自记仪。浮子式水位计的感应部件通过检测随水位同步运动的浮子的位置来测量水位的变化。根据结构差别,浮子式水位计可分为带配重的浮子式水位计、自收揽浮子式水位计、磁致伸缩浮子式水位计。

（1）构造与原理

图 2.3-20 所示为浮子式水位计结构示意图,一般分为感应部分和编码部分。感应部分主要由浮子、连接绳、重锤、转轮组成,主要作用是通过测轮轴的角度变化,实时感应被测水体水位的涨落变化,编码部分主要由编码器等组成,主要作用是将转轮轴的角度变化数字化,将水位变化的模拟量转换为数字量。

基本工作原理:因为浮子始终漂浮在水面上,所以 $G_{浮子}＝G_{锤子}＋F_{浮子}$。当水位上涨时,浮子也会随水面上升而上升,连接绳会发生位移,转轮在连接绳的作用力下向锤子端相应转动。反之,当水位下降时,转轮在连接绳的作用下向浮子端相应转动。

（2）性能与指标

1）基本技术指标

a. 分辨力:1cm。

b. 测量范围:至少 40m。

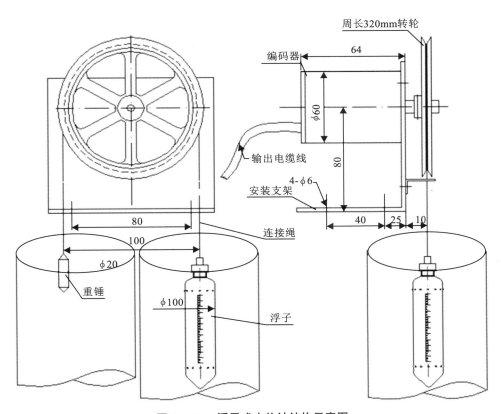

图 2.3-20　浮子式水位计结构示意图

c. 水位变率：至少 40cm/min。

2）水位准确度要求

a. 水位允许误差：水位变幅为 0～10m 时，Ⅰ、Ⅱ、Ⅲ级水位计的水位允许误差分别为 0.3cm、1cm、2cm。测量结果的置信水平应在 95% 以上。变幅扩大时，水位允许误差不允许超出 ±3cm。

b. 水位灵敏度：Ⅰ、Ⅱ、Ⅲ级水位计分别为 1.5mm、2mm、4mm，最大为 5mm。

3）使用环境

a. 工作环境温度：−10～+50℃，井内不结冰。

b. 工作环境湿度：95%RH。

4）可靠性要求

MTBF：至少一年。

5）信号输出要求

a. 全量输出：推荐格雷码、BCD 码。

b. 增量输出：推荐可逆计数式、增量式。

c. 串行输出：RS485 或 SDI-12。

（3）适用条件与注意事项

浮子式水位传感器设备构造简单,成本低、性能稳定。其测量精度可达到1cm,量程一般为40m。它对水位变化的反应及时准确,可靠性强。不足之处是安装范围窄,仅适合安装在有测井的水位断面上,但水位测井建设周期长,投入资金大。

2.3.2.3　压力式水位计

压力式水位计根据水下压强和水深成正比的原理来观测水位,根据压强传导的结构形式,压力式水位计通常分为压阻式压力水位计和气泡式压力水位计两种,其中气泡式压力水位计根据气源的供气方式,又可分为恒流型气泡式水位计和非恒流型气泡式水位计。

（1）压阻式压力水位计

1）构造与原理

压阻式水位计又称为投入式水位计（图2.3-21）,从外观看,该类型水位计由探头和通信电缆两个部分组成。压阻水位计是一款高集成度的智能水位计,核心部件集成在一个密封的不锈钢筒（探头）内,测量时将探头投入水中,探头把所处位置的水深或者压力从通信电缆输出。通信电缆为内含气管的屏蔽电缆,其中气管用于平衡大气压,电缆屏蔽层用来屏蔽外界干扰信号,同时起到增强电缆强度的作用。压阻式水位计主要有差压式和绝压式两种,其中差压式测量的是水头压力,大气压力被电缆内的气管平衡;绝压式测量的是水头压力和大气压力之和,因此绝压式没有平衡气管,水文行业采用差压式居多。

图 2.3-21　压阻式水位计

目前较常见的量程有 $5mH_2O$、$10mH_2O$、$15mH_2O$、$20mH_2O$、$40mH_2O$、$80mH_2O$,传感器的精度一般为 $0.25\%FS$ 左右,传感器的分辨力可以达到 1mm,一般量程为 $20mH_2O$ 的传感器的测量绝对误差可以满足水文基本资料收集相关要求。

①结构组成。

压阻式水位计内部主要由压力感应单元、信号检测处理单元、信号变送输出单元等3个部分组成(图 2.3-22)。

图 2.3-22 压阻式水位计内部结构图

各部分的作用与功能为:压力感应单元将压力信号转换成电信号;信号检测单元采集压力感应单元输出的电信号,然后经过信号滤波和数字化处理,并经过适当的环境因素补偿,使最终的处理结果能准确描述压力水头情况;信号变送输出单元将信号检测处理单元输出的结果进行变换,以便信号能够较远距离传输,且保证远端采集器可以识别,如 RS485 接口、4～20mA 电流信号接口。

②压力信号变换原理。

压阻式水位计的感压部件通常是用扩散硅材料制作的一个膜片,膜片封装在一个芯体上,见图 2.3-23(a),膜片相当于一个压敏电阻,膜片承受的压力改变时,电阻发生变化。芯体内部通常封装有惠斯通电桥,见图 2.3-23(b),电桥的 4 个臂分别是 R_1、R_2、R_3 和 R_x,其中 R_x 代表扩散硅膜片,在空气中校准后,$R_1/R_2 = R_3/R_x$,信号输出点 D、B 间的电压 $U_{DB} = 0$,当压力作用于芯体 R_x 时,R_x 的阻值发生改变,电桥打破平衡,$U_{DB} \neq 0$,该值与 R_x 线性相关,信号检测处理单元就可根据测量 U_{DB} 的值来计算水位。

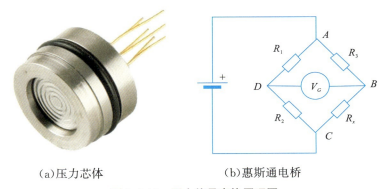

(a)压力芯体 (b)惠斯通电桥

图 2.3-23 压力信号变换原理图

2)输出接口

压阻式传感器在水文行业广泛使用,市场上最常见的是 4～20mA 的压力水位计。由于 4～20mA 的压力水位计的硬件接口形式与 HART 协议要求的硬件标准一致,该类型接口的水位计非常适合与带有 HART 协议接口的控制器连接。为了和带有通用串口(RS232 或 RS485)的采集器或者 PC 机互联,一些传感器生产厂家将 AD 转换器单元集成到传感器内部,将采集的数据以 RS485 接口的形式输出,通信协议采用 Modbus 协议或者自拟定协议。

3)安装与注意事项

通常用于静水场合或应急测量等临时性场合,如地下水位测量或水深测量,在地下水位测量时,将水位计探头直接丢入地下水测井即可。在应急测量场合,选择一处流速相对平缓、漂浮物较少的位置,把水位计的探头直接置入被测水体水边,淹没深度几米即可。水位计把测量的数据传送给接在通信电缆的采集器,实现数据的采集和发送等。也可以用于水库水位、渠道水位测量,由于压阻式水位计的感应部件淹没在水下,出现故障不方便施工修复,应用此类场合需要特别注意安装方式。

①典型安装图。

图 2.3-24 为水库坝前水位计安装示意图,大坝为混凝土重力坝,挡水面与水平面垂直。

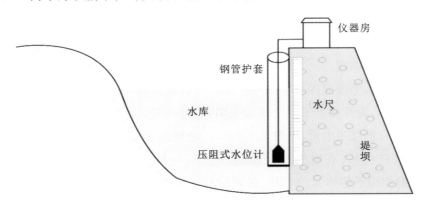

图 2.3-24 水库坝前水位计安装示意图

安装时,可以在大坝挡水面竖直固定一个钢管,内径约 80mm,钢管底部焊接一个挡板,用于搁放探头,挡板上有进水孔,使钢管内的水体和外部保持连通。钢管上端开口,水位计的探头可以从上端开口直接投入钢管护套内,直至落入底部,水上部分电缆用线管保护进入仪器房,和数据采集器相连。当水位较深时,可以用同型号钢管直连。钢管旁边刻画有人工观测水尺,可以对水位计的数据进行比测。该安装方式维护比较方便,可以通过通信电缆直接将探头提出水面。

图 2.3-25 是一种渠道水位计安装方式,修建堤坝时在堤坝底部预先埋设一根水平钢管用作连通管,以 4 分钢管为宜,钢管两段开口,一端和渠道水体相通,一端在堤坝外,在堤防外的一端有两个阀门,通过三通串联,压阻水位计接在三通上。工作时阀门 A 打开,阀门 B 关闭,检修时阀门 A 关闭,阀门 B 打开。此种安装方式要求压力探头末端为螺纹接口,检修方便,但是要求堤坝规划时预留连通管,连通管后期安装则不方便。

②注意事项。

a. 含沙量比较高的河流和河水密度不均匀的场合不适合选用该类型传感器。因为根据压阻式压力水位计的测量原理,要计算压力水位计的压力值,水体的密度必须恒定。

b. 盐度比较高的潮位站和咸水湖泊,因水体密度和纯净水密度有较大差异,且测定困难,不适合选用该类型的传感器。

c. 腐蚀性较大的水体不适合安装该类型的传感器,因为工作时传感器的感应膜片直接与水体接触,腐蚀性的水体容易破坏传感器的膜片。

d. 热污染严重的水体不适合安装此类型的传感器。因为压阻式压力传感器温度漂移明显,虽然传感器内部进行了温度补偿,但是水体温度场分布不均匀仍然会造成较大的测量误差。

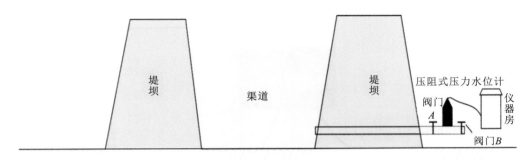

图 2.3-25　渠道水位计安装示意图

(2)气泡式压力水位计

气泡式压力水位计的测量原理与压阻式压力水位计的测量原理类似,主要区别为压力传导介质不同,传感器的内部结构也有较大差别。图 2.3-26 是其典型结构示意图,气泡式压力水位计通过感压气管,将水下压力传导给安装在水面上的压力传感器以供测量,该类型的水位计主要由压力测量单元、压力传导单元、气体补给单元等三个部分组成,其中:气体补给单元根据测量需要向压力传导单元补给测压所需气体,确保气管压力与气管水头压力保持一致;压力传导单元把压力传导给压力测量单元;压力测量单元将压力信号转换成电信号,供采集器处理,生成水位成果数据。

根据气体补给单元的结构形式,气泡式压力水位计分为恒流型气泡式水位计和非恒流型气泡式水位计两类,其中恒流型气泡式水位计是指无论压力测量单元是否采集,气管中一直有气体匀速吹出;非恒流型气泡式水位计只有采集的时候才吹气,平时没有气体从气管口冒出。通常恒流型气泡式水位计用于大量程水位测量,非恒流型气泡式水位计用于中小量程水位测量。图 2.3-26 是分体式恒流型气泡式水位计,是气泡式水位计家族的早期产品,需要外配高压氮气钢瓶供气,2010 年前后,国外先进的水文仪器公司相继研制出集成式的恒流型气泡式水位计。这类水位计自带一个小型的储气瓶和补气泵,所需气体由水位计自己抽取补充。图 2.3-27 是国内常见的两款恒流型气泡式水位计,图 2.3-27(a)为澳大利亚水务公司生产的 HS-40 恒流型气泡式水位计,图 2.3-27(b)为美国 Waterlog 公司生产的 H3553T 恒流型气泡式水位计。

气泡式水位计生产厂家和型号不同,性能指标有较大差异。恒流型气泡式水位计是目前比较成熟的产品,一般量程较大,可达 70m,分辨力达到 1mm。非恒流型气泡式水位计量程一般在 15m 以内,分辨力达到 1mm。由于非恒流型气泡式水位计每次测量供气泵都需要工作一次,水位监测系统必须有充足的电能保障。气泵有机械磨损,限制了非恒流型气泡式水位计的工作寿命。另外,为了保证测量,泵气压力必须大于水头压力,高水头测量对气泵性能提出了比较苛刻的要求。

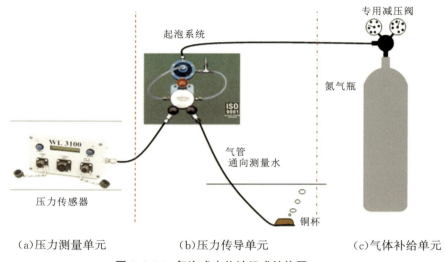

（a）压力测量单元　　　　　（b）压力传导单元　　　　　（c）气体补给单元

图 2.3-26　气泡式水位计组成结构图

（a）HS-40　　　　　　　　　（b）Waterlog H3553T

图 2.3-27　恒流型气泡式水位计

气泡式压力水位计除不适合安装在含沙量大和盐度大的应用场合外,适用场合广泛,优点突出。河道断面边坡较长、不适宜修建水位观测井的应用场合,选用气泡式压力水位计观测河道水位,可以节省修建水位测井的投入。

1)工作原理

①分体式恒流型气泡式水位计。

图 2.3-27 是大江大河中广泛使用的恒流型气泡式水位计,工作时氮气瓶内的气体通过专用减压阀将气体输送给起泡系统,经过起泡系统速度调节后,气泡缓慢地从河底的管口冒出,此时管口压强等于大气压强与管口水头产生的压强之和,压力传感器的感压气管与河底

的气管是连通的,因此其测量的压力就等于大气压强与管口水头产生的压强之和。压力传感器同时也测量大气压强,压强之和减去大气压强即可得管口水头,就可以计算管口处的水深,要是知道此时管口的高程,就可以计算此时的水位。这就是恒流型气泡式水位计工作的基本原理。

恒流型气泡式水位计都有一个储气瓶,工作期间储气瓶连续不断地向外释放气泡,感压气管内的压力和气管管口位置(铜杯的安装位置)的水头压力相等,压力传感器测量出感压气管内的压力即得出气口的水头。

②自泵气式恒流型气泡式水位计。

早期分体式恒流型气泡式水位计一般依靠工业用氮气瓶供气,因氮气瓶体积较大,占据较大空间,重量大,搬运困难。定期换气也增加了维护成本,在交通偏僻的水位监测站推广应用受到限制,而非恒流型(气泵式)气泡式水位计又不能满足大量程高精度的测量需求,气泡式水位计研制厂家吸收了两种气泡式水位计的优点,对气泡式水位计的气体补给单元进行了改进,成功研制了自泵气式恒流型气泡式水位计,其结构见图 2.3-28。

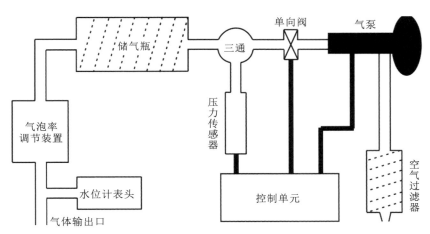

图 2.3-28　自泵气式恒流型气泡式水位计结构图

气体补给单元主要由储气瓶、压力传感器、电磁阀、气泵、空气过滤器以及控制单元等 6 个部分组成。储气瓶、压力传感器、电磁阀由三通互联起来,图中压力传感器用于监测储气瓶的内部压力,并反馈给控制单元。当监测到储气瓶压力过低不能满足测量需要时,控制单元打开气泵,开始给储气瓶补气,直到气瓶压力接近程序设定的上限值,气泵停止工作。气泵的进气口安装有空气过滤器,用于过滤空气中的尘埃和水汽,因为尘埃堵塞气管,水汽液化形成水柱,影响系统正常工作。该类型的水位计的典型工作特点是:间断性向储气瓶补气,恒流型向外排气。虽然结构比早期气泡式水位计复杂,但是免维护性好,性能优越,有逐步取代早期气泡式水位计的趋势。

③非恒流型气泡式水位计。

非恒流型气泡式水位计的内部结构与自泵气式恒流型气泡式水位计的结构类似,其结构和后者相比,没有储气瓶和气泡率调节装置(气泡系统),仅当测量的时候,才会给压力传导单元供气,通常靠高压空气泵打气。

2)安装与调试

虽然不同厂家生产的气泡式水位计内部结构稍有差别,但是安装调试方法类似,下面以自泵气式恒流型气泡式水位计为例进行介绍。

①气管敷设。

气管敷设可以参考图 2.3-29 进行,并注意如下几点:

a. 气管和各部件连接处应当紧密不漏气,确保管内压力一直和出气口的水头压力相等。

b. 气管敷设应尽量平滑,避免拐弯过急导致管子内部通气孔因弯折而吹气不畅通。

c. 气管敷设应避免负坡,因为气体中的水汽液化形成液柱容易停留在负坡位置,造成测量误差,另外当气源补给不足时,含有泥沙的污水进入气管,容易在气管拐弯处沉淀,导致气管堵塞。

d. 气管敷设应加装钢管保护套管,防止水力作用对气管造成破坏,钢管护套应尽量贴着河道边坡敷设,避免架空,以减小水力冲击,具备条件的安装场合应挖沟埋设,避免太阳暴晒加速气管老化、破裂漏气等。

②水下气室安装。

气泡式水位计感压气管的末端通常会连接一个倒扣的类似铜杯或者铜瓢一样的装置,行业俗称气室或者气容,图 2.3-30 是常见的几种气室。

气室都有和气管连接的接口,因气泡式水位计使用的气管规格不一样,气管接口规格不完全一样。除了气管接口外,气室还有一个出气口,口径一般很大,用于释放气泡,气室的安装对测量成果有重要作用,可以参考图 2.3-31 进行安装,安装过程需要注意如下几点:

a. 气室应和感压气管紧密连接,不能漏气。

b. 气室开口应朝河床,呈倒扣姿势。

c. 气室开口面和河床应保持 30cm 以上的距离,以免河沙淤积堵塞出气口。

d. 应选择水流相对平缓的位置安装气室,以免水力作用冲毁气室或者导致气室晃动产生测量误差。

③调试气泡式水位计。

完成气泡式水位计的所有压力传导部件安装后,即可对传感器进行调试。一般传感器通电后,内部控制单元会自动检测储气瓶内气压,如果气压不足会自动补气,待气瓶足压后会自动停止。补气完成后,可以按照如下步骤调试水位计:

根据实际情况调整水位计的气泡释放速度,俗称气泡率。气泡释放速度根据实际水头的变率决定,一般水位变化快,则气泡释放速度应相应调大,水位变化慢,气泡释放速度应适当减小;感压气管长,气泡释放速度应相应调大,感压气管短,气泡释放速度应相应调小。目前市场上主流感压气管规格为外径 9.525mm、内径 3.175mm 的高分子材质气管,气泡释放速度典型值为 30 个/min。

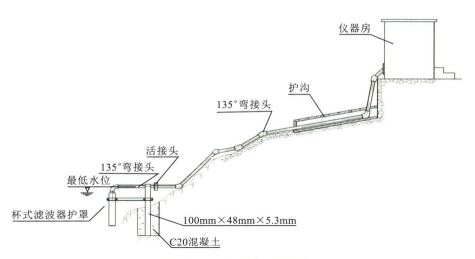

图 2.3-29 气管敷设示意图

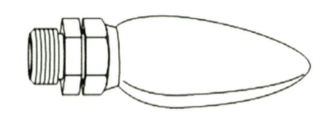

图 2.3-30 常见水下气室图

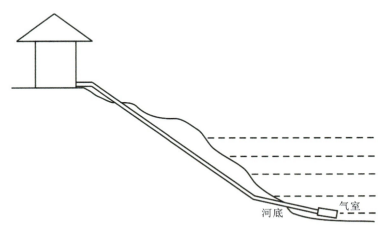

图 2.3-31 气室安装示意图

　　人工控制水位计处于"冲沙模式",在此模式下储气瓶向感压气管、气室快速吹气,能够在很短时间内排出感压气管和气室里的水,肉眼看到气室出口处有大量气泡冒出时即可让水位计切换到恒流吹气模式。稳定3～5min后,感压气管的内部压力和气室出口处的水头压力近似相等。

设置气泡式水位计的工作参数。下节将以 HS-40 型水位计为例进行详细说明。

a. 主要技术指标。

量程：0～40m。

精度：0.02%FS。

分辨力：1mm。

储气瓶容量：2L。

外围接口：SDI-12/RS232/4～20mA。

瞬时最大功耗：30A（12V 直流电池供电）。

平均功耗：约 20mA。

b. 调试要点。

HS-40V 型水位计拥有较好的人机交互界面，通过仪表显示和人工按钮、旋钮等即可完成调试。各部件功能见图 2.3-32，一般调试步骤如下：

第一步，给水位计通电，传感器自动向储气瓶补气。

储气瓶配有机械式压力表，储气瓶压力低于 450kPa 时会自动泵气，达到 750kPa 左右后会停止泵气。由于补气泵工作电流达 30A，一般和电池直接连接，提倡用厂家自带电源线，尽量不要延长，以免工作时电压损耗过大影响气泵正常工作。

第二步，调整气泡率。

将手动阀和校准手动阀都旋转到"open"的位置，将厂家提供的气泡率查看器的"气嘴"插入气泡率测试端口，另一端放置在水桶里，确保出气口完全淹没，稍后会看到出气口有气泡冒出，借助手机的秒表观察 1min 内冒泡的个数，一般气泡率在 20～40 个/min，气泡率可以通过气泡率调节阀旋钮来调节，适当旋转该旋钮后再观察气泡率，直到气泡率达到期望个数为止。调节完成后注意锁紧气泡率调节阀，同时拔出气泡率查看器的"气嘴"，若不拔出，气泡式水位计将不能正常工作。注意气泡率不宜大于 40 个/min，因为吹气速度过大，气泵将会频繁启动，缩短气泵寿命。

第三步，进入"冲沙模式"。

使感压气管的内部压力初始化，然后恢复到正常工作模式。

初始安装时，气室内的水没有完全吹出，气室出口的水头压力与感压气管内的压强不相等，必须进入"冲沙模式"排空气室内的水（在完成气泡率的调整工作后，只需将手动阀门旋转到"bubble"的位置，即进入"冲沙模式"，待看到气室出口有气泡冒出，即可停止吹气，将手动阀门旋转到"open"位置后，水位计即进入正常工作模式。此时感压气管内部压力尚未稳定，3～5min 后气管内部压力才近似等于气室出口位置的水头压力。

第四步，水位计工作参数配置。

水位计的表头（WL3100A）显示了传感的一些基本工作参数，默认界面显示的是水深。传感器面板左侧有选择调整按钮，可以对传感器的工作参数进行修改。传感器对外有 3 种输出接口方式：SDI-12/RS232/4～20mA，用户可根据采集器的接口类型进行选择。

传感器的地址号"sensor add"可以手工设置成 0～9 中的任何一个数字，也可以设置水位计气室出口基本高程"offset"，默认基本高程为 0，主界面显示的是测点水深，设置基本高程后，主界面显示的是水深与基本高程之和，即测点处正上方水面水位。另外，用户还可以设置传感器的时间、当地的重力加速度等。完成以上操作后，传感器即可正常工作。

第五步，数据采集器访问水位计。

HS-40V 型水位计提供了 SDI-12/RS232/4～20mA 等三种外围接口方式供采集器访问，实际选用的外围接口方式必须与工作参数中选定的接口方式一致，且通信命令中的地址也必须和工作参数中的设置一致，否则会通信失败。

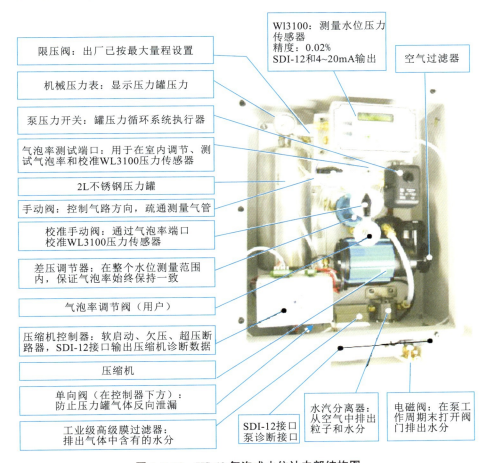

限压阀：出厂已按最大量程设置

机械压力表：显示压力罐压力

泵压力开关：罐压力循环系统执行器

气泡率测试端口：用于在室内调节、测试气泡率和校准WL3100压力传感器

2L不锈钢压力罐

手动阀：控制气路方向，疏通测量气管

校准手动阀：通过气泡率端口校准WL3100压力传感器

差压调节器：在整个水位测量范围内，保证气泡率始终保持一致

气泡率调节阀（用户）

压缩机控制器：软启动、欠压、超压断路器，SDI-12接口输出压缩机诊断数据

压缩机

单向阀（在控制器下方）：防止压力罐气体反向泄漏

工业级高级膜过滤器：排出气体中含有的水分

Wl3100：测量水位压力传感器
精度：0.02%
SDI-12和4～20mA输出

空气过滤器

SDI-12接口泵诊断接口

水汽分离器：从空气中排出粒子和水分

电磁阀：在泵工作周期末打开阀门排出水分

图 2.3-32　HS-40 气泡式水位计内部结构图

2.3.2.4　超声波水位计

超声波水位计是利用超声波测距离原理研制的一款水位计，按照声波传播介质的区别可分为液介式和气介式两大类。

（1）构造与原理

声波在介质中以一定的速度传播，当遇到不同密度的介质分界面时会产生反射。超声波水位计通过安装在空气中的超声换能器，将具有一定频率、功率和宽度的电脉冲信号转换成同频率的声脉冲波，定向朝水面发射。此声波束到达水面后被反射回来，其中部分超声能量被换能器接收又将其转换成微弱的电信号。这组发射与接收脉冲经专门电路放大处理后，可形成一组与声波传播时间直接关联的发、收信号，同时测得了声波从传感器发射经水面反射，再由换能器接收所经过的历时 T，历时 T 乘以波速，即可得到换能器到水面的距离，然后再换算为水位。

换能器安装在水中，则称之为液介式超声波水位计，而换能器安装在空气中，则称之为气介式超声波水位计，后者为非接触式测量，见图 2.3-33。

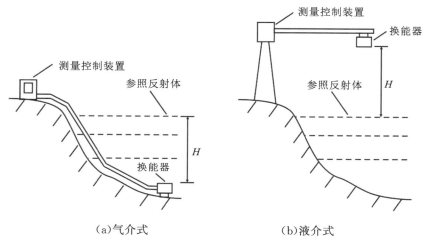

（a）气介式　　　　　　　　　（b）液介式

图 2.3-33　超声波水位计应用示意图

根据声波的传播速度 C 和测得的声波来回传播历时 T，可以计算出换能器离水面的距离 H。

$$H = C \times T/2 \tag{2.3-1}$$

由换能器安装高程 H_0 可以得到水面高程，也就是水位值。

对于气介式，见图 2.3-33（a），水面高程可表示为 $H_0 - C \times T/2$。

对于液介式，见图 2.3-33（b），水面高程可表示为 $H_0 + C \times T/2$。

（2）结构组成

超声波水位计主要由超声波信号发生器（发射换能器）、超声波信号接收器（接收换能器）和信号处理控制单元等三个部分组成。超声波信号发生器根据测量的需要，将间断的电脉冲信号转换成同频率的超声脉冲信号，并向水面发射。超声波信号接收器将水面反射回来的脉冲型声波信号转换成同频率的电信号，供信号处理控制单元识别计算。随着换能器生产技术的不断提高，目前发送换能器和接收换能器已经集成在一起。

信号处理控制单元协调发射换能器和接收换能器按照预定的时序启动工作,并通过检测一组超声脉冲信号从发射到接收的时延,推求换能器到水面的距离,最终将计算结果以电信号输出。

随着传感器向智能化方向发展,目前很多传感器都配置了显示屏幕和控制部件(如继电器输出、超越阈值报警装置等)。

（3）性能与指标

厂家和型号不同,超声波水位计性能指标也不尽相同,以下列出该类型传感器的一些典型参数。

a. 分辨力:3mm。

b. 测量精度:0.3%。

c. 盲区:0.5m 左右。

d. 量程:0~15m。

e. 输出接口:RS232/RS485/4~20mA。

（4）适用条件与注意事项

1)分辨力的影响因素

接收换能器通过信号的幅度来鉴别回波信号,回波达到换能器后,信号幅度从 0 增加到鉴别阈值的波程,决定了传感器的分辨力。波程与波长相关,最大不超过 1/4 个波长,由此选取传感器的分辨力。如 40kHz 的气介传感器的分辨力大约为 2.15mm。因此可以根据测量分辨力的要求,选择合适频率的传感器。

2)测量精度影响因素与补偿措施

超声波靠机械振动传播,传播的速度与媒质的性质密切相关,温度、气压、湿度、气体成分等都会影响超声波的传播速度,且媒质的状态在声波传播区域内并不稳定,导致声波在传播路径上速度不恒定,影响了测距的精度。随着测量距离的扩大,绝对测量误差呈现扩大趋势。

a. 声速温度补偿法。

声波在空气中的传播速度与温度的关系可用公式 $C=331.45+0.61\times T$ 近似表示,因此可以加装温度传感器测量环境温度对声速进行补偿。

b. 声速现场测定法。

除温度外,影响声速因素较多,声速温度补偿法仍然会有较大误差,可以用现场测定的方法获得更加准确的声速。已知距离 L_1 和回波时间 T_1,可以计算出声速 $C=2L_1/T_1$,那么在测量未知距离 L_2 时测得回波时间为 T_2。L_2 可表示为:

$$L_2=2L_1\times T_2/T_1 \tag{2.3-2}$$

此法可以很好地克服综合因素对声速的影响,但是受分辨力的影响,T_1 往往存在测量误差,当 L_1 不大时,此测量误差对声速的计算结果影响是明显的。

3）超声波的量程与频率特性

声波的扩散和散射以及媒质对声波能量的吸收、声波的信号幅度随着量程的增加越来越微弱、回波信号的幅度等都限制了超声波水位计的量程。超声波信号的衰减速度与频率密切相关。传播介质对超声波的吸收程度与超声波的频率的平方成正比，所以若要求水位计有较大的量程，就不能选用较高频率的超声波，否则超声波能量损失过快，无法满足测距要求。

可见超声波水位计的量程和分辨力、测量精度是相互矛盾的。因此在水位变幅不大、测量精度要求较高的场合，选用高频超声波传感器，在水位变幅较大、测量精度相对不高的场合，选用低频超声波传感器。

4）超声波测距盲区

超声波换能器发出声波信号后，必须等待一段时间才能开始接收回波信号，这是因为虽然脉冲信号停止激励换能器，但是换能器仍然有一段时间的余振，必须等待余振信号小于回波信号的阈值后才能开始接收回波信号，否则接收换能器无法区别余振和回波。声波在这个等待时间内的波程即为测距盲区。缩小测距盲区可通过提高超声波的指向性来改善，但是测距盲区无法完全消除。

5）超声波的指向性对测量效果的影响

回波信号的强度与声波发射的指向性密切相关，声波的指向性与声波的频率密切相关，超声波传感器在发射声波时，沿传感器轴线方向能量最强，由此向外，能量密度逐渐减弱，通常将能量密度由极大值下降至半功率点的夹角 θ 称作超声波的波束宽度。

$$\theta = 2\arcsin(0.26C/Rf) \tag{2.3-3}$$

式中：C——声波在介质中的传播速度；

R——传感器的半径；

f——超声波的频率。

可见，传感器的面积越大，频率越大，则波束宽度越小，传感器面积越小，频率越小，则波束宽度越大。

相同发射功率情况下，指向性越好，则回波信号的强度越大，因此，可以适当提高回波鉴别的阈值，缩短接收换能器开始工作前的等待时间间隔，以缩小盲区。即增大换能器的面积和增加换能器的发射功率，可以缩小盲区。

总之，换能器的余振、声波信号非垂直反射等对回波信号形成干扰，对回波信号的识别会产生时间误差，环境因素的复杂性也会改变声速，这些都会对超声波测距的精度产生影响，因此，超声波水位计一般应用于精度要求不高，水位变幅不大于 15m 的应用场合。

根据超声波的反射和折射原理，当声波垂直发射到两种媒质分界面上时，反射信号强度最大，因此超声波的探头（发射换能器）应当尽可能与水面垂直。

2.3.2.5 雷达水位计

雷达水位计也称为水位雷达，见图 2.3-34。雷达水位计的使用基于精确时间测量的电磁波测距技术。传感器发射电磁波照射水面并接收其回波,由此获得水面至电磁波发射点的距离、距离变化率(径向速度)、方位、高度等信息。其主要测量原理是从雷达水位传感器的天线发射雷达脉冲,天线接收从水面反射回来的脉冲,并记录时间 T,由于电磁波的传播速度 C 为常数,从而得出到水面的距离 L。它是工业测距雷达在水位测量领域的创新应用,实现了水位计向高精度(毫米级)、大量程(最大 70m)、高可靠、安装简便、免维护的技术跨越。其工作原理与气介式超声波传感器类似,由于雷达水位计发送的是电磁波,传播速度受温度和湿度影响很小,且雷达波遇到水面时,大部分能反射回来,因此不需要在水面安装雷达波反射板,后期维护量非常小。通过标准信号接口与计算机、PLC 等连接,也可以与相应的显示、记录、控制装置(如 RTU)连接,构成水位监测系统。雷达水位计是使用量较多的一种非接触式水位计,因天线的结构形式不同,常见的有平板式和导波天线两种形式,有的厂家在天线外侧安装了喇叭状金属罩。

图 2.3-34　雷达水位计

(1)主要组成及适用范围

雷达水位计的具体用途和结构不尽相同,但基本形式是一致的,包括发射机、发射天线、接收机、接收天线、信号处理以及变送单元,另外还有电源设备、数据录取设备、抗干扰设备等辅助设备。

雷达水位计适用于江河水库水位、明渠水位、水库坝前与坝下尾水水位监测,也可用于山洪、防汛、调压塔(井)水位监测等水利水文场合。

(2)功能特点

a. 全天候,高频微波测距技术,抗干扰能力强。

b. 传感器高精度。

c. 无人值守。

d. 无机械磨损,非接触测量。

e. 测量与水质无关,不受浮冰等漂浮物影响。

f. 不需要防浪井,水流对测量无影响。

g. 连续在线采集。

h. 可选太阳能供电。

i. 成本低,安装维护简单,寿命长。

(3)技术参数

雷达水位计技术参数见表2.3-2。

表 2.3-2　　　　　　　　　　　　雷达水位计技术参数表

量程	30m,70m
精度	±3mm
工作温度	−40～＋80℃
工作电压	四线制 DC12V;两线制 DC24V
接线	四线屏蔽电缆,防水端子 M20X1.5,适合电缆外径 9～13mm
功耗	最大功耗 0.15W
输出信号	RS485 标准 Modbus RTU 协议;RS2324～20mA/HART 协议
外壳	铸铝,IP67
颜色	黄色/蓝色
喇叭天线	不锈钢304,口径 76～120mm
安装附件	不锈钢六角螺帽 G1-1/2

(4)接线定义

1)四线制(RS485)导线类型

建议使用国标 $0.5mm^2$ 四芯屏蔽水工电缆,四线制连接方式见图 2.3-35(a)。

2)两线制导线类型

建议使用国标 $0.5mm^2$ 两芯屏蔽水工电缆,两线制连接方式见图 2.3-35(b)。

(5)安装与调试

1)安装方式

a. 水位计安装必须有牢固基础。可以是立杆,直壁河堤距离大于 20cm,斜坡河堤应保证天线位于水流上方。

b. 水位计天线口到测量水面区域不得有干扰物,安装时应避开航道。

c. 水位计喇叭口天线需要垂直于水面安装。

d. 电缆走线管可以用 PVC 管、镀锌钢管等。

雷达水位计线缆连接见表 2.3-3。

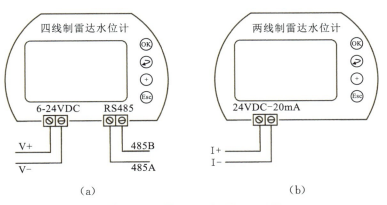

（a）　　　　　　　　　　　　（b）

图 2.3-35　雷达水位计连线方式图

表 2.3-3　　　　　　　　　　雷达水位计线缆连接表

定义说明	RTU 接线端子	雷达水位计
12V 受控电源	接线端子 5	红为电源＋
RS485A	接线端子 9	黄为信号 A
RS485B	接线端子 10	绿为信号 B
GND	接线端子 12	黑为电源－

雷达水位计安装示意图见图 2.3-36。

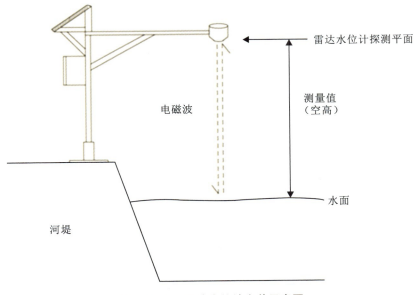

图 2.3-36　雷达水位计安装示意图

2）系统连接图

雷达水位计仪器组网结构见图 2.3-37。

图 2.3-37 雷达水位计仪器组网结构图

（6）应用实例

中小河流的水文监测站点多、面广，大多分布在偏远地区，枯季水量少，汛期因降水而增加。其水位特点是陡涨陡落，含沙量大，平原地区河道边滩一般较宽，可以超过 200m，根据其特点，采用非接触式雷达水位计自动监测水位。该监测方案在中小河流水文监测系统中得到广泛应用，实际使用中测量效果良好。例如，在 2013 年辽宁省中小河流水文监测系统建设工程中，水位监测大量采用雷达水位计，应用至今，水位监测情况稳定、数据可靠、精度高，体现了雷达水位计在中小河流水位监测中的使用优势。雷达水位计安装见图 2.3-38。

图 2.3-38 雷达水位计安装

2.3.2.6　激光水位计

激光水位计利用的是激光测距原理,与气介式超声水位计测量过程完全相同,但发射和接收的是激光光波。工作时,安装在水面上方的仪器定时向水面发射激光脉冲,通过接收水面对激光的反射,测出激光的传输时间,进而推求水位。与声波不同,光波传输到空气和水的分界面时,大部分光波可以透射到水中。为了确保光波能从分界面反射回来,需要在水面安装光波反射浮板。图 2.3-39(a)是激光水位计的实物图,图 2.3-39(b)是激光水位计的安装示意图。

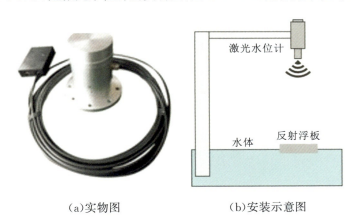

（a）实物图　　　　　　　（b）安装示意图

图 2.3-39　激光水位计

（1）性能与指标

与超声波水位计相比较,激光水位计利用的激光光速极为稳定,环境温度、湿度对光速的影响很小,可以认为是恒定不变的。所以激光水位计的水位精度很高,可以达到厘米级。与声波相比,光的频率更高,传播的直线性很好,也非常稳定,一般的激光水位计都能测到较大量程的水位变幅。

（2）适用条件与注意事项

激光水位计是一种无测井的非接触式水位计,具有量程大、准确性好的优点。但和水位计配套的水面反光浮板安装比较困难,激光水位计使用并不多。这是因为测量原理决定了浮板必须漂浮在水位计的正下方,且和水面同步涨落,有时无法满足这一点。另外反射面的平整和光洁度对反射光的强度和方向都有影响,需要定期清理浮板表面,这就需要水中作业,设备运行维护有一定难度。雨、雪对测量效果有一定影响。

和超声水位计一样,安装时水位计的探头要正对下方水面,水位计无论是固定在桥梁还是支架上都应稳固,避免水位计自身晃动对测量结果造成影响。

激光水位计一般安装在户外,应做好防雨。

激光水位计测量精度很高,测量不受水质和温度影响,水位计出厂校准后在使用过程中若出现测量误差,应重点检查安装设施。除定期清理浮板表面外,浮板周围的漂浮物、水草、树枝等也要注意清理,以免遮挡反光浮板影响测量。

2.3.2.7 电子水尺

普通水尺上标有刻度,一般通过人工读取的方式获取水位。如果将刻度改为等距离设置的导电触点,当水位淹到某一触点位置,相应的电路扫描到接触水的最高触点位置,就可判读水位,这样的水尺称为电子水尺。电子水尺见图2.3-40。

图 2.3-40 电子水尺图

（1）构造与原理

电子水尺一般由一根或若干根水尺尺体、检测仪、信号电缆、电源组成。常见的电子水尺尺体断面是圆形或矩形,单根长度为1m或更长。

电子水尺内部一般由测点、逻辑采样电路及封装层组成。封装层由合成材料制作,它既能保持一定强度,又具有防水、防腐蚀、绝缘的特点。测点一般由不锈钢制作,按照一定的间距(1cm)均匀地分布在电子水尺表面,每个测点都与中心部分的逻辑电路采样端连接,而封装层则起到加固电子水尺实体,并使内部电路与水隔离的作用。电子水尺结构示意图见图2.3-41。

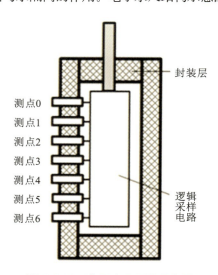

图 2.3-41 电子水尺结构示意图

电子水尺的基本工作原理:电子水尺在读取水位时,首先从最顶端的测点开始测量电导,依次向下,顶端测点未接触到水体,因此被测量的电导较小,当测量到已接触到水体的测点时,电导突然放大。由此,根据已知的顶端测点的高程值、测点间距及第一个已接触水体测点的序号便可推算此时的水位值。一根尺体只能测量此尺体长度的水位变幅。实际应用时,可能要设置多根水尺尺体才能测得整个水位变化。电子水尺水位计算见式(2.3-4)。

$$h = H_0 - K \times m \tag{2.3-4}$$

式中:h——水位;

H_0——水尺测点 0 点的高程;

K——第一个已经接触水体测点的序号;

m——测点间距。

(2)性能与指标

a. 水位测量范围:单尺长 1m,可多根一起使用。

b. 水位分辨力:0.5cm、1.0cm。

c. 工作环境:-30~+50℃。

d. 检测仪信号输出:RS232C 或 RS485。

e. 电源:15~36V(DC)。

(3)适用条件与注意事项

电子水尺设备构造简单,成本低,准确度高。其测量精度可达到 1cm,单根量程一般不超过 3m,可多根叠加使用,总体量程较大。它对水位变化的反应及时准确,安装方便,与普通水尺安装无异。不足之处是当被测断面体水位变幅较大时,需同时安装多根水尺,较为烦琐,防护较为困难,很难不受各种因素干扰,可靠性、稳定性也会随之下降。

电子水尺的测量基本不受水质、含沙量及水的流态影响,因而极其适用于复杂的水流处。它还可以因地制宜,将尺体的形状根据现场的需要制造成不规则形状,所以它可用于一些特定场所,如涵洞、渠道等。

电子水尺时常浸入水中工作,时常又露出水面。水体的侵蚀和阳光的日晒对它影响较大。对尺体的密封性要求极高,尺体还有信号电缆的接入和引出。所以电子水尺对材料、结构的设计、制作工艺都要求较高。

(4)安装与调试

a. 电子水尺尺体的安装方法及要求与普通水尺的安装类似,一般固定安装在河岸或水工建筑物的壁上或支架上。

b. 对安装地点、水位桩的形状要求及对水流干扰的要求和普通水尺一样。

c. 电子水尺是一种精密的电子仪器,安装时需小心,要注意尺体的保护。

d. 信号电缆的安装以穿入套管、埋地安装最好。信号电缆与水尺之间需确保密封连接,以保证仪器的正常工作。

一般情况下都会设置多根电子水尺,多根尺体要用信号电缆连接或直接接入检测仪。检测仪安装在室内,用信号电缆与电子水尺尺体相连,可以自动定时检测水位,具有水位显示功能,并有输出标准接口。

电子水尺安装示意图见图 2.3-42。

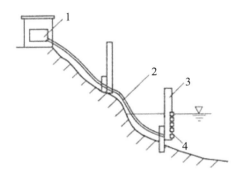

1—检测仪;2—信号电缆;3—尺体;4—触点

图 2.3-42　电子水尺安装示意图

(5)误差与控制

电子水尺的每一触点都对应于一个水位,尺体上的各个测点间的距离类似于普通水尺的刻度距离,一般制作都较为精确。对于 1~3m 长的电子水尺尺体,各触点的累计距离误差不会超过 0.5cm 分辨力。在使用多根水尺时,每根水尺都有各自的零点高程,也不会产生任何累计测量误差。因此,电子电路正常工作时,对各触点的检测判别出现差错的可能性极小。

如果测点处被泥垢覆盖或被其周边的水草等植被缠绕,就会导致判断错误,造成误差,日常应注意外部测点的清理工作。

以上分析是在所有电路和传输都是数字化的前提之下,如果在信号处理中有数模和模数转换,就会产生附加的转换误差,本身也会存在由水位感应和波浪造成的误差,这些误差不能忽视。

2.3.2.8　视频水位计

目前,随着图像处理和机器视觉技术的进步和提高,视频识别从最早的文字识别,逐渐发展到车牌识别、人脸识别,这些自动识别技术已经遍布我们的生活。在水位测量这一领域上,已有的视频水位识别方法主要基于图像边缘检测方法,利用对基础图像的阈值处理,通过统计学进行累加得到水位信息。

水位视频在线监测系统分为两种:一种是基于前端识别系统(前端摄像机直接识别水尺的水位数据);另一种是基于后端识别系统(前端摄像机采集图像,再由后端设备对图像进行识别),其前端识别系统只能够上传水位数据,并不能实时传输水位图像以及观测现场情况等。根据现场应用和需求可选择适合的视频水位观测设备。

（1）水尺水位测量原理

利用图像传感器代替人眼获取水尺图像测量水位，通过 AI 智能影像识别技术检测水位线对应的读数，从而自动获取水位信息，具有原理直观、无温漂等优点。

图像法水位测量是通过图像处理技术检测水尺水位线，实现水位信息的自动获取。在现实环境中受光照条件复杂、成像分辨率低和视角倾斜等因素影响，水尺表面字符和刻度线识别率低，多数现有图像法难以保证长期有效测量。对此采用一种基于模板图像配准水尺水位测量方法，见图 2.3-43。在摄像机内部存储芯片中预先标定水尺表面近似的平面，其与水尺物理平面在传感器上成像的正射影像满足透视投影变换关系。对于水尺读数换算，首先设计标准水尺的正射模板图像，然后采用匹配控制点将存在透视畸变的水尺图像配准到正射坐标系下，实现像素对齐；最后通过模板图像的物理分辨率将水位线坐标转换为实际水尺读数。为了滤除水面波动、随机噪声等引起的粗大误差，最终输出的水位值取多次测量的中值。

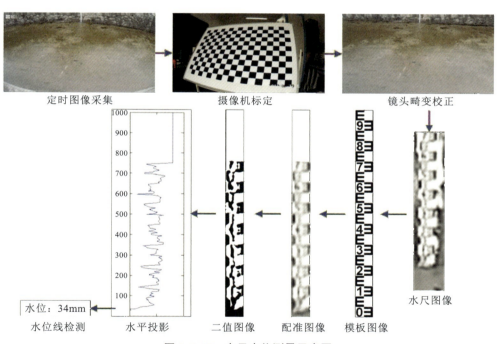

图 2.3-43　水尺水位测量示意图

（2）结构及组成

采用专用高级智能摄像机（低功耗、内置 4G 模块、支持 RTU 功能）结合最新 AI 智能视频水尺识别系列算法，可有效识别多种水尺，轻松应对水位监测各种场景，可 24h 不间断获取实时水位。目前，该产品支持桩式水尺、特制水尺、黑白格水尺、斜式水尺、虚拟水尺，白天监测距离最远可达百米以上，搭载最新的超星光等技术，夜间识别依然高清准确。

视频水位在线监测系统组成见图 2.3-44,包括位于测量现场的图像摄像测量仪(主机)、水面补光灯(从机)以及位于远程监测中心的视频处理工控机。图像摄像测量仪内置 800 万像素 CMOS 图像传感器的网络摄像机,拍摄 H.264 格式的全高清视频(3840×2160@25fps)并存储在内置的 TF 卡中;选择焦距 4mm 的低畸变镜头。多要素控制单元(RTU)通过 LAN 口与 VPN 路由器连接控制摄像测量仪,RTU 通过 4G 通信单元采用 4G 移动网与监测中心进行远程通信,配合监测中心运行的客户端,构建工作于 P2P 模式的虚拟局域网,实现系统的异地远程访问。水面补光灯采用一台可见光波段的阵列式 LED 补光灯用于夜间水面定时补光,由 DC12V 太阳能电池供电,功率 12W,照射角度 60°。

(3)视频水位监测识别系统的优势

视频水位监测识别系统内置智能分析算法,能排除气候与环境因素的干扰,有效弥补人工监控的不足,减小视频监控系统整体的误报率和漏报率。基于智能视频分析和深度学习神经网络技术,对湖泊、河流等区域进行 7×24h 监测,当监测到水位超过警戒线时,立即触发报警提示,报警信息可显示在监控客户端界面,也可将报警信息推送到移动端。智能视频监控系统可对监控画面进行 7×24h 不间断分析,大大提高了视频资源的利用率,减小了人工监控的工作强度。当监测到水位超过警戒线时,立即触发报警提示,并将报警信息存储到服务器数据库中,包括时间、地点、快照、视频等。

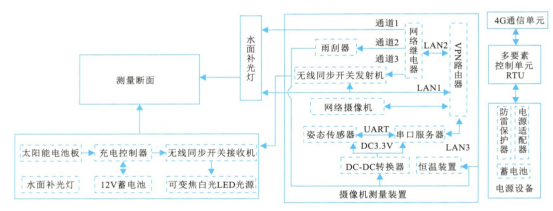

图 2.3-44 视频水位在线监测系统组成图

2.3.2.9 各种水位仪器的对比

目前,水位观测常规使用的水位计主要为浮子式水位计、气泡式压力水位计和雷达水位计三种类型,应急监测水位主要使用压阻式水位计类型。电子水尺和视频水位计目前使用较少,主要用作辅助水位观测方法,配合使用常规水位计来进行观测。为减少维护工作量、确保水位观测稳定性,在有条件修建水位观测井的地点建议使用浮子式水位计,在不便于修建水位观测井的地点建议使用气泡式压力水位计。各水位传感器适用范围及优缺点对比见表 2.3-4。

表 2.3-4　　　　　　　　　　　　各水位传感器适用范围及优缺点对比表

传感器类型	适用范围	优点	缺点
浮子式水位计	需水位测井	设备价格低、运行稳定、维护方便	前期土建投资大
压阻式水位计	无需水位测井	设备价格低	安装较复杂、需要进行防雷处理
气泡式压力水位计	无需水位测井	安装简单、维护方便	设备价格较高
超声波水位计	无井,陡坡		精度差,受温度变化,空气湿度影响
雷达水位计	无井,陡坡	精度高	安装复杂
激光水位计	水库大坝前	精度高,量程大	安装复杂
电子水尺	水尺安装区域	构造简单,成本低,准确度高	水体的侵蚀和阳光日晒影响较大,尺体密封性要求极高
视频水位计	需水尺	观测直观,安装方便	设备价格高,受光照影响

2.3.3　流量监测

传统的流量监测常见的手段包括使用转子流速仪和水文缆道两种方式。转子流速仪使用广泛、历史悠久,但其需人工操作、定期维护、机械惯性导致响应速度慢等缺点使监测效率偏低。水文缆道设施布设难度较大,需要人工操作、定期维护、测量响应速度慢,也存在监测效率低等问题。需要现代化的在线监测手段代替繁重的人工测量和大量维护工作,提高监测效率,提高监测可靠性、稳定性。现代化的在线测流方式主要包括声学多普勒剖面流速仪(ADCP)测流、超声波时差法测流、雷达波点流速仪测流、超高频(UHF)雷达测流和图像法测流。结合湄公河特点以及湄公河流域国家监测情况,流量监测方式更宜采用在线式。

2.3.3.1　基于声学多普勒剖面流速仪的流量在线监测

采用定点声学多普勒剖面流速仪和平台相结合的测流系统,实现断面流量、流速的实时监测。近年来,随着新设备的不断发展和进步,水平式声学多普勒剖面流速仪(Horizontal Acoustic Doppler Current Profiler,H-ADCP)也开始广泛应用于大江大河、中小河流的径流及潮流河段。通过建立指标流速和断面平均流速的线性回归方程,达到在线监测流量的目的。各类以定线为方法的测量软件开始应用,拓宽了 ADCP 在线监测的适用范围,为 ADCP 在线测流系统的建设提供了理论依据和实践指导。

当前对 ADCP 的已有研究多侧重于其流量测验精度的分析,对 ADCP 在线监测也多单一考虑使用定点 ADCP 或仅使用 H-ADCP。为了满足防洪减灾、水资源优化配置特点的需要,提供用于稳定河势、整治河道以及更好地服务国民经济建设、大型水利工程建设等的水文资料,采用实测断面平均流速与水平式、定点垂向 ADCP 指标流速之间的多元线性回归模型和神经网络模型,研制出基于 ADCP 实时流速推求河段断面流量的技术方法。其测流模型具有较高的有效性、精确性和稳定性。

(1)测量原理

在无法确定水位—流量关系曲线的河段,存在采用转子式流速仪或走航式 ADCP 测流频次过低、无法推求流量过程的情况,但采用 ADCP 在线测流系统能改善此类问题。ADCP 在线测流系统分为 H-ADCP 测流以及定点垂向 ADCP 测流两种设备进行在线监测,实时获取断面内水平层平均流速和垂线平均流速,并以该实测流速作为指标流速进行流量计算。使用实测的指标流速,采用多项式内插入各个结点中心形成拟合曲线。在得到的拟合曲线上,配合人工修线,拟合曲线与原始数据间的相关关系得到进一步增强,使实测指标流速数据与时均流速更相符。选取同一时间段内系统采集的 ADCP 实测指标流速与人工采集的实测平均流速,用两种流速数据构建多元线性回归模型,即可求得模型的回归系数,从而计算断面平均流速,再结合大断面高程、水位插补、水边距和断面的过水面积等条件,计算最终的断面流量。

1)定点 ADCP 在线测流

对于 β_*(热列兹拿柯夫万能形状参数)为常数的断面,必然存在一条或两条水深为 h_m 的垂线,其值在水位涨落过程中保持不变,即断面流量与水深为 h_m 的垂线流速间存在线性关系:

$$Q = \beta_* B \left(\frac{\overline{H}^{y+3/2}}{h_m^{y+1/2}} \right) V_m \tag{2.3-5}$$

由于涨潮流和落潮流时的水力条件并不完全相同,涨、落潮流代表线水深和 K 值是存在差异的,上式可表达为:

$$Q_c = K_c V_m + C \quad Q_l = K_l V_m + C \tag{2.3-6}$$

根据多元线性回归法,将浮标垂线流速、断面平均流速组合进行计算,再由定线比测得推流公式,利用各个浮标垂线的组合流速计算最后的流量。

2)H-ADCP 与定点垂向 ADCP 结合测流

可以对指标流速和断面平均流速进行非线性的拟合处理,即采用多元回归方法,将多次全潮实测数据进行分析率定,找到断面上某一特定点,推出该特定点与断面平均流速的关系式。将找到的指标流速代入上述关系式,对断面平均流速进行拟合,再根据同一时间点和断面的水位,求出该测量时间点的断面面积,最后推算出断面的流量。

指标流速法本质上是一种经验方法,该方法选取河道某一部分内的一组可观测的测量水位和测流流速,与断面平均流速进行关联,使用断面平均流速和通过水位得出的断面面积计算总流量,断面的总流量是断面总面积与平均流速的乘积。断面面积由水位与已知该断面面积间的相关关系来确定,也可以通过大断面计算,采用流速和水位等河流变量,通过指标流速法与断面平均流速建立模型。采用连续实测流量过程线法定线推流,由指标流速计算的流量数据量大,可以较好地控制流量变化过程。在后处理部分输入时间节点,根据该测站的特性,将诸多流量点连接,形成平滑的过程线,在过程线上通过时间找到流量。流量结点数据按面积包围法计算日平均流量。

3)多元线性回归模型

多元线性回归指利用线性拟合多个自变量和因变量的关系,由此确定多元线性回归模型的参数,回归至原假设方程中,通过回归方程来预测因变量的趋势。ADCP 在线测流系统一般会使用多元线性回归计算,流量推算原理为:

a. 采用仪器设备实测指标流速拟合断面平均流速,再乘以断面面积推导计算流量。

b. 寻找指标流速和实测断面流量间的相关关系 $Q=f(v)$,再由指标流速代入此相关关系,推导计算该断面的平均流量。

进行多元线性回归进行分析时,断面平均流速是"因变量",相关的河流变量为"自变量"。一般情况下,断面平均流速与指标流速相关关系多为线性方程。回归分析法的优点是提出了一种稳定健康的数学方法,既能定义用于计算断面平均流速的预测方程,还能提供多个描述性的统计值。提出的统计有助于了解方程的置信水平和预测能力。多元线性回归分析是研究一个因变量和多个自变量之间相互关系的理论和方法,考虑 n 个自变量的多元线性回归方程可表示为:

$$y_i = C + \sum_{j=1}^{p} a_j x_{ji} + \varepsilon_i \qquad (i=1,2,K,n) \tag{2.3-7}$$

式中:$i \sim N(0,\sigma^2)$——误差项为独立同分布的正态随机变量;

C——常数项;

$a_1, a_2, \cdots, a_j$——回归系数。

在线测流系统中,某一监测时段内,断面平均流速 V 可认为是垂线平均流速 V_f 和区段水平层平均流速 V_h 的线性函数,可表示为:

$$V = C + a \cdot V_f + b \cdot V_h$$

$$V = \begin{bmatrix} V_1 \\ V_2 \\ \vdots \\ V_n \end{bmatrix}, V_f = \begin{bmatrix} V_{f1} \\ V_{f2} \\ \vdots \\ V_{fn} \end{bmatrix}, V_h = \begin{bmatrix} V_{h1} \\ V_{h2} \\ \vdots \\ V_{hn} \end{bmatrix} \tag{2.3-8}$$

式中:n——研究时段内的监测次数;

C——常数项;

a、b——垂线平均流速和区段水平层平均流速的回归系数。

当垂线平均流速 V_f 增加为两个,则数据序列保持不变,对应公式调整为:

$$V = C + a_1 \cdot V_{f1} + a_2 \cdot V_{f2} + b \cdot V_h \tag{2.3-9}$$

（2）设备组成

ADCP 在线测流系统主要设备包含垂向式 ADCP、H-ADCP、4G 无线通信模块、遥测终端 RTU（可集成垂向式 ADCP、H-ADCP、OBS、GPS 等多种要素传感器）、GPS 罗经、水位传感器、前置计算机、中心站计算机等设备以及中心站数据接收处理及查询显示等软件。ADCP 在线测流系统组成结构见图 2.3-45。

（3）系统集成

1）系统架构

垂线流速的测量过程都由遥测终端 RTU 控制，RTU 控制垂向式 ADCP、GPS 罗经的测量开启和测量时间，RTU 将数据进行本地存储，控制数据由 4G 无线通信传输模块将数据传输至中心站接收计算机。前置计算机控制 H-ADCP 的测量开启和测量时间，前置计算机将数据进行本地存储，控制数据由 4G 无线通信传输模块将数据传输至中心站接收计算机。由另外的 RTU 或前置计算机控制水位传感器，获取断面水位数据，将数据进行本地存储，控制数据由 4G 无线通信传输模块将数据传输至中心站接收计算机。

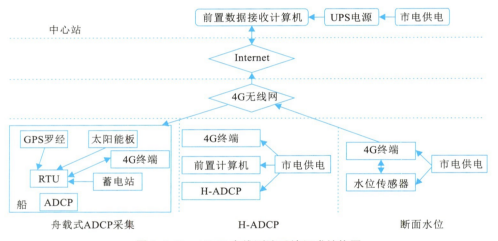

图 2.3-45　ADCP 在线测流系统组成结构图

2）数据传输

垂向式 ADCP 和 H-ADCP 数据传输均使用 RS232 串口进行传输，遥测终端 RTU 和前置计算机相应使用 RS232 接口。遥测终端 RTU、前置计算机将垂向式 ADCP 和 H-ADCP 原始数据、水位数据通过 4G 无线通信网络传输至中心站。

3）中心站数据接收处理

中心站软件主要包括前置数据接收软件、数据转储软件、实时数据查询软件。

a. 前置数据接收软件的主要功能是实时接收垂向式 ADCP 测流源码数据、H-ADCP 测流源码数据、GPS 罗经位置数据和水位数据。软件可远程设置船载式 ADCP 内部运行参数,可即时召测水位数据,可对设备进行校时等功能。

b. 数据转储软件的主要功能是实时处理前置数据接收软件接收的测流源码数据、位置信息数据、水位数据和电压数据等。通过数据解析得到断面的流速流向数据,结合流速流向和水位相关关系,计算得到断面流量,将计算的流量成果存入数据库。

c. 实时数据查询软件的主要功能是即时显示船载式 ADCP 测量的实时流速流向、H-ADCP 测量的实时流速流向、GPS 罗经实时位置信息如方向浮标船坐标等,以过程图表的形式显示水位、水温、电压等数据。可以通过查询,显示选定时间段内的流量和水位过程线、流速剖面线、流速流量表格等。

(4)适用范围

ADCP 具有测速快、测量精度较高等特点,可以长期自动在线测量点流速或剖面的流速分布。ADCP 在线测流系统可以广泛应用于河流、湖泊、海洋等环境中,实时监测流量数据。尤其在流量及水位受潮汐影响较大的感潮河段,河段同时受河川径流和海洋潮汐两种动力作用,其水流受重力、惯性力、摩阻力、河水与海水密度等因素影响大,涨落潮垂线流速的分布和泥沙运动区别明显,采用 ADCP 在线测流系统能实时准确测量和反映感潮河段流量变化。目前,ADCP 在线测流系统在长江下游以及长江口河段中得到了广泛应用,为堤防建设、河道治理、河演分析及涉水工程建设等项目提供了宝贵的实时数据。

2.3.3.2　基于雷达波点流速仪的流量在线监测

(1)测量原理

雷达波点流速仪在线监测是一种以雷达波进行测流的非接触式点流速测量方式,使用波段为 K 波段。将流速仪安装在监测断面水体上方,利用多普勒效应产生的多普勒频移获得流体流速数据,即流速测量是通过多普勒频移进行。

K 波段雷达流速仪测速原理见图 2.3-46。雷达流速仪测量流速利用多普勒效应,雷达通过天线向水面连续发射电磁波,一部分高频段的电磁波能量会被水面吸收,一部分会因散射或折射而损失,而散射的电磁波信号中会有一部分被雷达天线接收。雷达波覆盖的水体部分会因波浪形成不同点位的流速差异,但是实际差异可忽略不计,故可以将雷达波覆盖的区域作为一个整体,等效为以一个固定的平均速度移动。根据雷达相关理论,可以得出多普勒频移,进而计算平均流速。

调频连续波雷达测距系统发射线性调频脉冲信号,同时监测其发射路径中的物体反射的信号,一旦发现反射信号便进行捕捉。该线性调频脉冲由雷达天线(TX)发射,线性调频脉冲碰到物体后便产生反射,生成反射线性调频脉冲,在返回的路径中由接收天线(RX)捕捉。TX 信号和 RX 信号同时进入混频器混合,产生具有新频率的信号,即中频(IF)信号,该 IF 信号与距离为正比例关系,通过比例关系计算得到被测物体的移动平均速度,即流速。结合雷达波测量得到的流速、实测水位、断面数据,即可计算得到成果流量。

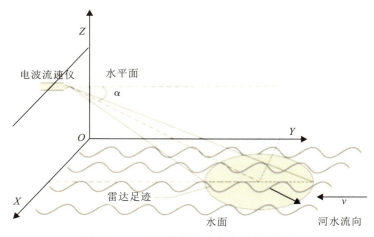

图 2.3-46　K 波段雷达流速仪测速原理图

（2）设备组成

1）设备组成

K 波段雷达一体化流量在线监测系统包含雷达流速仪、雷达水位计、遥测终端 RTU、无线通信模块 DTU 和中心站。遥测终端 RTU 控制雷达流速仪和雷达水位计分别感知流速和水位，流速数据通过无线通信模块 DTU 发送至中心站，通过模型计算得到流量。K 波段雷达一体化流量在线监测系统配置方案见图 2.3-47。

2）主要技术指标

雷达水位计和雷达流速仪主要技术指标见表 2.3-5。

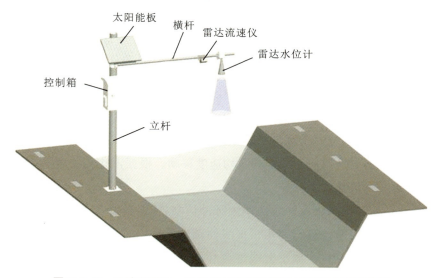

图 2.3-47　K 波段雷达一体化流量在线监测系统配置方案示意图

的水体区域流速较大。求取断面上某一条垂线的平均流速,可采用曼宁公式进行计算,垂线平均流速可表示为 $\bar{v}=f(n,J,h)$,即垂线平均流速与糙率、比降、水深有关。

③流量计算模型。

非接触式在线测流流量模型计算过程为:首先,将预处理后的实测表面流速数据与垂线流速分布规律相结合,计算所在垂线的平均流速;然后,由横向流速分布规律计算出横断面上若干假定垂线上的平均流速;最后,根据大断面数据,按照流速面积法计算出成果断面流量值。

由于非接触式在线测流流量模型采用了概化的综合影响系数,因此要按照河段和比测情况进行适应性调整。对于水情较为复杂的河段,需按照综合影响系数对水位进行分级处理,不同级的水位,适用的综合影响系数也不同,由此提升模型计算的准确性和精度。

该软件系统具有的主要功能包括:

a. 接收、处理。

对遥测终端传回的水位和流速等数据进行实时接收,对数据进行筛选、处理,处理后的数据存库。

b. 召测。

即时召测实时水位、实时流速等数据,可按指定时间远程批量传输该时间段内的历史水位、历史流速等数据。

c. 远程监控。

可远程监控遥测终端等设备的运行状况。

d. 数据库建立与管理。

建立原始数据库,维护数据库正常运行。

e. 数据查询。

可查询水位、流速、流量等水文数据信息,可在界面上显示,可以图表形式打印相关数据。

形成成果的水位、流量数据表展示见图 2.3-49。

测站编号	测站名称	时间	水位	流速	流量
20200003	×××	2020-11-22 19:00:00		989.73	2289.197
20200003	×××	2020-11-22 20:00:00		989.32	2019.538
20200003	×××	2020-11-22 21:00:00		989.02	1884.496
20200003	×××	2020-11-22 22:00:00		988.59	4827.872
20200003	×××	2020-11-22 23:00:00		988.49	3128.962
20200003	×××	2020-11-23		988.51	5367.879
20200003	×××	2020-11-23 1:00:00		988.51	5503.792
20200003	×××	2020-11-23 2:00:00		988.54	3315.745
20200003	×××	2020-11-23 3:00:00		988.54	1965.939
20200003	×××	2020-11-23 4:00:00		988.55	1699.879
20200003	×××	2020-11-23 5:00:00		988.63	1923.222
20200003	×××	2020-11-23 6:00:00		989.16	2138.974

图 2.3-49　水位、流量数据表展示图

(4)适用范围

雷达波点流速仪在线监测可用于不接触水体、测量距离远的水体,可在线监测一定距离外的水体流量,测量时不受水面漂浮物、水质、流态等的影响。对于测量水体而言,其流速越快、水面漂浮物越多、水面波浪越大,测量效果越好。采用雷达波点流速仪在线监测的方式,可以有效应对高洪测流,尤其适合中小河流流量监测。

2.3.3.3　基于 UHF 雷达电磁波表面流场探测的流量在线监测

UHF 雷达是利用水波发生相速度和水平移动速度时,入射水面的雷达电磁波产生多普勒频移的原理,感知河流表面的动力学参数。采用非接触的方式获取河流表面流的流速、流向,依据流体力学理论,从雷达感知的表面流速推算深层流速,进而计算流量。根据河道条件、现场应用环境等因素,UHF 雷达流量在线监测系统分为单站式流量在线监测系统和双站式流量在线监测系统。

（1）测量原理

UHF 雷达利用被测物对电磁波的反射或散射,测量被测物的位置和速度等信息。UHF 雷达通过发射波与接收波之间的时间差测量距离,通过雷达电磁波产生的多普勒效应测量速度,通过接收波在不同天线上幅度或相位的变化测量。

UHF 雷达测量流速以 Bragg 散射理论为基础。Bragg 后向散射基础理论见图 2.3-50,当雷达电磁波与其波长一半的水波作用时,同一波列不同位置的后向回波在相位上差异值为 2π 或 2π 的整数倍,因而产生增强性 Bragg 后向散射。

当水波具有相速度和水平移动速度时,雷达电磁波会出现多普勒频移。在一定时间范围内,水体波浪可近似看作由正弦波动叠加而成。在这些叠加的无数正弦波中,必定存在波长等于雷达电磁波波长一半、朝向和背离雷达电磁波方向的两列正弦波。当雷达电磁波与水体中的这两列波浪相互作用时,二者产生增强型的后向散射。朝向雷达电磁波动的波浪会产生一个正的多普勒频移,背离雷达电磁波动的波浪会产生一个负的多普勒频移。波动相速度 V_p 决定了多普勒频移的大小。受重力影响,一定波长的波浪相速度是一定的。

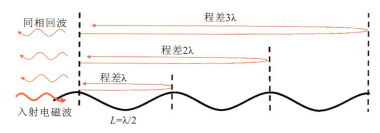

图 2.3-50　Bragg 后向散射基本原理图

在水深大于波浪波长 L 的一半的水深位置,波浪相速度 V_p 满足以下定义:

$$v_p = \sqrt{\frac{gl}{2\pi}} \qquad (2.3\text{-}10)$$

由相速度 V_p 产生的多普勒频移为:

$$f_B = \frac{2V_p}{\lambda} = \frac{2}{\lambda}\sqrt{\frac{g\lambda}{4\pi}} = \sqrt{\frac{g}{\lambda\pi}} \approx 0.102\sqrt{f_0} \qquad (2.3\text{-}11)$$

式中：f_0——雷达频率，单位为 MHz；

　　f_B——多普勒频率，单位为 Hz。

该频偏即 Bragg 频移，朝向雷达电磁波动的波浪产生正的频移，背离雷达电磁波动的波浪产生负的频移。在水体表面没有表面流时，Bragg 峰的位置正好位于式（2.3-11）描述的频率位置。

当水体表面有表面流时，上述一阶散射回波对应的波浪的行进速度 $\vec{V_s}$，即为河流径向速度 $\vec{V_{cr}}$ 加上无河流时的波浪相速度 $\vec{V_P}$。

$$\vec{V_s} = \vec{V_{cr}} + \vec{V_p} \qquad (2.3\text{-}12)$$

此时，雷达一阶散射回波的幅度不变，而雷达回波的频移为：

$$\Delta f = \frac{2V_s}{\lambda} = 2\frac{V_{cr}+V_p}{\lambda} = \frac{2V_{cr}}{\lambda} + f_B \qquad (2.3\text{-}13)$$

通过判断一阶 Bragg 峰位置偏离标准 Bragg 峰的程度，即可计算水体波浪的径向流速。高频雷达电磁波探测重力水波径向流原理见图 2.3-51。

实际测量中，因河流表面径向流分量很多，一阶峰会被展宽，见图 2.3-52。

UHF 雷达属于一种相干脉冲多普勒雷达，中心频率为 340MHz，采用线性调频中断连续波的方式。一般 UHF 雷达理论可测量的河宽为 30～400m，但在实际使用中，雷达的实际测量距离与雷达天线的架设位置、架设点外部噪声电平、河面粗糙程度有关。UHF 雷达的测量距离等级分为 5m、10m、15m，按照需求选择。

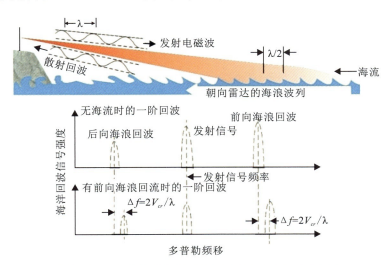

图 2.3-51　高频雷达电磁波探测重力水波径向流原理图

通道2：多普勒频谱

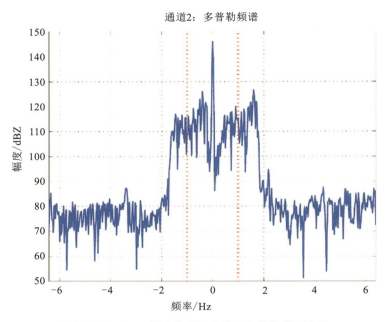

图 2.3-52　UHF 雷达监测河流表面多普勒谱回波图

对于水体流向与河岸平行的等宽顺直河道，单站 UHF 雷达可获得的表面径向流见图 2.3-53。雷达在 A 点测得的径向流速为 V_{Acr}，则该点的河水流速为 $V_A = V_{Acr}/\cos\beta$。雷达在 A 点测得的径向流速为 V_{Acr}，则该点的河水流速为 $V_A = V_{Acr}/\cos\beta$。雷达在 B 点测得的径向流速为 V_{Bcr}，则 B 点的河水流速为 $V_B = V_{Bcr}/\cos\alpha$。如果 A 点、B 点与河岸的垂直距离相同，理论上有 $V_A = V_B$。

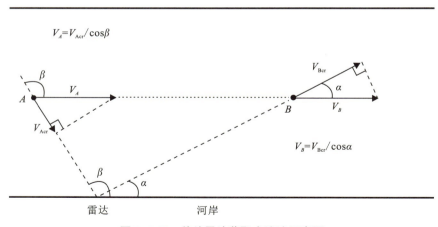

图 2.3-53　单站雷达获取水流速示意图

对于水体流向与河岸平行的等宽顺直河道，双站 UHF 雷达利用相隔一定距离的两个雷达获取各自位置的径向流，再通过矢量投影与合成获取矢量向。双站径向流合成矢量流速原理见图 2.3-54。

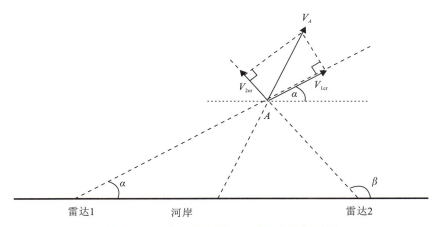

图 2.3-54　双站径向流合成矢量流速原理图

（2）设备组成

UHF 雷达流量在线监测系统集成由硬件设备和软件分析两部分组成。其中,硬件设备包括发射天线、接收天线、信号处理单元、多要素自动监测终端（RTU）、输出存储单元、电源管理单元、无线通信单元。软件分析包括数据信号转换、傅里叶变换、数据计算、数据合成等过程。

UHF 雷达流量单站式和双站式在线监测装备组成分别见图 2.3-55、图 2.3-56。主要技术指标见表 2.3-6。

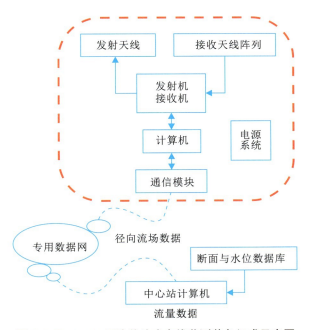

图 2.3-55　UHF 雷达单站式在线监测装各组成示意图

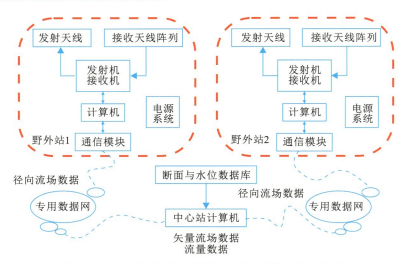

图 2.3-56 UHF 雷达双站式在线监测装备组成示意图

表 2.3-6 UHF 雷达流量监测装备主要技术指标

名称	参数
雷达波段	UHF 波段
供电电压	220VAC 或 24VDC
平均功率	90W
工作温度	−25～+65℃
数据传输方式	4G 网络、有线网、Wifi
本地存储大小	2TB
本地最大存储时长	2 年(保存原始回波数据)
测流时间间隔	用户可配置(默认 1h)
覆盖面积	400m×400m
测量河流宽度	30～500m
方位角分辨率	1°
距离分辨率	10～30m
矢量流场网格分辨率	10m×10m
流速测量范围	2.0～500cm/s
表面流速分辨力	2.0cm/s
表面流速测量相关系数	0.98
流量测量误差	<5%
阴雨天气太阳能理论工作时长	40d
太阳能电池功率	250W
太阳能电池参数	24V、250Ah

（3）系统集成

1）系统架构

在河道等宽的顺直河道条件下，可使用单站式系统进行测流（图 2.3-57）。单站式测流系统的测站部分由单台 UHF 雷达系统和一个数据中心站构成。

在河道不等宽、非顺直河道或其他流场复杂的条件下，宜使用双站式系统进行测流（图 2.3-58）。双站式测流系统的测站部分由两台 UHF 雷达系统和一个数据中心站构成。

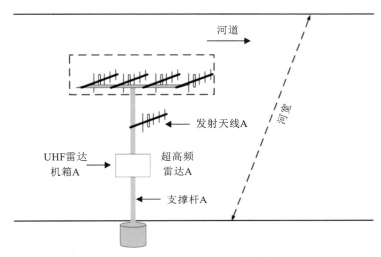

图 2.3-57　单站式流量探测系统的测站部分

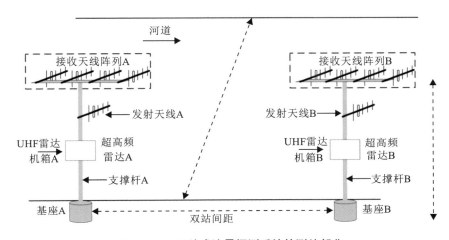

图 2.3-58　双站式流量探测系统的测站部分

一套完整的测流系统由至少一个测站和一个中心站组成。单个测站系统包含收发天线、雷达主机、计算机和软件子系统，中心站包含一台计算机、中心站软件子系统。

供电方式：UHF 雷达流量在线监测系统可由 220V 交流电或太阳能 24V 直流电交替供电。通过 4G 网络来实现系统的远程开关机，以降低功耗。太阳能电池功率为 150W，开路电压不低于 40V,工作电压不低于 36V。太阳能电池容量不低于 120Ah,满电状态开路电压不低于 12V,10A 负载电压不低于 11.5V。

2)数据传输

系统根据设定的采集间隔定时自动测量,一般一次测量时长小于 2min,测量完成后,数据通过 4G 网络发送至中心站;同时中心站将抽取水雨情数据库中的实时水位数据送入 UHF 雷达流量在线监测软件进行计算,通过计算得到流速、流量等数据。

UHF 雷达通过发射天线向河面发射 UHF 雷达电磁波,雷达电磁波与河面相互作用产生散射,发生作用后的反射信号被接收天线阵列接收。信号经过放大、采样、滤波、下变频处理,经过第一次傅里叶变换,得到距离信息。变换后的数据结果传送给工控机。

工控机继续处理第一次傅里叶变换的结果,再进行第二次傅里叶变换,获取频率信息。所有通道的信号记录中将每一个频点换算成对应的水流径向速度,对该频点通过多通道相位信息,计算其方位数据。遍历所有频点,得到雷达测量范围内的径向流场。通过无线 4G 网络将径向流场的结果数据发送到中心站。数据采集、处理与传输的流程见图 2.3-59。

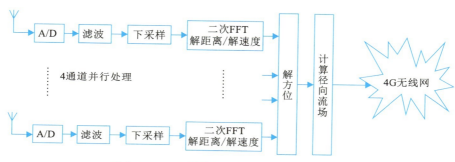

图 2.3-59 单台野外站数据处理与传输流程图

3)中心站数据接收处理

中心站接收来至测站 UHF 雷达传送的径向流场数据。对 10min 内的多场径向流数据进行滤波、去干扰、筛选等处理,得到品质较好的径向流场数据。对同一站点的两台 UHF 雷达覆盖区域重合的区域的径向流场进行流场矢量合成,得到合成后的矢量流场数据。对合成后的矢量流场数据进行分析,获取测量断面上指定点的表面流速。综合表面流速、水位和大断面信息等数据,计算垂线上各个深度流速数据分布。采用面积流速法计算流量,计算出的流量数据存入数据库。中心站流量计算与处理流程见图 2.3-60。

软件接收处理部分包括系统设置、测试、数据采集和通信,应用软件部分包括数据处理和结果显示,其主要功能包含 USB 通信、信号显示、径向流场提取、站间通信、文件存储系统的建立与维护、计算机运行状态监视等。软件接收处理部分结构见图 2.3-61。

雷达系统软件包含"无线串口通""无线网口通""UHFServer""UHFMonitor"和

"UHFConsole" 5 个软件,用于进行远程配置、监测雷达和传输流场数据。其中 UHFConsole 运行在远程雷达端,其他四个软件均运行在数据接收计算机中。

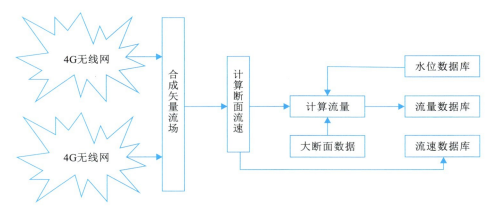

图 2.3-60　中心站流量计算与处理流程图

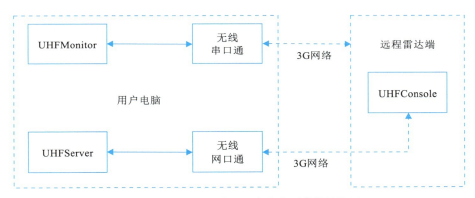

图 2.3-61　UHF 雷达流量在线监测软件结构图

①UHFConsole 的主要功能:

a. 配置 UHF 雷达参数,参数只需在安装时配置一次接口,此后雷达运行时会自动加载。

b. 采集和存储回波信号原始数据,工控机配有 1T 的硬盘空间存储数据。

c. 计算表面径向流场,控制 4G 网络将流场数据发送至 UHFServer 中,同时本地也进行备份。

②无线串口通信的主要作用:

无线串口通信的功能为建立雷达与用户计算机间的虚拟串口通道,便于用户和雷达直接进行连通。无线网口通信的功能为建立工控机与用户计算机的虚拟网口通道,使 UHFServer 和 UHFConsole 可直接通过"局域网"连通。

③UHFMonitor 的主要功能：

a. 实时监测两台雷达的运行状态（电压、电流和温度等信息）。

b. 定时自动开机关机。

c. 实时远程控制开机关机。

④UHFServer 的主要功能：

a. 通过 TCP/IP 协议连接两个站点的 UHFConsole，接收 UHFConsole 上传的径向流场数据，并进行显示。

b. 将两个站点上传的径向流场数据合成矢量流场，并进行显示。

c. 根据径向流场和矢量流场提取断面流速，并进行显示。

4）远程监控软件

使用 UHFMonitor 软件远程监测雷达的工作电压、电流和机箱温度等信息，可远程控制雷达开关机以及远程设置雷达每天的工作次数（0～240 次）和工作时长（6～10min），见图 2.3-62。

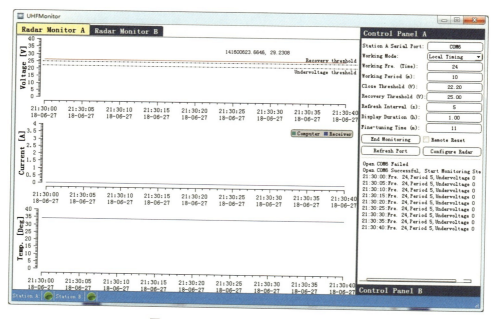

图 2.3-62 远程监测雷达工作状态图

5）数据处理软件

①单站径向流图。

图 2.3-63 和图 2.3-64 是由 UHF 雷达流量在线监测装备集成运行后获得的实测河流表面径向流场图。

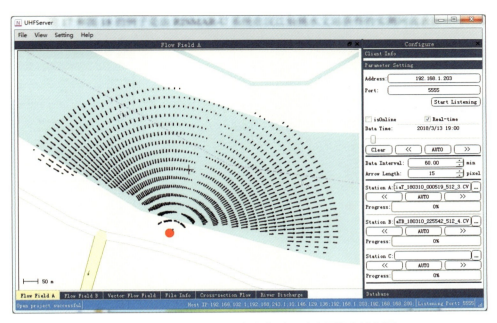

图 2.3-63　UHF 雷达流量在线监测 A 站表面径向流场图

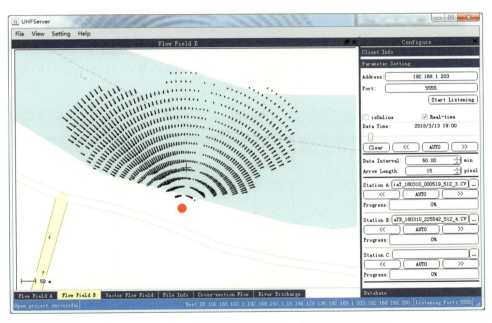

图 2.3-64　UHF 雷达流量在线监测 B 站表面径向流场图

②双站矢量流场。

图 2.3-65 是 UHF 雷达流量在线监测获得的径向流场进行矢量合成后得到的表面矢量流场。

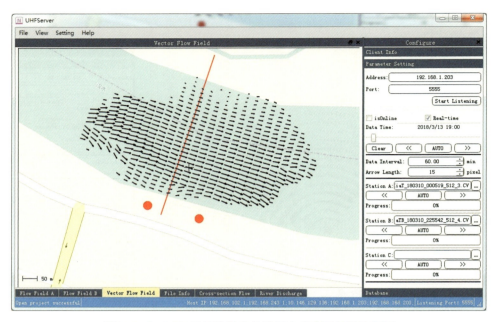

图 2.3-65　UHF 雷达流量在线监测合成表面矢量流场图

③断面流速曲线。

双站雷达流量在线监测系统可获取三个断面流速结果。红色线是单个雷达站 A 得到的断面流速,蓝色线是单个雷达站 B 得到的断面流速,棕色线是双站雷达综合后的断面流速(图 2.3-66)。单站式流量监测系统只有一个断面流速。

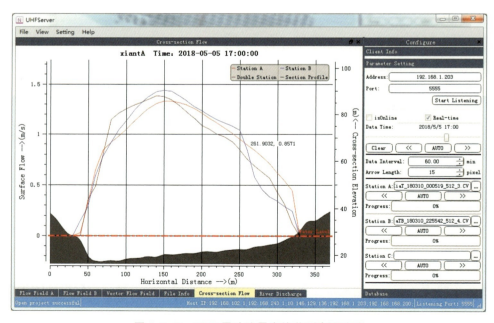

图 2.3-66　UHF 雷达流量在线监测表面流速

④断面流量。

双站雷达以图 2.3-66 中的棕色线为结果计算断面流量,断面流量由断面流速、水位和被测河道的大断面信息等参数综合计算得到,其流量计算结果见图 2.3-67。

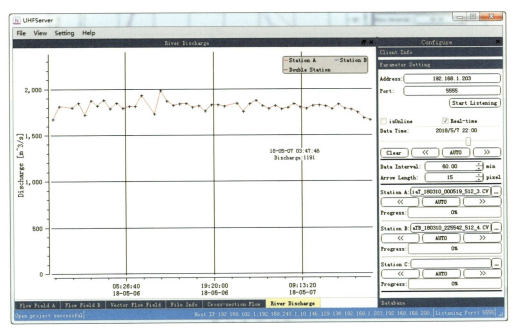

图 2.3-67　UHF 雷达流量在线监测流量

（4）适用范围

UHF 雷达流量在线监测系统为非接触式测量,安装在河岸上即可,与传统接触式测流方式相比,它不受水流的影响。在水体流速大、水面漂浮物较多等水流情况下,同样可以进行流量监测,可适用于非漫滩情况下的水流流量监测。UHF 雷达可测最小可测流速为0.02m/s,可以应用在水流平静波动小的水域。UHF 雷达测量距离更大,可达 300m 甚至更大距离,可用于大江大河、湖泊、海洋等环境。目前在湄公河、汉江、钱塘江等河段,UHF 雷达流量在线监测系统已经开展了应用,测量成果数据精度较高,效果较好。

2.3.3.4 基于超声波时差法的流量在线监测

（1）测量原理

超声波时差法流量在线监测工作原理为:声波在静水中为恒定速度传播,此速度会随水温、盐度、含沙量的变化而变化。但当水流情况稳定无变化时,声波在此水流中的传播速度是一定的。受水流速度的影响,声波在顺水中传播的实际速度大于声速,逆水中传播的实际速度小于声速。若按水流速方向斜对角方位安装一对换能器,通过超声波时差法,流速仪器测得顺、逆流方向的传输时间,在水流流过距离一定的情况下,可计算出测线平均流速,即为超声波时差法。

根据超声波时差法原理,在河岸两边分别设置超声波换能器 P_1 和 P_2,测量超声波顺流传播时间 t_1 和超声波逆流传播时间 t_2 的差值 Δt,根据换能器间的距离计算水体流动的速度,再结合断面信息与水位,使用流量算法模型计算水体过水流量,测量原理见图 2.3-68。

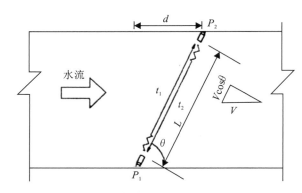

图 2.3-68   超声波时差法测量原理图

$$V = (c_w{}^2/[2 \times L \times \cos\alpha]) \times \Delta t \tag{2.3-14}$$

式中:Δt——时差,$\Delta t = t_2 - t_1$;

　　　L——换能器间的距离;

　　　α——声波传输路径与水流方向的夹角;

　　　c_w——特定水温情况下,声波在该种水环境下的传播速度。

$$Q = V \times A \tag{2.3-15}$$

式中:A——断面过水面积;

　　　Q——断面流量。

超声波时差法流量计测流方式分为无线式和有线式。超声波时差法流量计的最大特点是测量断面范围较宽、测量水位变幅范围较大、精度高,即使在低流速水域或浅水水域也能进行测量。

无线式超声波时差法流量在线监测系统测量方法见图 2.3-69,主机和辅机间的超声波传输路径与水体流向有一定的夹角(一般为 45°),任意一边机体都可自行运行。主机和辅机间采用近距离传输装置进行通信,机体通过内置或外置 GPS 接收器进行校时。通过 GPS 接收器接收到卫星提供的高精度标准频率和精确定时脉冲,确保主机和辅机运行时保持绝对同步。

一个超声波时差法主机可与多个辅机组合使用,故系统可采用单层、交叉通道和多层等方式进行安装。

超声波时差法流量在线监测的方法主要分为单声路、交叉声路、多层声路。

1)单声路

如果水流方向与岸堤平行,安装单声路系统即可得到很好的测量效果,仅需要 2 个声学换能器、2 个主机即可,见图 2.3-70。

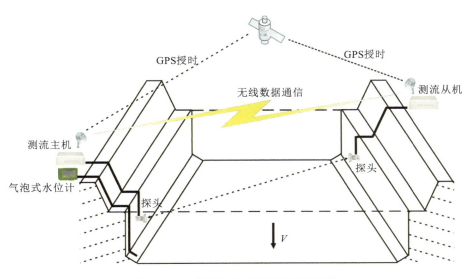

图 2.3-69　无线时差法测流系统示意图

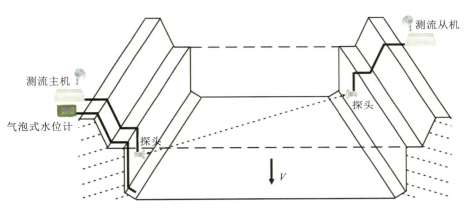

图 2.3-70　单声路系统示意图

2）交叉声路

如果水流方向与岸堤不平行,需要再安装两路交叉声路,两路声路方式适用于弯曲的河道或断面几何形状变化频繁的河道,见图 2.3-71。

3）多层声路

如果测量水体水位变化波动大,需要安装多层声路,即在不同水深分别安装前述两种声路。多层声路测量精度较高,可直接获得垂直剖面上的流速分布图,不需要进行现场率定,见图 2.3-72。

采用一层声道时,假定流速在垂线上的分布符合指数曲线分布规律,由一层的流速结合水位变化和流速系数(采用 ISO 6416 国际标准推荐的流速系数)计算整个截面的流速。计算公式是否适用,需要事先进行现场测验和率定。

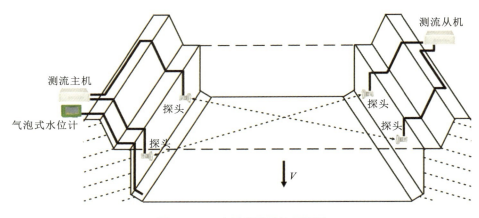

图 2.3-71　交叉声路系统示意图

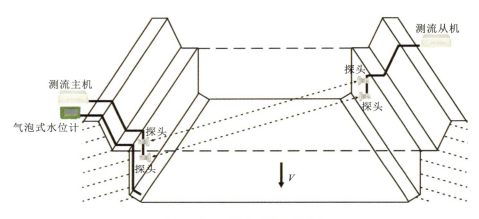

图 2.3-72　多层声路系统示意图

当测量河段易受潮汐河流、近距离上游来水方向变化、下游改变闸门开启方式等影响，流态呈不规则且时常变化分布时，流速系数无法得到准确的测流数据。此时，应采用两层声路甚至多层声路的方式。此时，根据测验得到的各层流速结果，绘制整个断面的流态分布场，通过流场分布计算断面平均流速和过水流量。应采用两层声路甚至多层声路的方式，其不需要进行事前率定。利用两层声路或多层声路方式，计算得到的断面流速更能代表整个断面。

无线式超声波时差法测流既可用于测流条件较好的断面，也可用于宽浅河道和水位变幅较大的断面。无线式超声波时差法两岸的换能器可同时横向相互向对方发出超声波脉冲信号，由于超声波的传输路径与河道的水流方向成 45°夹角，两路超声波脉冲信号一路顺着水流传输，另一路逆着水流传输，故河道两侧的换能器接收到对向换能器发出的超声波脉冲信号存在时间差，计算此时间差即可计算出断面的流速。

对于流速较低的测流断面，无线式超声波时差法测流的高精度特点更适用此种断面。对于水位变幅较大的情况，当测流精度无法满足实际需要时，无线式超声波时差法测流可按需求采用多层声路方式,获取更高精度的流速、流量数据。

（2）设备组成

1）系统组成结构

无线式超声波时差法流量在线监测系统的核心设备主要包括超声波时差法流量监测核心机、水下超声波时差法流量计、4G 通信模块、监测终端 RTU、水位采集传感器、供电设备、安装辅件等。

2）主要技术指标

a. 量程：量程随含沙量降低而增加;河宽 3～80m(含沙量<5kg/m³),河宽 3～100m(含沙量<2kg/m³)。

b. 流速测量范围：逆流－6～－0.02m/s,顺流 0.02～6m/s。

c. 换能器：工作频率 28kHz(范围可选),发射功率 2000W,发射锥束 18°,下水连接接头。

d. 无线通信有效距离(空旷地)：>1400m。

e. 流速分辨力：1mm/s;流量分辨力：0.001mm³。

f. 流速测量误差：<2％±0.02m/s。

g. 数据置信度：≥95％。

h. 固态存储空间：≥8GB(可选)。

i. 显示屏类型：LCD 触摸屏。

j. 远程数据上传方式：GPRS/4G/5G 等无线方式或有线方式。

k. 水位计接口：RS485 或 RS232 或 4～20mA 模拟量输入。

l. 监测终端 RTU 接口：RS485 或 RS232 或 RJ45 网络接口。

m. 温度范围：水上部分－15～＋50℃(工作),－20～＋70℃(存储);水下部分 0～＋40℃(工作)。

n. 供电电源：直流 10～28V 或交流 220V(流速测量部分);直流 12V±15％或交流 220V(水位测量部分)。

（3）系统集成

1）系统架构

无线式超声波时差法流量在线监测系统主要硬件设备包括主机和从机两个部分。主机和从机通过近距离传输射频电台进行通信,基于 GPS/北斗校时,模块主机和从机进行同步时钟,水下部分的超声波换能器通过发射和接收超声波信号实现测量流速的目的,主机部分包含与水位计、RTU 通信的接口,用以获取水位、设置参数、传输数据,系统总体架构见图 2.3-73。

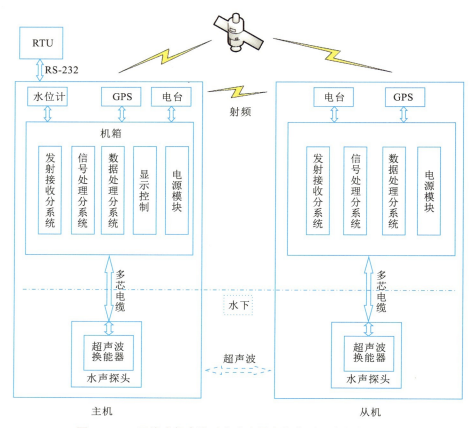

图 2.3-73　无线式超声波时差法流量在线监测系统集成架构图

2）数据传输

无线式超声波时差法流量在线监测系统采用特高频无线通信方式进行通信，主机和从机相互接收由对方发出的水声信号，系统测量计算同步时间差值，再经过数据处理获得断面的平均流速。通过河岸边的气泡式水位计获取实时水位。采用监测终端 RTU，连接无线式超声波时差法监测核心主机，将平均流速、实时水位、现场计算的河道流量等数据通过 4G 网络传输至中心站前端数据接收平台。数据接收平台对接收的河道流速、流量等数据进行校正处理，再进行存库处理。无线式超声波时差法流量在线监测装备信息传输见图 2.3-74。

图 2.3-74　无线式超声波时差法流量在线监测装备信息传输示意图

3）中心站数据接收处理

中心站数据接收平台从前端数据库中提取流速、水位等相关实测数据，根据大断面信息、断面实时水位数据，计算得到流量成果数据。中心站平台软件展示系统测量流速过程线、水位、流量过程线。平台软件提供人工接口,可通过接口录入人工实测流量数据,可将流量在线监测数据与人工实测流量数据的过程线进行对比显示。

超声波时差法测流系统软件界面设计包括水文信息管理平台和后台管理系统两大类。其中,水文信息管理平台主要实现流量在线监测数据的展示,见图 2.3-75。展示在线监测的数据包括层流速、断面平均流速、流量、水位、主机幅值、主机计数值、从机幅值、从机计数值等。

图 2.3-75　流量在线监测数据展示图

在图 2.3-75 中,层流速指超声波时差法测得的平均层流速;主机/从机幅值指换能器信号强弱程度;主机/从机计数值指计数器的读数。

后台管理系统进行站点的管理和用户权限的设置,具体包括增加及删除站点、增加及删除用户、修改用户权限等功能。

(4)适用范围

超声波时差法流量在线监测系统可应用于天然河道或人工渠道,能监测到低流速水体的流量,适用于受潮水影响变化的河道。由于超声波在含沙量高或流速大的水体中传播性受影响,因此超声波时差法只在中速、含沙量低的河道中适用。由于对超声波探头的入水深度和距离河底高度有一定要求,因此测存在一定范围的盲区。安装河岸要求比较陡直稳定,河底不易淤积,流速不紊乱,测量河段应选取比较顺直、流向稳定的河段。目前,在南水北调工程中已采用了超声波时差法流量在线监测。

2.3.3.5　基于图像法的流量在线监测

(1)测量原理

图像法流量在线监测是基于智能图像分析和机器视觉的测量技术,旨在野外复杂环境下实现中小河流水文多要素非接触式的远程在线监测,测量内容包含水尺水位、表面流速、流量等监测要素。水尺水位测量利用图像传感器代替人工用眼读取水尺图像,通过图像识别技术找出对应的水位刻度。表面流速测量利用水面上的碎片、杂物、泡沫、波纹等作为表层水流运动的示踪物,通过图像识别分析示踪物在连续图像中的移动位置,以获取水体表面流速矢量场。

1)水尺水位测量原理

图像法水位测量利用图像识别技术找出水尺水位刻度,实现自动读取水尺水位。一般布设水尺的现场环境光照条件复杂,导致摄像头成像分辨率低、视角倾斜,画面中呈现的水尺表面字符、刻度线等字迹模糊不清,难以分辨,无法保证长期有效的测量。基于此种情况,图像法水位测量采用一种基于模板图像配准水尺水位的测量方法,见图 2.3-76。基本原理为:将水尺表面近似看作一个物理平面,该物理平面与其在实际平面上成的像以及无透视畸变的正射影像间满足透视投影变换关系。建立标准水尺的正射模板图像,利用匹配控制点将存在透视畸变的水尺图像配准到正射坐标系下,使像素点对齐。通过模板图像的物理分辨率将水位线坐标转换为实际水尺读数。滤除水面波动、随机噪声等因素引起的粗大误差,最后取出的水位值采用多次测量得到的中值。

2)表面流速测量原理

表面流速测量利用水面上的碎片、杂物、泡沫、波纹等作为表层水流运动的示踪物,通过图像识别技术分析示踪物在图像序列中的运动矢量,再根据帧时间间隔推出表面流速。针对天然示踪方式存在的示踪物稀疏且时空分布不均问题,采用基于快速傅里叶变换的时空图像测速法(FFT-STIV)获取河流断面方向的表面时均流速分布。基本原理为:假设示踪物在短时内运动是连续性的,示踪物在三维时空域中的位置满足某种相关性。该相关性在一维图像空间和序列时间组成的时空图像中表现为具有显著方向性的纹理特征,反映了示踪物在指定空间方向上时均运动矢量的大小。根据傅氏变换的自配准性质,将复杂的纹理主方向检测问题转换为频域解决。通过在时空图像的幅度谱中检测频谱主方向得到与之正交的纹理主方向,推出测速线上的时均流速:

$$V = \frac{D}{T} = \frac{d \cdot S}{\tau \cdot \Delta t} = \tan\delta \cdot \frac{S}{\Delta t} = v \cdot S \qquad (2.3-16)$$

相比用于二维瞬时流场测量的大尺度粒子图像测速技术(LSPIV),FFT-STIV 的空间分辨率能够达到单像素精度,适用于倾斜视角下一维河流表面时均流场的测量。

3)流量估计

流量估计采用流速—面积法,其基本原理为:以测速垂线为边界,将测流断面划分为若干个子断面;对其进行插值处理,将时均表面流速插值到子断面中心,采用水面流速系数 A_v 将其转换为垂线平均流速;根据平均流速、实测水位和断面信息计算各个子断面的流量和过水面积;最后将各个子断面的流量求和得到图像视场内的断面流量。

$$Q_{mz} = \sum_{i=1}^{n} \bar{V}_i S_i = \sum_{i=1}^{n} \frac{1}{2}(V'_{i-1} + V'_i) \times A_v \times \frac{1}{2}(h_{i-1} + h_i) \times d_i \qquad (2.3-17)$$

式中:$\bar{V}_i$——第 i 个子断面的平均流速;

S_i——第 i 个子断面的过水面积;

V'_i——第 i 条测速垂线的垂线表面流速;

h_i——第 i 条测速垂线处的水深;

d_i——第 $i-1$ 条与第 i 条测速垂线之间的水平距离。

由于垂线流速分布受河床糙率等因素影响,在不同的水位级,采用不同的水面流速系数 A_v,其取值范围为 0.70~0.93。河道岸边水域可能存在的死水区、回水区等流态紊乱、不适宜图像法测量的区域和高水条件下的水位上涨会使摄像机视场变小,造成岸边区域形成测量盲区(图 2.3-76 所示的红色区域)。设置一个盲区流量系数 A_{dz} 参与断面流量计算,根据测量区域的过水面积 S_{mz}(图 2.3-76 蓝色区域)占总过水面积 S_{cs} 的比例估算完整断面流量:

$$Q_{cs} = Q_{mz} + Q_{mz} \times (S_{cs}/S_{mz} - 1) A_{dz} \tag{2.3-18}$$

式中:A_{dz}——与测量断面地形有关,一般会因水位的变化而变化,需要经常进行率定校准。

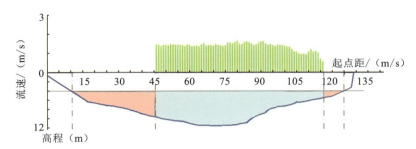

图 2.3-76　断面流量估算示意图

(2)设备组成

图像法流量在线监测系统主要技术指标见表 2.3-7。

表 2.3-7　　　　　　　　　　图像法流量在线监测系统主要技术指标

水位测量	
分辨力	1mm
精度	1cm,综合不确定度<3cm
量程	单级水尺 0～3m
水尺距离	<20m
流速测量	
分辨力	0.01m/s
精度	<测量值的 10%
量程	±5m/s
有效河宽	<50m
流量测量	
分辨力	0.01m^3
精度	<测量值的 10%
测量方式	
在线/离线测量	在线测量用于远程视频数据的下载和分析, 离线测量用于本地历史视频数据的分析
连续测量间隔	1min～24h 可调
单次测量时长	1～30s 可调
单次测量用时	流速测点数量和单次测量时长<5min

输出数据	
视频片段	mp4 格式,用于回放和离线处理
单帧图像	jpg 格式,用于事件快速预览
水位结果	txt 格式,包括水尺读数的多次测量值和中值滤波结果
流速结果	txt 格式,包括测速线编号、纹理主方向、信噪比、运动矢量、流速值和起点距
流量结果	txt 格式,包括水尺读数、水位值、最大表面流速值、过水面积和断面流量
可视化图像	jpg 格式,叠加水位线的断面地形和插值后的表面流速分布
其他	
数据传输	支持以太网/4G 移动通信网络
供电电源	支持市电 AC220V/风光互补 DC12V
环境温度	$-20°C\sim60°C$
软件操作系统	Windows7/8/10

（3）系统集成

1）系统架构

图像法流量在线监测系统集成主要采用 AI 智能图像识别技术、姿态控制技术、通信控制协议技术、数据接口协议技术、大数据存储技术和实时多任务操作系统技术等。设备架构（图 2.3-77）主要包括摄像测量装置、姿态传感器、水面补光灯、4G 通信单元、电源设备以及位于远程监测中心的路由器、交换机和视频分析处理计算机。采用内置 800 万像素 CMOS 图像传感器、焦距 4mm 的低畸变镜头的图像摄像测量仪,用于拍摄 H.264 格式的全高清视频（3840×2160@25fps）,视频文件自动存储到内置 TF 存储中。采用多要素自动监测终端 RTU,控制网络摄像机对水尺图像和河流观测断面表面流体图像进行连续拍摄,同时采集摄像实时测量装置姿态倾斜角度,再通过 4G 通信单元将采集到的视频数据使用 4G 网络传输到监测中心站。监测中心站的视频分析处理计算机对实时接收的视频数据进行处理,处理后的数据存库。水面补光灯使用可见光波段的阵列式 LED 补光灯,在夜间水面黑暗情况下,对水面定时补光,水面补光灯由太阳能供电,直流 12V,功率 12W,照射角度 60°。

2）数据传输

图像法流量在线监测装备按照设定的采集间隔进行定时自动测量,单次测量设置时长范围 1～30s。测量数据通过 4G 网络发送至数据中心。同时中心站提取实时水位数据接入视频测流软件计算流量数据,实现流量在线测量。

3）中心站数据接收处理

数据接收中心实时接收到的流速数据,结合实时水位和大断面信息,计算出最终流量数据。软件提供人工流量录入接口,可将设备测量流量数据与人工实测流量数据进行对比。图像法视频测流软件可查询设备测量流速相关参数、水位和流量过程线。

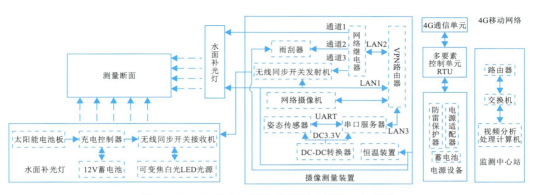

图 2.3-77　图像法流量在线监测系统设备架构图

图像法视频测流软件通过 4G 网络进行系统控制、视频数据存储、处理和结果转发,操作界面见图 2.3-78。考虑到实时视频测流极易受网络环境影响,可能出现延时、丢帧等问题,影响测量过程,故采用先下载视频,再分析图像的"准实时"方式。

图 2.3-78　图像法流量监测系统软件界面图

视频测流系统上传的数据包括测量时间、连续图像、姿态倾角等信息。中心站采用 AI 智能图像识别技术,对图像数据进行实时动态处理,通过设定的边界条件,筛选有效数据,生成水位线读数、水位、断面平均流速、最大表面流速等信息。通过设定的断面基本参数,自动生成最大水深、水面宽、过水面积、虚流量和断面流量等数据结果。

(4)适用范围

图像法流量在线监测可用于野外复杂环境下的中小河流。监测断面需要安装水尺,水体本身不能过于干净,水面需要有水面漂浮物、碎片、杂物、泡沫、波纹等示踪物。对于测量水体而言,水面示踪物越多,测量效果越好。监测水体的距离由摄像头的性能决定,性能越好、分辨率越高,能监测到的距离越远。采用图像法进行流量在线监测,安全性更高、时效性更好、直观性更强，可用于河流、水库、灌区、闸坝等河段。

2.3.3.6 流量在线监测适用性小结

湄公河干流汛期通常为每年 6—11 月，其中 8—9 月为汛期高峰，湄公河与其支流汇合处的河道受到来自干流及干流与支流回水的联合顶托形成洪泛区。干流流域集水区会因 6—10 月的过度降雨产生启动迅速、流速慢的洪水。同时流域会因大坝过度泄洪，产生启动快、流速快、突发性强的短时洪水。两种错综复杂的洪水叠加，使干流河段呈感潮性特征。考虑到洪水反复变化、流量陡增陡降的特点，建议在主干流域采用 ADCP 在线测流系统进行流量在线监测。

支流流域集水区会因强降雨产生启动迅速、流速快、持续时间短的低于干流数量级的洪水。考虑到水体流速在短时间内较大以及施工条件等因素，建议在支流采用只需安装在河岸上的非接触式的 UHF 雷达流量在线监测系统进行流量监测。

2.4 数据传输技术及其应用

在水利防汛工作中，保障水文信息数据持续正常稳定极其重要。水文信息化的一个主要特点是水文数据数字化，基础的水文数据包括雨量、水位、流量、蒸发、墒情、闸位、浊度等常见的水文参数。涵盖面广而综合的水文多要素数据为更加系统性地研究水文变化规律提供了重要的数据基础。水文多要素监测系统旨在运用无线通信技术、智能传感器技术、计算机技术、网络技术和 GIS 技术等先进技术，实现多要素传感器集成、近距离传输、移动通信传输、固态存储等技术的融合，以获取水文系统多要素数据，为水文系统研究提供基础数据支撑和保障。

2.4.1 多信道低功耗传输与控制技术

随着基础科学研究的持续提高，通信技术也进一步得到提升，随着物联网的快速发展和广泛应用，基于短距离范围内无线通信技术在工业自动化领域也得到了广泛应用。从单一的有线传输手段到多种技术和手段的工业无线网络，无线通信技术正在逐渐融入我们的工作和生产中，越来越多的自动采集与控制设备也开辟和扩展了蓝牙、Zigbee 等通信接口，为使用无线传输的方式提供了硬件环境和接口。水文领域使用无线通信方式时，在信道控制上，要首先解决信道选择及应用、信道切换技术和通信机制兼容技术等问题。

（1）信道选择及应用

为了将站点有效地进行连接，组成稳定高效的计算机通信网络，便于开展水文业务，满足日常水文工作需要，必须结合自身特点和需求，对当前使用的广域网技术进行全面深入的比较，找出各自优缺点，找出符合水文行业特点的通信手段，选择适用于水文工作的广域网互联技术。按照通信网络建设原则，采用公网和专网相结合的混合式手段。

（2）信道切换技术

在选用适宜的通信手段的同时，一般会选择不止一种而是多种信道方式。考虑到信道使用优化、功耗和数据安全等因素,通常采用以一种信道为主信道、另一种或多种信道为备信道的传输方式,当主信道出现异常不能进行传输时,则采用备信道进行传输。主备信道之间自动切换的稳定性、流畅性直接关系到整个通信系统运行的可靠性和健康性。信道切换技术分为人工切换和自动切换两种方式。

人工切换指当主信道出现故障或通信失败时,人工手动将通信链路由主信道切换到备用信道,待主信道正常通信后,人工手动将通信链路切换回主信道。由于人工方式需要有人长期驻守,目前该方式已经很少使用。

自动切换指设备或程序自动识别通信链路运行是否正常,当某一信道出现故障或通信失败时,设备或程序自动将链路切换到其他信道上。自动切换方式分为网络级自动切换和应用级自动切换。网络级自动切换指通过专用网络设备对链路状态进行识别判断,网络设备自动调整路由路径,根据传输情况实现主备信道自动切换;应用级自动切换指在数据发送过程中,判断通信链路的运行状态,根据状态是否正常自动选择链路,实现主备信道的自动切换。根据水文报汛的特点以及经过综合比较和试验,水文报汛设备的主备信道切换,选择网络级自动切换技术。

（3）通信机制兼容技术

1）自报机制

自报式遥测终端设备在监测要素变化量达到预设值或监测时间达到预设时间点时,自动将监测要素数据值上报至中心站。自报机制是水情遥测系统的常用机制,能有效降低功耗且具有较高的可靠性。

2）应答机制

应答式遥测终端设备的通信部分一直工作在值守状态,当接收到中心站下发的查询指令时,遥测终端做出响应,与传感器进行通信,感知要素数据,并将感知到的结果发送至中心站。

3）查询机制

查询机制应用于具有固态存储功能的遥测终端,遥测终端自身能够存储历史数据,能够响应中心站的查询指令。查询机制可以为因中心站、中继站故障丢失历史资料提供一道保险,中心站可通过查询方式对数据进行补录,保证历史资料的完整性,可以有效提高水文预报成果的精度。

2.4.2　近距离传输无线通信技术

（1）短波通信

短波通信指波长为 10～100m、频率为 3～30MHz 的一种无线电通信技术。短波通信发出的电波由电离层发生反射,然后被接收设备接收。短波通信能够进行远距离通信,是远程通信的主要方式。电离层的高度和密度受昼夜、季节、气候等因素影响较大,导致短波通信的稳定性不高,通信过程中会产生较大噪声。自适应、猝发传输、数字信号处理、差错控制、扩频,超大规模集成电路和微处理器等前沿技术的兴起和深入为短波通信技术的提高和应用提供了条件。短波通信设备固有的方便、组网灵活、廉价、抗毁性强等特点得以保留和进一步提升,使短波通信在应用中的地位继续增强。短波通信示意图见图2.4-1。

短波通信系统由发信机、发信天线、收信机、收信天线和各种终端设备组成。发信机前级和收信机具有固态化、小型化的特点。发信天线一般使用宽带的同相水平、菱形或对数周期天线,收信天线一般使用鱼骨形、可调的环形天线阵。终端设备的作用是在收发支路的四线系统与常用的二线系统衔接时,增加其回声损耗防止振鸣,并提供压扩功能。

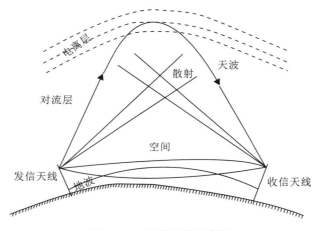

图 2.4-1　短波通信示意图

(2)超短波通信

超短波通信利用 $30\sim300$MHz 波段的无线电波传输信息。由于超短波的波长为 $1\sim10$m,因此也称米波通信,主要依靠地波传播和空间波视距传播。整个超短波的频带宽度有 270MHz,是短波频带宽度的 10 倍。

超短波通信系统由终端站和中继站组成。终端站装有发射机、接收机、载波终端机和天线。中继站则仅包括两个方向的发射机和接收机以及相应的天线。

超短波通信是一种地面可视通信,其传播特性依赖工作频率、距离、地形及气象因子等因数。它主要适用于平原丘陵地带,且中继级数小于 3 级的水情自动测报系统。

超短波通信具有通信质量较好、组网灵活、设备简单、投资较少、建设周期短、易于实现的优点,而且没有通信费用的问题。但是若在长距离、多高山阻挡情况下使用超短波组网,所需中继站数目及中转次数将明显增加,从而导致设备费、土建费增加,系统可靠性下降,而且中继站站址的交通条件差将会给设备的建设、安装、维护带来很大的困难。

超短波通信应用情况:站房、观测点及数据遥控键盘之间的无线近距离传输见图2.4-2,站房、观测点的采集设备、数据遥控器均具有超短波通信功能。采用同频方式通信,其中一方发出指令,另外两方可同时接收到信息并能根据指令自动判断是否响应。同时,具有载波侦听遇忙等待发送功能,并采用纠检错及反馈重发技术。

　　在水位或雨量观测点安装带有超短波无线通信设备的采集存储单元（采集存储单元 2），站房安装采集存储单元 1 与远程控制单元及超短波无线通信设备。观测现场安装的采集存储单元主要完成水位、雨量数据的自动采集和存储等功能，并通过超短波通信信道，按定时和事件自报的方式自动将采集的数据传输到站房端的采集存储单元。站房端的采集存储单元将接收的水情数据通过远程通信设备自动发送至水情分中心站。数据遥控键盘能以有线的方式对数据采集单元、远程传输单元进行操作，设置、读取、修改其运行参数和数据；或在一定范围内，通过无线方式（超短波）对数据采集单元进行操作。为测站观测人员观读水位、雨量数据，人工发送水位、雨量、流量数据提供方便。

　　在无线近距离传输技术研究中，考虑到测站观测人员能够在有效的范围内，更方便、快捷地监测到水情实时数据，设计、开发并研制了与数据采集终端配套的遥控键盘。为测站工作人员提供了无线遥控操作采集设备的手段，测站工作人员可在测站有效范围 2km 内，无须去观测现场，即可观读水情数据和设备运行状态，同时为测站工作人员提供了人工观测水位和实测流量以人工置入、自动发送至分中心站的技术手段。

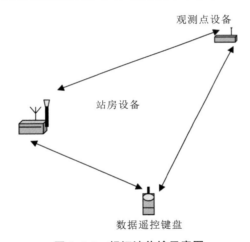

图 2.4-2　超短波传输示意图

　　通过对报汛站水位、雨量有线/无线近距离传输技术的研究，特别是超短波无线近距离传输技术的运用，使汛期的水情观测频度无须受段次的控制，为测站观测人员随时关注水情变化提供了快捷、可靠的观测条件。本技术在防汛指挥中得到充分的应用。

　　（3）LoRa 无线通信

　　1）技术特点

　　作为低功耗广域网的典型技术，LoRa 具有超长距离传输、功耗低、数据量小、网络容量大、设计灵活性强等特点。LoRa 采用线性扩频调制技术，通信距离可超过 15km，空旷地方甚至可以传输更远；相比其他广域低功耗物联网技术，LoRa 终端节点在相同的发射功率下可与网关或中继通信更长距离；LoRa 网络工作在非授权的 ISM 频段，适用于野外通信环境较差的应用场景；较长的通信距离降低了建网复杂度，从而降低了网络的维护成本。

2）应用优势

LoRa 技术可有效解决水文遥测站建设中遇到的线路、信号等问题。

a. LoRa 具有长距离传输、网络容量大和灵活的特点，在布设水文要素传感器时，遥测站只需控制设备接入多个传感器，重点考虑传感器布设的合理性和感知水情要素的代表性，布设更为灵活。

b. LoRa 在一定范围内可替代有线传输，不受传感器间距离的影响，减少信号传输线路架设受干扰的因素、降低地埋成本，可避免线路中断后不易检查的问题。

c. 将 LoRa 中继布设在 4G 公共移动通信或北斗卫星等信号较好的位置即可，遥测站数据通过 LoRa 中继转为移动信号，通过此方式，可以解决不同的监测断面因公共移动信号不好无法使用 4G 或北斗的问题。

d. 直接通过 LoRa 网关，可以将多个水文要素直接转向传输距离内的接收服务器，以低廉的成本即可建立不依靠专网的小型水文遥测组网系统。使用 LoRa 传输到网关或中继，可以减少 4G 移动通信、北斗卫星等信道甚至是专网的使用，不仅节省了对公共通信资源的使用，也节约了成本。

e. LoRa 传输可以替代传统的 VHF 通信方式，提升传送能力，降低误码率，减小功耗，减少维护难度和成本。

3）LoRa 在水文遥测中的传输组网

结合 LoRa 技术的应用优势和水文遥测工作实际，建立 LoRa 传输系统。根据水情要素的代表性、传感器布设的合理性，以传感器为中心布设若干个感知节点，组成感知节点层。选择 4G 公共移动通信或北斗卫星等信号较好的位置，布设中继节点，中继节点面向多个感知节点的数据交互。由此，水情数据完成向公共网络的转向。传输系统可分为感知节点、中继节点、公共/专用通信网络和中心站服务器等 4 个部分，系统结构见图 2.4-3。

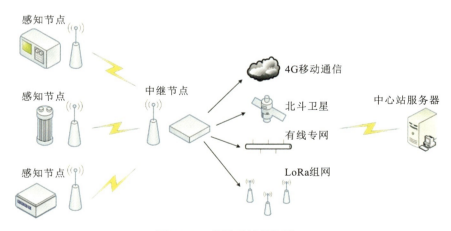

图 2.4-3　传输系统结构图

a. 感知节点由水情感知和 LoRa 模块组成。水情感知用于感知不同的水情数据，常见的有水位、雨量、流速、流量、温度、盐度和浊度等数据。利用 LoRa 模块上传感知节点的数据到中继节点。

b. 中继节点位于星状网络的核心位置,负责接收来自多个感知节点的数据,对数据进行汇总并打包后上传。同时接收中心站服务器通过公共/专用通信网络传来的下行指令,对相应的感知节点进行指令操作。

c. 公共通信网络为 4G 移动通信、北斗卫星,专用通信网络为有线专网、LoRa 组网等网络。

d. 中心站服务器为数据接收、处理、查询和分析的终端。

这 4 个部分相邻层级之间的信息交互均为双向,LoRa 协议的多个感知节点和中继节点构成了星形的 LoRaWAN,中继点由公共/专用通信网络进入指定服务器。星型拓扑的网络架构在大范围部署时具有更低的网络拓扑复杂度和能耗。

2.4.3　移动通信传输技术

目前较为常见的移动通信传输技术包括 GSM 短信、GPRS/4G/5G 通信等。水文自动监测系统站点自动采集的各种水文要素通过移动通信网络传输到数据接收及处理中心,常用的无线传输方式主要有超短波、卫星、GPRS/4G 等。由于站点大多地处野外偏僻位置,地理环境决定不宜采用长距离有线传输方式。随着移动通信技术的发展,有线传输方式的应用也在减少。如早期使用的超短波受其性价比低、信号差等因素制约,应用逐渐减少。卫星通信可在野外较为偏僻位置进行传输,但其使用和维护成本高、技术特点局限,使卫星的应用受限。GPRS/4G/5G 是在 GSM 基础上演变出来的数据承载和传输业务,其特点是永远在线、资源占用少。在如今的水文自动监测技术应用中,移动通信方式还是以 GPRS/4G 为主。

2.4.3.1　GSM 短信通信

GSM 短信通信是移动通信的一种存储和转发服务。信息通过短信服务中心转发至收信人或接收中心。如果收信人或接收中心未连接上服务,则短信会在收信人或接收中心重新连接成功后再次发送。

(1)GSM 短信通信特点

a. 传递可靠,具有确认机制。

b. 费用低。

c. 误码率低。

d. 传递响应时间平均时延小于 5s。

e. 功耗小,最大发射功率为 700MW。

使用短信通信时,应注意传输时延、超量分包、信息拥塞等问题。

(2)GSM 短信组网结构

采用 GSM 短信通信的遥测站与中心站的水文信息传输一般存在两种方式:

a. 在短信中心申请特服号,使用 GSM 的水文自动监测站点将数据发送至该特服号,短信中心由专线连接至中心站。

b. 点对点进行连接,通过在中心站使用 GSM 无线 MODEM 池与监测站点进行 GSM 短信组网连接。GSM 短信通信组网结构见图 2.4-4。

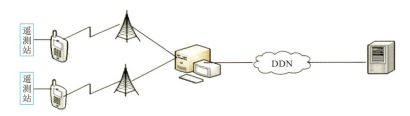

（a）GSM 短信（特服号）方式通信组网结构

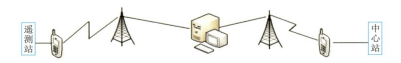

（b）GSM 短信（点对点）方式通信组网结构

图 2.4-4　GSM 短信通信组网结构示意图

2.4.3.2　GPRS 通信

GPRS 技术是通用分组无线业务(General Packet Radio Service),是 2G 转向 3G 的过渡产品,是 GSM 技术衍生出的承载业务,为 GSM 用户提供分组形式的数据业务。GPRS 技术适用于间断的、突发性的、频繁的、少量的或偶尔大量的数据通信。GPRS 理论带宽可达 171.2kb/s,实际应用带宽为 40kb/s~100kb/s。GPRS 在信道上提供 TCP/IP 连接,可以用于 Internet 连接、数据传输等应用。其主要特点是实时在线、快速登录、高速传输、按量收费、自如切换。GPRS 通信组网结构见图 2.4-5。

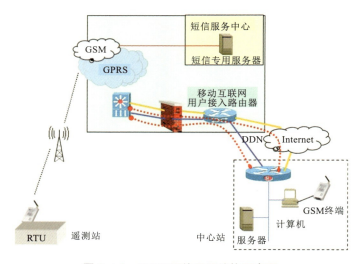

图 2.4-5　GPRS 通信组网结构示意图

使用 GPRS 的水文自动监测系统需要按自身特点选择接入方式实现 GPRS 接入。

2.4.3.3　4G 通信

与 GPRS 相比,4G 通信技术速率带宽时延小,随着各大 4G 运营商对业务的提速,4G 使用成本在降低。目前,在水文自动监测站点提档升级中,都将 GPRS 通信模块更换为 4G 通信模块,提高数据通信速度和稳定性。

2.4.3.4　5G 通信

5G 通信技术是目前具有高速率、低时延和大连接等特点的新一代宽带移动通信技术,可为人机物的互联提供网络基础。5G 不仅可提供增强现实、虚拟现实、超高清视频等业务,还能提供人与物、物与物间的通信。5G 通信可满足移动医疗、车联网、智能家居、工业控制、环境监测等物联网应用需求,成为支撑经济社会数字化、网络化、智能化转型的关键新型基础设施。

(1)性能指标

a. 峰值速率可达到 10~20Gbit/s,满足高清视频、虚拟现实等大数据量传输。

b. 空中接口时延低至 1ms,满足自动驾驶、远程医疗等实时应用。

c. 具备百万连接/平方千米的设备连接能力,满足物联网通信。

d. 频谱效率是 LTE 的 3 倍以上。

e. 连续广域覆盖和高移动性下,用户体验速率达到 100Mbit/s。

f. 流量密度达到 10Mbps/m^2 以上。

g. 移动性支持 500km/h 的高速移动。

(2)技术特点

5G 通信技术频谱利用率高、能效高,其传输速率和资源利用率等比 4G 通信更高,5G 通信在无线覆盖性能、传输时延、系统安全和用户体验等方面也得到进一步提升。

5G 通信技术可与其他无线移动通信技术联合使用,为人与物、物与物间的通信提供基础。目前,5G 通信技术可满足未来 10 年移动互联网流量增加 1000 倍的发展需求。

(3)在水文自动监测的应用前景

随着水文信息化发展,水文自动监测不仅对传统的水位、雨量等简单参数进行监测,还会对水文多要素、全要素等数据进行监测。如长江口海域站网中单个水文监测站点就包含雨量、水位、风速、风向、盐度、泥沙、能见度、水质、流速、流量等多要素自动监测,见图 2.4-6。增加水文监测要素,就需要数据通信具有更好的网络带宽、更低的时延和更强的稳定性,4G 通信传输已不能满足要求,需要专网进行数据传输。

由于现有 4G 通信只能在理论上达到 50Mbps 上行速度,实际使用过程中上行速度大部分时间低于 10Mbps,因此采用 5G 通信,上行速率理论上可以达到 10Gbps,时延只有 1ms。5G 技术的高速率、低延时和高稳定性能可以满足系统中大量实时数据远程传输的需求。现

场采集的数据在中心站采用后端处理的方式,其优势如下:

a. 可有效降低整套设备功耗约 40%,降低对供电的要求。

b. 不用架设交流电,现场可直接采用太阳能浮充蓄电池供电方式。

c. 减少现场设备数量,降低难度和成本,增强了设备的野外适用能力。

在水文多要素自动监测的应用中,5G 通信技术处理数据量大、延时低,可以确保仪器设备实时完成要素感知过程。可监测瞬时测量数据量大、需要进行校正且传感器不进行计算的数据。

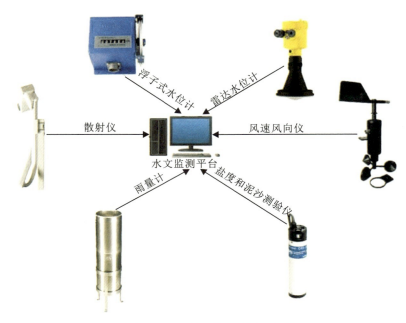

图 2.4-6　水文多要素监测仪器图

2.4.4　卫星通信技术

应用卫星通信技术能够有效改善偏远地区水文自动监测站点的通信传输能力。目前,采用的卫星通信技术多种多样,卫星设备型号种类繁多,不同卫星都具有自己的特点,优势明显,缺点也较为突出,如雨衰影响、基建成本较高、并发处理能力低等。

卫星站点建设速度快,建设过程相对简单,可以实现站点快速建立、快速启用的目的。卫星站点具有不易受陆地灾害影响的特点,在极端灾害环境条件下,卫星站点依然可以正常使用,维持数据通信。

目前使用较好的是地球同步静止卫星。该种类卫星都位于赤道上空,其覆盖范围稳定,可靠性和实时性强。地球同步静止卫星适用于水文数据自动监测,其包含 VSAT 卫星、海事卫星、天通卫星和北斗卫星。

2.4.4.1　VSAT 卫星系统

VSAT(Very Small Aperture Terminal)直译为极小口径卫星终端站,或称为卫星小数据站(小站)、个人地球站(PES)等。VSAT 卫星通信系统采用小口径天线,系统具有灵活性强、稳定性高、成本较低、使用方便等特点。VSAT 系统由一个 VSAT 主站和若干远端VSAT 从站组成,系统不受地形、距离或地面通信条件限制。VSAT 主站和 VSAT 从站可直接进行 2Mbps 速度的数据通信,适合在信息量大和分支机构多的地方使用。VSAT 系统可提供电话、传真、计算机信息等多种通信业务。该系统由 288 颗近地轨道卫星构成,每颗卫星由路由器通过光通信与相邻卫星连接构成空中互联网。地面服务商通过网关站与卫星进行通信。

(1)组成结构

VSAT 卫星通信系统由空间部分和地面部分组成。网络由静止卫星、地面通信主站、用户 VSAT 端站组成。典型的网络形态包括星状网络和网状网络。

星状网络指以 VSAT 网络主站为网络中心,各 VSAT 端站与主站之间构成通信链路,各 VSAT 端站之间不构成直接的通信链路。VSAT 端站之间构成通信链路时需要通过VSAT 主站转发来实现。这类功能均由 VSAT 主站的网络控制系统参与来完成。

网状网络指各 VSAT 端站间直连的通信链路,不通过 VSAT 主站转发。VSAT 主站只对全 VSAT 网络进行控制、管理,同时控制 VSAT 主站和端站的通信。

VSAT 卫星通信系统的空间卫星部分使用地球静止轨道通信卫星,卫星采用不同的频段,如 C、ku 和 Ka 频段。卫星上转发器的发射功率较大;相反,VSAT 地面终端的天线尺寸较小。

VSAT 卫星通信系统的地面部分分为中枢站、远端站和网络控制单元。中枢站将汇集起来的卫星数据分发给各个远端站;远端站是网络主体,VSAT 卫星通信网即由众多远端站组成,站点数量和每个单站需要的费用成反比。

(2)基本特点

VSAT 卫星通信系统的特点主要包含以下几个方面:

a. 地面站天线直径小于 2m,多采用 1.2～1.8m,最小可达 0.3m。

b. 发射功率小,功率为 1～3W。

c. 质量轻,质量为几千克至几十千克,方便携带。

d. 价格便宜,性价比高,经济效益大。

e. 建设周期短,安装简单。

f. 通信费用与通信的距离无关。

g. 不受地理环境、气候等因素影响,受地面干扰小。

h. 可灵活组网,易于扩展,维修方便。

（3）主要应用

VSAT 卫星通信系统可灵活组成不同规模、不同速率、不同用途、经济实惠的网络系统。一个 VSAT 卫星通信网一般能容纳 200～500 个站,形式包括广播式、点对点式、双向交互式、收集式等。系统可用于地形复杂、线路架设困难、人迹罕至的偏僻地区。VSAT 技术可以应用于以下几个方面:

a. 卫星电视广播,传送广播电视、商业电视信号。

b. 财政、金融、证券等系统,对市场流向进行动态跟踪管理。

c. 交通运输管理,铁路运营调度。

d. 军事应用,装备到单兵。

e. 应急通信,对自然灾害或突发性事件进行应急通信。

f. 水文监测,对水患危险进行预警,防止和减少水患灾害带来的损失。

2.4.4.2 海事卫星系统

海事卫星主要用于海上与陆上的无线电通信,包含了全球海上常规通信、遇险与安全通信、特殊与战备通信等技术。海事卫星通信系统由海事卫星、地面站、卫星终端组成。目前海事卫星通信系统覆盖太平洋、印度洋、大西洋东区和大西洋西区,可提供北纬 75°至南纬 75°区域的遇险安全通信业务。海事卫星系统改变了海事、航空领域的通信状况,在陆地上的使用使救灾、应急通信、探险等特殊通信需求得到了保障,从而得到了快速发展。

（1）组成结构

a. 海事卫星在大西洋、印度洋和太平洋上空有 3 颗卫星,可以覆盖几乎整个地球,三大洋中的任何点都能与卫星通信。安装系统规定:船站与卫星间通信采用 L 频段;岸站与卫星间通信采用双重频段,数字信道采用 L 频段,FM 信道采用 C 频段。因船站至卫星为 L 频段信号,故其信号在卫星上要变频为 C 频段信号再转发至岸站。

b. 岸站指布设在海岸附近的地球站,是卫星通信的地面中转站。岸站既是卫星系统与地面系统的接口,也是控制和接入的中心。船站的天线均装有稳定平台和跟踪机构,船只在起伏和倾斜姿态时,天线也保持指向卫星不变。

c. 网络协调站是系统的一个组成部分,每一个海域包含一个网络协调站,为双频段工作。

d. 船站是设在船上的地球站,船站天线稳定度高,船站设计小而轻,不影响船的稳定性,能提供各种通信业务。船只可根据需求由船站将通信信号发射给海事卫星,再转发给岸站,岸站再通过与之连接的地面通信网络或国际卫星通信网络进行通信。

e. 海事卫星系统中基本信道类型可分为电话、电报、呼叫申请和呼叫分配。

（2）基本特点

海事卫星系统使用的 L 波段固有特性，使 L 波段终端可以迅速地寻星和对星。在车载和船载终端情况下，可简化工艺，降低成本。

海事卫星和船站间的上、下行线路采用 L 波段（上、下行为 1.6/1.5GHz），其传播损耗和雨衰非常小，有利于通信。岸站和卫星间的上、下行线路采用微波 C 波段，便于与全球范围内的卫星通信系统连接。

由于海事卫星使用的黄金频段 L 频段通信费用高，不少用户没有选择使用。但在突发事件应用中，海事卫星系统能有效进行视频图像传输、数据通信、快速地建立通信枢纽等工作。

（3）海事卫星应用

水情自动测报系统在遥测站和中心站之间采用海事卫星作为遥测站通信信道，构成一个地理范围广、通信情况复杂的实时测报系统。系统由空间段、卫星地面站和移动终端三大部分组成。海事卫星组网见图 2.4-7。

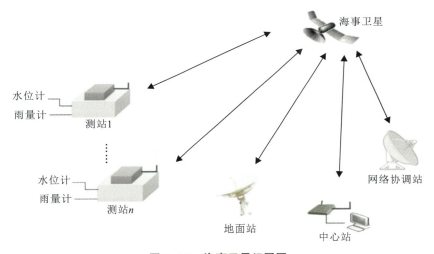

图 2.4-7　海事卫星组网图

2.4.4.3　天通卫星系统

天通一号卫星移动通信系统是由中国自主研发、建设的卫星移动通信系统，天通卫星移动通信系统具有自主可控、安全保密、覆盖面广、全天候通信等特点。

（1）组成结构

天通一号卫星移动通信系统由空间段、地面段和用户终端组成，空间段设计由多颗地球同步轨道移动通信卫星组成。

1）空间段

天通一号卫星系统的空间分系统空间段由多颗卫星组成，目前三颗卫星分别为 01 星、

02 星和 03 星。

2）地面段

地面段包括所有的地球站、卫星测控中心及相应的卫星测控网络、网络操作中心、信关站和卫星移动终端。另外，地面段还包括船载站、商用和军用的陆地和航空移动站。

3）用户终端

用户通过地面段接入移动卫星通信网络。用户终端形式包括手持终端或车载终端等，其作用是通过安装有线或无线收发天线，实现终端用户对通信状态的设置、获取。常见的用户终端包括卫星电话、短信模块、传真机、定位模块、数据传输模块等。

（2）基本特点

a. 天通一号拥有 109 个国土点波束，实现了我国领土、领海和周边海域覆盖；同时，还有两个海域波束覆盖太平洋西部、印度洋北部区域。

b. 天通一号的工作频段中，用户链段为 S 频段、馈电链路为 C 频段，用户链路和馈电链路的上下行传输均为 FDD/TDMA/FDMA 方式，可同时支持一百万用户使用。

c. 目前，支持天通一号卫星移动系统的终端包括手持型、便携型、车载型、数据采集等。手机终端采用多模方式，可兼容 4G 信号。手机支持信息速率为 1.2～9.6kbps，支持语音、数据、短信业务和定位功能。

d. 传输速率为 9.6kbps，具有北斗定位功能，所有终端产品均内置北斗接收能力，支持基于北斗/GPS 的位置管理与控制。后续可提供各类增值业务，包括语音增值服务、接入服务、云服务智能网服务、在线数据处理与交易处理业务、储存转发类服务、多发通信服务、信息服务、通信类服务等。

2.4.4.4　北斗卫星系统

北斗卫星通信系统是中国自行研制的全球卫星系统，其特点为通信覆盖广、通信容量大、通信距离远、不受地理环境限制，具有质量优、经济效益高等优点。

（1）北斗通信卫星系统原理

北斗卫星通信利用人造地球卫星作为中继站转发无线电波，在两个或多个地球站之间进行通信。北斗卫星技术利用了微波通信技术，所使用的无线电波频率为微波频段 0.3～300GHz。

北斗卫星通信系统由卫星和地球站两个部分组成。卫星在空中起到中继站的作用，即把地球站发上来的电磁波放大后再返送回另一地球站；地球站则是卫星系统与地面公众网的接口，地面用户通过地球站出入卫星系统形成链路。三颗相间 120° 的北斗卫星即可覆盖整个赤道圆周，易于实现全球通信。最适合卫星通信的频率是 1～10GHz 频段。

（2）北斗卫星通信系统的优点

目前，全球大多数北斗卫星通信系统采用 GEO 卫星作为整个系统的中继平台，GEO 卫星提供的通信业务具有下列优点：

　　a. 地球站天线易于保持对准卫星，不需要复杂的跟踪系统。

　　b. 通信连续，不必频繁更换卫星。

　　c. 多普勒频移可忽略。

　　d. 对通信覆盖区面积大。

　　e. 技术相对成熟、简单。

　　f. 绝大部分信道在自由空间中，工作稳定、通信质量高。

（3）北斗卫星通信系统的缺点

北斗卫星通信系统存在以下问题：

　　a. 不易为高纬度地区和特定地形内用户提供服务。

　　b. 传播延时较大，实时性差。

　　c. 大的功放和天线导致终端本身较大。

　　d. 使用费用高。

　　e. 使用用户数量逐渐增加，每个用户使用资源变少，系统规模小。

　　f. 卫星制造和发射困难大、风险大。

　　g. 轨道位置和轨道类型单一，卫星数量较少，易受干扰。

　　h. 两极附近存在盲区。

（4）北斗卫星通信系统的应用

采用北斗卫星系统组网的水情自动测报系统，其组成结构见图 2.4-8。

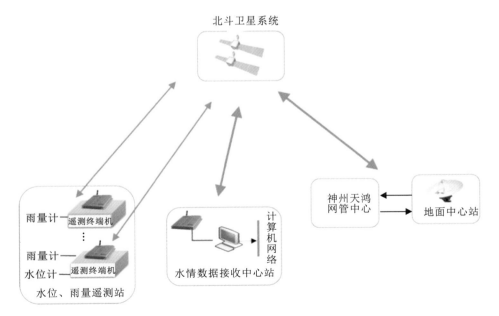

图 2.4-8　北斗卫星通信组网图

遥测站由传感器、遥测终端、北斗卫星终端、电源等组成,遥测终端作为遥测站的核心,完成水情信息采集、存储并控制北斗卫星终端完成信息发送和指令接收。目前在长江流域多个水电站使用了北斗卫星系统传输水情信息的水情自动测报系统,运行的测站近 800 个,系统的畅通率保持在 98% 以上。

2.4.5 通信技术适用性小结

4G 通信技术在 GPRS 通信的基础技术水平上进一步提高,速率带宽时延更小。湄公河流域各国的 4G 运营商正在进一步加强 4G 业务,4G 使用成本降低。鉴于此,在湄公河流域的水文监测中,可优先考虑采用 4G 通信技术作为主要通信手段。

作为中国自行开发的全球卫星系统,北斗卫星通信系统覆盖范围可以完全覆盖湄公河流域各国,其具有通信容量大、通信距离远、不受地理环境限制等特点,完全适合在湄公河流域水文监测中作为一种通信手段。

在广域网传输中,LoRa 通信技术具有传输距离长、功耗低、数据量小、网络容量大等特点,可以作为一种近距离传输的重要补充通信手段。

综上,在湄公河流域的水文监测中,通信技术可采取 4G 通信为主信道,北斗卫星为备用信道,LoRa 作为近距离传输补充的组合方式。

2.5 测报控一体化集成技术

全面综合的水文多要素数据是水文系统综合研究的基础,水文自动测报系统旨在运用无线通信技术、智能传感器技术、计算机技术、视频监控技术以及 GIS 技术等先进测报控集成技术,构建覆盖研究区域的集"野外自动化动态监测网络"于一体的监测系统,获取水文系统多要素数据,为水文系统研究提供基础数据,提升水文测报的智能感知信息采集体系建设水平以及信息共享服务能力,满足精细化业务管理及支撑水利智能应用要求。

2.5.1 多传感器集成技术

传感技术就是通过传感器感知周围环境或者特殊物质,比如气体感知、光线感知、温湿度感知等,把模拟信号转化成数字信号,给中央处理器处理。最终结果形成气体浓度参数、光线强度参数、温湿度数据等显示出来。传感技术是实现信息自动采集的基础技术,借助传感感知当前的雨情、水情等信息,并且将获取的信息转换为电子信息,将电子信息输送至信息中心。近年来,传感技术不断发展,传感器的精准度逐渐升高,将新的传感器运用到水文自动测报系统中,不借助人力就可以实现水位、水量、沙量等数据的准确检测,改变原有的水文站工作模式。实现信息采集、处理、传输等自动化发展,传感器需要借助声、光、力学等技术,辅助传感器检测,常见的适用于水文自动测报系统中的传感器主要是水位传感器、水流速度测量传感器等。

在水文自动测报系统中,采用的水位传感器种类较多,水位传感器包括浮子式水位计、压力式水位计、超声波水位计、雷达水位计、激光水位计、电子水尺和视频水位计等几种类型。不同的设备有不同的适用范围(表 2.5-1),水位计还具有不同的通信协议和数据格式。另外,大多数站还有雨量传感器。

因此,要实现水情信息自动采集,需要解决两个方面的问题。其一,各报汛站水位观测条件差异很大,需采用不同类型的水位传感器才能满足不同测站的水位观测需求,需要将不同类型、不同输出接口的传感器连接于同一数据采集终端;其二,部分报汛站受水位观测断面地形条件的限制,使用单一的水位观测方式难以满足水位全程自记的要求,常常是水位自记井仅能测记中高水位,低水部分仍然采用人工观测,使得水位全程自动化观测的目标难以实现,在同一站需采用两种不同传感器解决全程记录问题。这样就需要解决两种不同水位传感器(低水位级和中高水位级)之间自动切换问题,为此需开展两个方面的技术研究。

表 2.5-1 水位传感器性能及适用范围比较表

水位传感器类型	适用范围	特点	使用注意事项
浮子式水位计	可以建造水位测井的测站	技术成熟、运行稳定、维护方便、运用最广泛	前期土建投资大,使用中要防止水井淤积
压力水位计(压阻式/气泡式)	不具备建井的或利用自记井无法测到低水的测站	安装简便,不需要建造水位井,精度符合规范要求	泥沙影响精度,压阻式有时漂、温漂,要定时率定,安装时要有良好的静水装置
超声波水位计	不具备建井的或利用自记井无法测到低水的测站	不需要建造水位井,精度符合规范要求	安装比较困难,有温漂,水面漂浮物影响精度,要定时率定
雷达水位计	无井,陡坡	测量精度高(毫米级),量程大(90m 以上),不需要建造水位井,没有时漂、温漂,可靠度高	安装复杂,水面漂浮物影响精度,安装参照气介式超声波水位计,要定时率定
激光水位计	无井,陡坡	测量精度高(毫米级),量程大(90m 以上),不需要建造水位井,没有时漂、温漂,可靠精度高	安装复杂,水面漂浮物影响精度,安装参照气介式超声波水位计,要定时率定

(1)采用多串行口通道实现多传感器的连接

目前,超声波式、压力式、激光式水位计及雷达水位计都是智能设备,本身都有标准的串行口输出(RS232、RS485、SDI12 等),为多种设备之间的连接提供了便利。为此,在引进国外系统和设备时,都要求其具备多传感器的接口能力,并具备扩展性。为实现采集终端同时携带多传感器,在硬件上采用多通道串行口,使得不同传感器与采集终端设备之间的信息交换均通过标准串行口和通信协议进行。由于数据采集终端与传感器通过标准的串行口予以连接,减少了被测参数的模数转换、测量、分析、计算等环节,实现了软硬件结构上完全独立,提高了系统采集的可靠性和应用的灵活性。在软件上,通过编程设置,采集单元自动对不同类型、型号的传感器予以识别,并按照事先分配的单元完成采集数据的存储,供本地或远程调用。

（2）采用门限控制、回差判断实现双水位计的自动切换

根据测站地理位置、观测断面条件的不同,一个测站需要同时使用多种不同类型的水位传感器方能实现水位全程自记。为保证采用两种不同水位传感器监测低、中高水位报汛站水位过程的连续性,采用门限控制、回差判断双处理技术。在数据接收处理分中心站,按照传感器需切换的约定值设置门限阀,通过上下限的控制,及对回落趋势进行判别,自动判别水位传感器数值的真实性和可用性,从而既实现双水位计自动切换的能力,又保证存储的水位数据连续、可靠,能满足报汛的要求。

2.5.2 固态存储技术

自动采集数据存储采用现场固态存储的方式。当水位、雨量发生变化或定时时间到时,测站数据采集终端自动采集数据,并根据测站选定的存储方式将水位或雨量数据带时标存入固态存储器。水位、雨量存储方式分为等间隔存储和按水位变率存储两种,等间隔存储主要用于长江中下游干流的测站和水位变化缓慢的测站,按水位变率存储主要用于山溪性河流和水位陡涨陡落的测站,确保记录水文变化过程能真实反映水位变化特征。存储间隔和水位变化率均可按测站的特性设置。

要在站实现水情资料的可靠存储,固态存储器件的选择至关重要。存储器（Memory）是现代信息技术中用于保存信息的记忆设备。其概念很广,有很多层次,在数字系统中,只要能保存二进制数据的都可以称为存储器;在集成电路中,一个没有实物形式的具有存储功能的电路也称为存储器,如 RAM、FIFO 等;在系统中,具有实物形式的存储设备也叫存储器,如内存条、TF 卡等。计算机中的全部信息,包括输入的原始数据、计算机程序、中间运行结果和最终运行结果都保存在存储器中。它根据控制器指定的位置存入和取出信息。有了存储器,计算机才有记忆功能,才能保证正常工作。存储器的类型将决定整个嵌入式系统的操作和性能,因此存储器的选择是一个非常重要的决策。无论系统是采用电池供电还是由市电供电,应用需求将决定存储器的类型（易失性或非易失性）以及使用目的（存储代码、数据或者两者兼有）。另外,在选择过程中,存储器的尺寸和成本也是需要考虑的重要因素。对于较小的系统,微控制器自带的存储器可能就满足系统要求,而较大的系统可能需要增加外部存储器。为嵌入式系统选择存储器类型时,需要考虑一些设计参数,包括微控制器的选择、电压范围、电池寿命、读写速度、存储器尺寸、存储器的特性、擦除/写入的耐久性以及系

统总成本。

存储器可分为只读存储器（Read Only Memory，ROM）和随机存储器（Ram Acess Memory，RAM），RAM 的特点是可读可写，读写速度快，但一般的 RAM 掉电后不能保存数据。可用于执行过程中数据的暂存。包括双极型 RAM、金属氧化物（MOS）RAM、静态RAM（SRAM）、动态 RAM（DRAM）、集成 RAM（IRAM）、非易失性 RAM（NVRAM）。ROM 的特点是信息写入存储器后可以长期保存，不会因电源断电而失去信息。但 ROM 的读写速度较慢。包括掩模工艺 ROM、可一次性编程 ROM（PROM）、紫外线擦除可改写ROM（EPROM）、电擦除可改写 ROM（EEPROM 或 E2PROM）、快擦写 ROM（flash ROM）。RAM 型号包括 6116（2kB）、6264（8kB），62256（32kB）等；ROM 型号包括 AT24 系列存储器（EEPROM 或 E2PROM）、AT25F 系列存储器（FLASH ROM）、SD 卡（FLASH ROM）。

从其可靠性、适用性及性价比等方面进行比较，闪速可编程存储器（Flash EPROM）是近年来发展很快的新型半导体存储器。它的主要特点是在不加电的情况下能长期保持存储的信息，具有非易失、高可靠、低功耗、在线可擦写、能重复使用、单片容量大等特点，在自动监控及数据采集终端中采用该存储介质作为固态存储器。其存储容量可达到 4MB，按照设计的数据存储格式，若数据采集的频度设置为每 5min 一次，则一天有 288 个记录，完全能满足目前水文基本资料收集的要求。随着技术的发展，目前可采用 U 盘、SD 卡进行水情数据的存储，真正实现海量存储。

存储器电路用以存放水文测量数据及相应时间信息。由于水文行业对数据存储的可靠性、容量要求，常常需要对数据存储器进行扩展。外部扩展的程序存储器电路通常使用EPROM 或 EEPROM 芯片，EEPROM（带电可擦写可编程读写存储器）是用户可更改的只读存储器（ROM），其可通过高于普通电压的作用来擦除和重编程（重写）。与 EPROM 芯片不同，EEPROM 无须从计算机中取出即可修改。在一个 EEPROM 中，当计算机在使用的时候可频繁地反复编程，因此 EEPROM 的寿命是一个很重要的设计考虑参数。EEPROM型号包括 24LCXX 等，可提供几 K 到几十 K 字节甚至数兆字节的连续存储空间。24LC02电路见图 2.5-1。

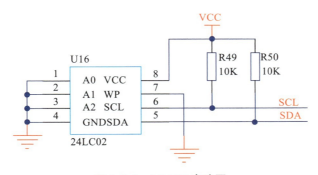

图 2.5-1　24LC02 电路图

串行 E2PROM 是基于 I2C-BUS 的存储器件，遵循二线制协议，由于其具有接口方便、体积小、数据掉电不丢失等特点，在仪器仪表及工业自动化控制中得到大量的应用。

在仪器正常运行时，MCU 通过地址总线、数据总线、地址锁存线、读写信号线以及片选信号线对数据存储器电路进行读写操作，调用存放其中的程序编码，执行相应的程序指令。也可以通过读写信号线、片选信号线及某一条 I/O 端口线对串行 EEPROM 进行读写操作。数据存储器所有的存储单元的地址都是唯一的。每个字节 8 位的存储单元可存储 10 进制数 0~255 中的任一数值。

（1）Flash 存储器

Flash 是存储芯片的一种，通过特定的程序可以修改里面的数据。Flash 在电子以及半导体行业往往表示 Flash Memory 的意思，即平时所说的"闪存"，全名叫 Flash Eeprom Memory。它结合了 ROM 和 RAM 的长处，不仅具备电子可擦除可编程（EEPROM）的性能，还可以快速读取数据（NVRAM 的优势），使数据不会因为断电而丢失，是一种长寿命的非易失性（在断电情况下仍能保持所存储的数据信息）的存储器，可以对存储器单元块进行擦写和再编程，适合应用于自动测报系统保存系统运行所需的操作系统、应用程序、用户数据、运行过程中产生的各类数据。它具有大容量、低功耗、擦写速度快、可整片或分扇区在线编程等特点，因而在各种嵌入式结构中得到广泛的应用。

目前，Flash 主要包括 Nor Flash 和 Nand Flash。Nor Flash 的读取和我们常见的 SDRAM 的读取是一样，用户可以直接运行装载在 Nor Flash 里面的代码，这样可以减少 SRAM 的容量，从而节约成本。Nand Flash 没有采取内存的随机读取技术，它的读取以一次读取一块的形式进行，通常是一次读取 512 个字节，采用这种技术的 Flash 比较廉价。用户不能直接运行 Nand Flash 上的代码，因此好多使用 Nand Flash 的开发板除了使用 Nand Flash 以外，还加上了一块小的 Nor Flash 来运行启动代码。一般小容量的用 Nor Flash，因为其读取速度快，多用来存储操作系统等重要信息，而大容量的用 Nand Flash，最常见的 Nand Flash 应用是嵌入式系统采用的 DOC（Disk On Chip）和我们通常用的"闪盘"，可以在线擦除。目前市面上的 Flash 主要来自 Intel、AMD、Fujitsu 和 Mxic，而生产 Nand Flash 的主要厂家有 Samsung、Toshiba、Micron 和 Hynix。对于 STM32 来说，内部 Flash 的容量有大有小，从 16K 到 2M 不等，主要取决于芯片的型号。对于一般数据量不大的水文测站，使用专门的存储单元既不经济，也没有必要，而 STM32F 系列内部的 Flash 容量较大，而且 ST 的库函数中还提供了基本的 Flash 操作函数，实现起来也比较方便。以大容量产品 STM32F103VE 为例，其 Flash 容量达到 512K，可以将其中一部分用作数据存储。

（2）SD 存储卡

SD 存储卡是一种基于半导体快闪记忆器的新一代记忆设备。它具有体积小、数据传速度快、功耗低、可擦写以及非易失性、可热插拔等优良的特性,被广泛应用于消费类电子产品中。特别是近年来,SD 存储卡价格不断下降且存储容量不断提高,它的应用范围日益扩大。在水文行业中得到广泛应用,主要来存储各类水雨情监测数据信息。SD 卡内部结构见图 2.5-2。

SD 卡容量目前有 SD、SDHC 和 SDXC 3 类。SD 容量有 8MB、16MB、32MB、64MB、128MB、256MB、512MB、1GB、2GB;SDHC 容量有 2GB、4GB、8GB、16GB、32GB;SDXC 容量有 32GB、48GB、64GB、128GB、256GB、512GB、1TB、2TB。

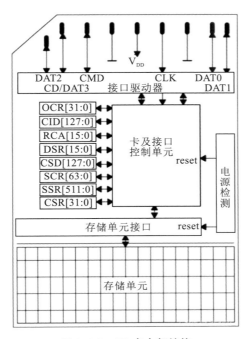

图 2.5-2　SD 卡内部结构

(3)SD 卡通信接口

SD 卡有两种总线模式,即 SD 总线模式(图 2.5-3)和 SPI 总线模式(图 2.5-4)。其中,SD 总线模式采用 4 条数据线并行传输数据,数据传输速率高,但是传输协议复杂,主机系统可以选择以上其中任一模式,SD 卡模式允许 4 线的高速数据传输。SPI 总线模式允许简单通用的 SPI 通道接口,这种模式相对于 SD 模式的不足之处是丧失了速度。SD 卡支持两种总线方式,即 SD 方式和 SPI 方式,采用不同的初始化方法可以选择 SD 卡工作处于哪一种方式。在 SD 工作方式下的传输速度比 SPI 方式快很多,中央处理模块要存储气象数据和图片,数据量较大,故嵌入式中央处理模块的 SD 卡存储电路采用 SD 方式。SD 卡 SPI 模式下与单片机的连接见图 2.5-5。

由于水文数据具有不可再现和重复的特点,一旦丢失,将造成无法弥补的严重后果。为了确保水文数据高可靠性固态存储的要求,一般自动采集与控制终端采用双固态存储、互为备份的存储模式,如 FLASH/SRAM(在板)和 Multi Media Card/MMC 卡(或 Compact Flash/CF 卡)。两种存储介质是完全独立的,同时出现故障的概率很小。采用存储卡这种机卡分离模式,优点是即便自动采集与控制终端因特殊原因故障,SD 卡中存的宝贵数据也可通过读卡器取出来,不至于全部丢失,因此双固态存储模式可极大地提高水文数据固态存储的可靠性。存储器电路存储容量大小的配置主要取决于多要素自动采集和控制终端设备采集水文参数项目的多少、采集周期及数据编码格式等因素,并应有足够的富余容量。

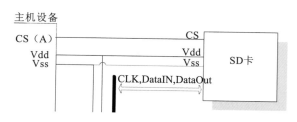

图 2.5-3 SD 总线模式图

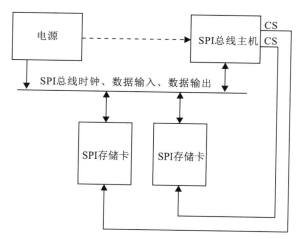

图 2.5-4 SPI 总线模式图

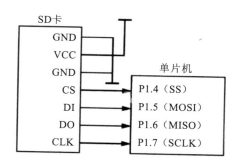

图 2.5-5 SPI 模式单片机连接图

2.5.3　视频监控技术

视频监控是安全防范技术体系中的一个重要组成部分,是一种先进的、防范能力极强的综合系统。它可以通过遥控摄像机及其辅助设备(云台、镜头等)直接观看被监视场所的情况;同时可以把被监视场所的图像全部或部分记录下来,这方便为日后处理某些事件提供重要依据。视频监控还可以与防盗报警等其他安防进行联动。其主要由摄像、传输、控制、显示、记录等几个部分组成。

摄像主要用于被监控点的监控图像采集,将原始视频信号传到视频服务器,经视频服务器编码后,以 TCP/IP 协议通过网络传至其他设备。管理中心承担所有前端设备的管理、控制、警报处理录像、用户管理等工作。监控中心用于集中对所辖区域进行监控,包括电视墙、监控客户终端群。监控中心可有一个或多个,由管理中心进行分配(图 2.5-6)。

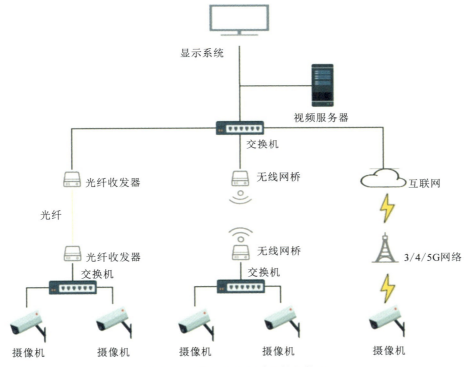

图 2.5-6　视频监控系统网络拓扑图

视频监控的主要特点如下:

(1)数字化

视频监控首先从系统信息流(如视频、音频、控制等)中将模拟状态转为数字状态,从根本上改变视频监控信息采集、数据处理、传输、系统控制等的方式和结构形式。信息流的数字化、编码压缩、开放式的协议实现了智能网络视频监控系统与安防系统中的各个子系统间的无缝连接,并在统一的操作平台上实现管理和控制。

（2）网络化

网络化是将已集中在一起的设备向集散式过渡，采用多层分级的结构形式，其具有微内核技术的实时多任务、多用户、分布式操作系统以实现抢占式优先任务调度算法的快速响应，组成集散式视频监控系统的硬件和软件采用标准化、模块化和系统化设计，视频监控设备的配置具有通用性强、开放性好、系统组态灵活、控制功能完善、数据处理方便、人机界面友好以及系统安装、调试和维修简单化、容错性高、可靠性强等优点。

（3）系统集成化

视频监控在某种程度上打破了布控区域和设备扩展的地域和数量界限。实现了整个系统硬件和软件资源的共享以及任务和负载的共享。安防视频监控技术的集成不仅在于用统一平台对不同视频监控系统进行集成和协同防范，实行重要防护对象的"多层级设防"，还包括产生图像系统与非图像系统的无缝关联集成，发挥综合管理的效用，扩大视频监控系统的应用范围，为智能化提供实施基础。

（4）智能化

随着视频监控系统的大量建设，监控的范围会越来越广泛。智能化分析技术的发展将使水资源监控系统本身的功能和效率得到有效提高。

未来智能视频监控技术将向两个方向发展：一是适应更为复杂和多变的场景；其次是能识别和分析更多的行为和异常事件。其中，行为模式识别、生物识别、目标检测与分析、自动跟踪识别、运动理解等技术将是智能化技术发展的主要内容。

2.5.4　测站二维码识别技术

二维码其实是由很多 0 和 1 组成的数字矩阵，用某种特定的几何图形按一定规律在平面（二维方向上）分布的黑白相间的图形记录数据符号信息；其在代码编制上巧妙地利用构成计算机内部逻辑基础的"0""1"比特流的概念，使用若干个与二进制相对应的几何形体来表示文字数值信息，通过图像输入设备或光电扫描设备自动识读以实现信息自动处理，它具有条码技术的一些共性：每种码制有其特定的字符集；每个字符占有一定的宽度；具有一定的校验功能等。同时还具有对不同行的信息自动识别功能及处理图形旋转变化等特点。二维条码/二维码能够在横向和纵向两个方位同时表达信息，因此能在很小的面积内表达大量的信息。

二维码具有信息量大、可靠性、保密性、防伪性强等优点。主要体现在以下几个方面：

（1）二维码安全性强

二维码依靠其庞大的信息携带量，能够把过去使用存储于后台数据库中的信息包含在二维码中，可以直接通过阅读二维码得到相应的信息，同时还有错误修正技术及防伪功能，增加了数据的安全性。

（2）二维码密度高

二维条形码利用垂直方向的尺寸来提高条形码的信息密度,通常情况下其密度是一维条形码的几十到几百倍。这样就可以把产品信息全部存储在一个二维条形码中,要查看产品信息,只要用二维码识读设备扫描二维条码即可。因此不需要事先建立数据库,真正实现了用条形码对"物品"进行描述。

（3）二维码具有纠错功能

二维条形码可以表示数以千计字节的数据,通常情况下,所表示的信息不可能与条形码符号一同印刷出来。二维码的纠错机制可以保证二维条形码由穿孔、污损等引起局部损坏时仍可以正确得到识读。

（4）二维条码可以表示多种语言文字及图像数据

多数二维条形码都具有字节表示模式,即提供了一种表示字节流的机制。我们知道,不论何种语言文字,它们在计算机中存储时都以机内码的形式表现,而内部码都是字节码。这样就可以设法将各种语言文字信息转换成字节流,然后再将字节流用二维条形码表示,从而为多种语言文字的条形码表示提供了一条前所未有的途径。既然二维条码可以表示字节数据,而图像多以字节形式存储,那么用二维码表示图像(照片、指纹等)也成为可能。

（5）二维条码可引入加密机制

加密机制的引入是二维码的又一优点。比如我们用二维条形码表示照片时,可以先用一定的加密算法将图像信息加密,然后再用二维码表示。在识别二维码时,再加以一定的解密算法,就可以恢复所表示的照片,这样便可以防止各种证件、卡片等的伪造。

随着智能手机软硬件平台发展成熟,二维码开始在移动应用中广泛推广,手机"扫一扫"等功能实现移动获取信息。测站采用二维码技术可实现快速识别测站信息,对测站密级信息分级识别,同时实现了测站超大容量信息识别等功能。

2.5.5　测报控一体化结构

水情报汛站以数据遥测终端(RTU)为核心,集自动测报技术、现代通信技术和远地编程技术于一体,可实现雨量、水位、流量、悬移质含沙量、水质等多项参数的自动采集、现场固态存储、自动发送;可采用多种通信方式(VHF、GPRS、4G\5G、北斗卫星、海事卫星 C)传输数据,以保证测站至测控中心数据传输的畅通;可现地或远程对测站进行编程,改变测站设备的运行参数,实现水情信息测报控一体化。

测站测报控一体化水情报汛站由采集单元、通信单元、电源系统、人工置数等组成。水情自动测报站数据自动采集、存储、传输控制工作流程见图 2.5-7。

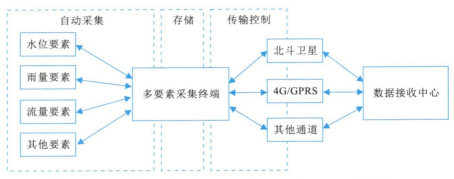

图 2.5-7　水情自动测报站数据自动采集、存储、传输控制工作流程图

2.5.5.1　一体化数据采集终端

在水情自动报汛站中,测站数据采集终端是实现测报控一体化的核心设备。多要素自动采集和控制终端设备(远程终端单元 RTU)是一种接口标准化、功耗低、可靠性高的多要素自动采集控制终端设备,通常适用于在野外无人值守情况下,监测控制有限距离或远方的设备,可以对工业现场的仪表及设备的模拟信号量和数字信号量进行采集,已经成为控制工业数据采集与监视控制(Supervisory Control and Data Acquisition,SCADA)系统中的核心设备。为了适应防汛和水利调度的现代化、信息化要求,往往需要采集多个水情数据,多要素自动采集和控制终端设备作为水文自动测报、闸门、监控、农田水利灌溉等系统的测站终端,在水利行业主要完成对水情数据(包括水位、雨量、流速、墒情等要素)的自动采集、存储、发送、应答等功能。它将先进的计算机控制技术、远程控制技术、通信技术有机结合在一起,既具有强大的现场监测控制能力,又具有极强的组网通信能力,能支持海事卫星 C、北斗卫星、VHF、GSM、GPRS 等多种通信方式进行组网;定时将采集到水雨情信息数据通过远程通信网络及时传送至监控中心,监控中心对其进行存储、分析和生成结论。并根据分析的结果生成控制指令,反馈给多要素自动采集和控制终端设备,完成相应的指令工作来进行设备的远程控制和维护。因此,它不仅是工业现场和监控中心正常通信的保证,也为水利部门提供及时准确的水情信息,提高了防汛和水利调度的效率。在通常情况下,RTU 应该至少具备数据采集及处理和数据传输等功能,有的多要素自动采集和控制终端设备还扩充了显示、流量统计和逻辑控制等功能。

一体化控制终端设备是一个典型的以 MCU(微处理器)为核心的数据采集处理智能设备。它的工作原理是在一个 MCU 的控制下,通过定时采集或外部终端触发(如水位变化、发生降雨等)等方式启动,自动将水位、雨量、流速等传感器测得的瞬时数据和响应时间信息以一定的数据格式存储在终端设备的相应单元内,并通过 GPRS/4G、5G、CDMA 及北斗卫星等多种通信网络传输数据中心站,实现遥测站数据采集、处理、存储、传输的功能。自动采集和控制终端设备可配置数个传感器接口,用以同时接入多种不同参数的传感器,可与多种不同厂商的水位、雨量、蒸发、流量等传感器匹配,兼容性强,因此被广泛应用于自动测报系统中。

（1）结构原理

为了完成数据采集、传输并可靠地将水文数据及其时间标记记录保存下来，以便直接转存入计算机，遥测终端应至少具备单片微处理器电路、程序存储器电路、输入接口电路、实时时钟电路、数据存储器电路、输出接口电路、传输模块、"看门狗"电路、电源电路以及相应的软件功能。为了便于使用者在现场观察数据或人工置入某些测量参数，仪器还应增加显示器和功能键电路及相应的软件功能。可实现多传感器、多信道、多信息源同化等集成技术，水文遥测站一般需配置雨量计、水位传感器、自动采集与控制终端（RTU）、通信终端、蓄电池及充电控制器及信号避雷设备。实现对水文现场信号的采集和对现场设备的控制。多要素自动采集和控制终端设备主要结构见图 2.5-8。

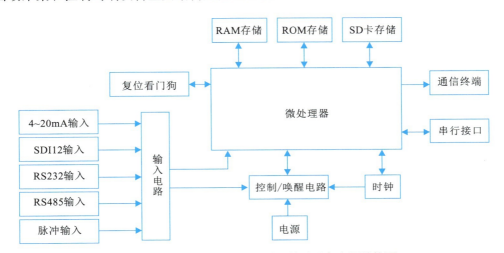

图 2.5-8　多要素自动采集和控制终端设备主要结构图

自动采集终端设备采用先进的 MCU，功能丰富，不仅能胜任逻辑、定时、计数控制，还能完成数据处理、高速计数、模拟量控制功能。很容易和上位机组成网络控制系统。自动采集控制终端设备一般应用在无人值守的偏远地区，因此平时工作在低功耗的休眠状态，以便降低设备功耗，通过定时采集或事件触发方式（如发生降雨、水位变化、中心站召测、人工置数等）自动完成水文数据的采集、存储、处理和传输控制任务。

a. RAM 为系统外扩的数据存储空间；ROM 为系统外扩的程序存储空间。

b. 看门狗完成系统的上电复位和出故障时对系统复位的功能。

c. Flash 实现数据的批量存储。

d. 唤醒电路在有事件发生时可靠唤醒系统。唤醒系统模块采用平时守候掉电、事件上电复位的工作方式，使系统以较低功耗工作；采集模块采用多种传感器，对水文信息进行采集；通信模块采用开关切换方式扩展了 VHF、PSTN 等信道接口，多种信道的备份使用保证了通信的可靠性。

e. 电源电路提供系统电源、VCC、+5V（可控），并完成对系统电源的检测。

（2）功能和技术指标

1）功能

自动采集和控制终端设备在整个水文监控系统中占有重要地位，承担着从传感器采集数据并且向中心监控站发送数据等关键任务，实现本地水雨情等数据采集、处理、存储、传输以及与中心站或其他远程设备之间的通信等功能。因此多要素自动采集和控制终端设备的稳定性、可靠性和低功耗等设计都是至关重要的。多要素自动采集和控制终端设备一般具备以下功能：

①自动采集。

具有自动采集水位、雨量、流速、工况信息的功能。雨量采集段次和水位采集段次可根据需要设置为不同时间间隔。

②存储。

数据存储的功能，对采集的水位、雨量等数据具有现场存储功能。一般要求能满足水位和雨量数据存储2年的数据。数据存储格式应满足水位雨量整编要求，数据可用于资料整编，能响应分中心站召测指令，将现场存储的数据小批量报送至分中心站。同时，能满足现场人员在现场进行数据查看和批量下载的需求。

③传输。

a. 双向传输功能。

能将采集的水位、雨量和测站状态信息通过公用网络（如 GPRS、CDMA 等）或其他通信信道传输到接收分中心，采用 GPRS 网络时应能同时支持数据（IP）业务与短信息（SMS）两种传输手段，当 GPRS 的 IP 方式传输失败时能自动切换为 SMS 方式发送水情数据。

b. 随机自报功能。

当被测参数变化超过规定阈值（如 1mm 雨量或 5cm 水位变化等，阈值可在本地或远程设置）时，通信终端设备及相关电路自动上电工作，将雨量值（累计值或变化量）和实时水位值发送至分中心站。

c. 定时自报功能。

按设定的定时时间间隔（按照时段要求，如 1h、3h、6h、12h、24h 等，可任意设置），定时向分中心站发送当前的水位雨量数据。发送的数据包括遥测站站号、时间、电池电压、报文类型等参数。

④控制。

支持本地通过键盘或计算机对系统的配置参数进行读取和修改，同时支持分中心站通过 GPRS 通信信道远程对其配置参数的读取和修改，如传感器类型、传感器参数、水位雨量基值、数据采样时间、定时自报段次、定时自报时间及主信道等。

a. 可响应召测。

接收来自本地或远程的召测命令，根据命令要求将当前值、过去的记录值或所有存储的数据通过指定的信道或路径发送。

b. 人工置数功能。

可在现场通过键盘读取数据、设置参数,支持本地通过键盘自动发送流量、人工水位及水库其他有关信息,并具有发送成功确认标志。

⑤测试工作状态功能。

通过软件设置,使遥测终端和分中心站接收终端在存储和接收处理时能判断调试报文和正常报文,保证在设备检修和调试过程中,水情测量数据不进入测站的存储区域。

⑥自动对时。

具有自动对时功能。

⑦防雷。

所有外部接口具有光电隔离功能,防止雷电破坏和外部电磁信号影响,能在雷电、暴雨、停电等恶劣条件下正常工作。

2)技术指标

多要素自动采集和控制终端设备对工作环境的适应性很强,特别是在一些无人值守的野外环境下,能够适应恶劣的气候变化,在极端环境中稳定可靠地工作,适用于各种应用场合。一般多要素自动采集和控制终端设备应满足以下技术指标。

①环境条件。

a. 工作湿度:$-10 \sim +55℃$。

b. 相对湿度:$\leqslant 95\%$($40℃$时)。

c. 大气压:$86 \sim 106kPa$。

②工作电源。

a. 主电源:$12V$($10.6 \sim 14.4V$)蓄电池,可浮充电。

b. 直流供电时,宜使用 $12V$,电压允许范围为标称电压的 $90\% \sim 120\%$。

c. 交流供电时,宜采用单相供电,电压、频率允许值分别为 $220V \pm 20\%$、$50Hz \pm 5Hz$。

d. 具备电源反向保护功能。

③设备功耗(不含通信装置,$12VDC$)。

a. 在电源电压 $12V$ 下,自报式工作模式的静态值守电流不应大于 $3mA$。

b. 在电源电压 $12V$ 下,查询—应答和兼容工作模式下静态值守电流应不大于 $15mA$。

c. 在电源电压 $12V$ 下,工作电流应不大于 $100mA$。

④工作体制。

RTU 可提供多种工作体制,以满足不同的需求。根据需要可配置 RTU,使其处于以下几种工作方式。

a. 自报体制。

自报体制是一种由远程终端单元发起的数据传输体制。采用该种工作体制的 RTU 通常处于微功耗的掉电状态,在满足发送条件时,主动向中心站发送数据,然后即可返回掉电状态。采用该种体制工作发送的测报数据实时性好,信道占用时间短,功耗很低。

b. 自报—确认体制。

自报—确认体制是一种由远程终端单元发起的数据传输体制。采用该种工作体制的RTU通常处于微功耗的掉电状态,在满足发送条件时,主动向中心站发送数据,发送完成后等待接收方返回确认信息。如果得不到确认,终端启动错误控制过程(如简单重发或换用备用路由重发),保证中心站正确收到该帧数据。数据通信过程完成后自动返回。

⑤通信方式。

多样化的通信方式提高了用户的选择性和系统的灵活性,也使RTU的应用领域得到了扩展。通信是RTU系统的关键部分,而广泛采用的网络通信技术则是远程测控技术在通信上的最新发展。在本书中我们采用多种通信方式进行通信,提供多路对外通信接口。例如,可采用以下通信方式:RS232总线、RS485总线、CAN总线、GPRS、超短波电台、卫星通信、PSTN、专线通信。可以根据需求以及特定的环境选择几种通信方式。

⑥日期和时间。

a. 具备年、月、日、时、分实时时钟,具有闰年调整。

b. 时钟可通过按键来修改。

c. 在−20～+55℃时,时钟精度每月误差小于1min。

⑦输入输出接口。

具有多个RS232口、开关量口、485接口或SDI-12口,可同时连接翻斗式雨量计、浮子式或气泡式压力水位计,可使用两种不同的信道通信方式设备以及与计算机进行通信。

⑧可靠性。

在正常维护条件下,平均无故障工作时间MTBF不应小于25000h。平均无故障工作时间(MTBF)为10年。

⑨具备自诊断功能,能够显示内部诊断信息。

a. 记录设置的各种参数的变更、时间和数据。

b. 记录主电池的更换时间。

c. 反应错误信息代码。

d. 发出主电池告警信号。

⑩抗电磁干扰。

多要素自动采集和控制终端设备应具有极强的抗电磁干扰能力。

2.5.5.2 电源智能管理控制技术

自动采集与控制终端一般工作于野外,工作环境恶劣,一般采用无人值守方式运行。因此自动采集与控制终端的供电设计非常重要。终端必须采取低功耗的设计,终端设备必须有休眠功能,终端平时处于休眠状态,当有事件发生时触发系统上电。电源模块除提供正常工作电源外,还应提供可控电源;此外电源模块还应完成对系统工作电源进行检测的功能。当有事件发生时,触发上电模块可唤醒系统进行工作,其中触发信号包括定时器、复位、远程通信等。

自动采集与控制终端一般采用额定电压为 12V 的全密封免维护蓄电池供电。根据使用环境的不同,可选择两种不同的外部供电方式为终端提供电源:交流转直流供电和蓄电池太阳能电池供电。通常,遥测站和中继站都位于野外无交流供电的地方,特别是中继站往往设立在高山峻岭之巅,空气湿度大,环境恶劣。野外遥测设备供电设计为太阳能蓄电池供电,具有稳定、可靠的特点,避免了交流电网易遭受雷击的缺点。为了延长蓄电池的使用寿命,应控制蓄电池的最高电压不高于 13.5V。因此,在设计遥测站的供电电路时,使用继电器控制太阳能充电,当蓄电池电压高于 13.5V 时停止充电,当蓄电池电压低于 12.8V 时继续充电。每隔 30min 检测一次蓄电池的电压,对电池充电状态进行监控,使蓄电池处于饱和状态而非过充状态。太阳能板安装时应保持方位角为南偏西 10°,仰角约为 45°。最好在基座浇筑时确定好方位。蓄电池应防雨、防潮,保持充足电量。太阳能板表面应保持清洁、低尘,表面上方不得有任何遮挡物。

2.5.5.3　测报控一体化技术特点

通过测报控一体化技术研究,有效解决了多传感器集成、近距离传输、固态存储等技术的融合,其功能和特点如下。

a. 具有多个 RS232 口、开关量口、485 接口或 SDI-12 口,可同时连接翻斗式雨量计、浮子式或气泡式压力水位计,可以自动采集雨量、水位、流量、含沙量等参数,并可设定采样间隔。

b. 具有近距离无线传输信道,可将距离站房较远的水位雨量数据传输至站房。

c. 可定时(间隔可编程)存储所测数据,存储期大。

d. 具有事件或定时自报、定时或随机查询应答等工作方式。

e. 能以定时或事件自报方式通过多种信道中的两种信道发送数据,当第一发送信道不通时,自动切换为第二信道发送。

f. 在定时工作方式时,具有"加报"功能,在定时间隔内,当水位变化或雨量变化超过设定值时,主动启动通信链路发送。

g. 具有现地或远地编程能力,可设置参数、改变路径、读取数据。

h. 可响应召测,接收来自测控中心的召测指令,根据指令要求将当前值、过去的记录值或将所有存储的数据通过指定的信道或指定的路径发送。

i. 具有工况报告功能。

j. 可靠性高,在正常维护条件下,平均无故障工作时间 MTBF 不应小于 25000h。

k. 具备自诊断功能,能够显示内部诊断信息。记录设置的各种参数的变更、时间和数据,记录主电池的更换时间,反应错误信息代码,发出主电池告警信号。

l. 具有极强的抗电磁干扰能力。

第3章 水资源监测控制技术

随着澜湄水资源监测的持续加强,水文监测范围逐步扩大,水文监测数据种类、格式呈多样化趋势。水资源监测系统基于微服务架构,结合网络应用技术、数据库管理技术、GIS技术、接口通信控制技术、异构数据融合技术,实现澜湄水资源监测的数据融合以及智能控制。

3.1 系统总体架构

3.1.1 微服务架构

3.1.1.1 微服务架构综述

微服务架构提倡将单一应用程序划分成一组小的服务,服务之间相互协调、相互配合,为用户提供最终服务。每个服务运行在其独立的进程中,服务与服务间采用轻量级的通信机制互相沟通(通常基于 HTTP 的 RESTful API)。每个服务都围绕着具体业务进行构建,并且能够被独立地部署到生产环境、类生产环境等。另外,应尽量避免统一的、集中式的服务管理机制,对具体的一个服务而言,应根据业务上下文,选择合适的语言、工具对其进行构建。实现一个微服务的架构,需关注的技术点包括服务注册、发现、负载均衡和健康检查、前端路由(网关)、容错、服务框架的选择、动态配置管理等模块。这些模块可以组成一个简化的微服务架构,见图 3.1-1。

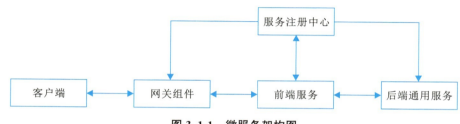

图 3.1-1 微服务架构图

微服务架构的主要特性包括以下几点：

（1）单一职责

对于每个服务而言，在服务架构层面遵循单一职责原则。符合高内聚、低耦合的特征，不同的服务通过"管道"的方式灵活组合，从而构建庞大的系统。

（2）轻量级通信

服务之间应通过轻量级的通信机制，实现彼此间的互通互联，相互协作。所谓轻量级通信机制，通常指与语言无关、平台无关的交互方式。对于微服务而言，通过使用轻量级通信机制，使服务与服务之间的协作变得更加标准化，也就意味着在保持服务外部通信机制轻量级的情况下，团队可以选择更适合的语言、工具或者平台来开发服务本身。

（3）独立性

在单块架构中，功能的开发、测试、构建以及部署耦合度较高且相互影响。而在微服务架构中，每个服务都是一个独立的业务单元，当对某个服务进行改变时，对其他服务不会产生影响。无论是从开发、测试还是部署的阶段来看，服务与服务之间都是高度解耦的。

（4）进程隔离

所有的功能都运行在同一个进程中，这就意味着，当对应用进行部署时，必须停止当前正在运行的应用，部署完成后，再重新启动进程，无法做到独立部署。但在微服务架构中，应用程序由多个服务组成，每个服务都是一个具有高度自治的独立业务实体。在通常情况下，每个服务都能运行在一个独立的操作系统进程中，即不同的服务能非常容易地被部署到不同的主机上。

3.1.1.2　微服务框架优势

传统的单体式应用会随着系统的发展变得越来越复杂，最终会达到一个临界点，变得难以管理(图 3.1-2)，每一行代码的添加都会增加系统变更与重用的难度。单体式应用核心是业务逻辑，由定义服务、域对象和事件的模块组成。围绕着核心的是与外界交互的适配器。适配器包括数据库访问组件、生产和处理消息的消息组件，以及提供 API 或者 UI 访问支持的 Web 模块等。

一个简单的应用会随着时间推移逐渐变得复杂，单体式应用的不足主要包括：

a. 敏捷开发和部署举步维艰，其中最主要问题是应用太复杂，以至于任何开发者都无法单独处理。因此，修正 bug 和正确地添加新功能变得非常困难，并且非常耗时。

b. 单体式应用会降低开发速度，应用越大，启动时间会越长。

c. 复杂而巨大的单体式应用也不利于持续性开发。目前，SaaS 应用常态是每天会改变很多次，而这对于单体式应用模式而言非常困难。

d. 在不同模块发生资源冲突时,单体式应用进行扩展将会非常困难。

e. 单体式应用的另外一个问题是可靠性不高。因为所有模块都运行在一个进程中,任何一个模块中的一个 bug(如内存泄漏)都会影响整个进程。除此之外,因为所有应用实例都是唯一的,单个 bug 将会影响整个应用的可靠性。

f. 单体式应用使得采用新架构和语言非常困难。

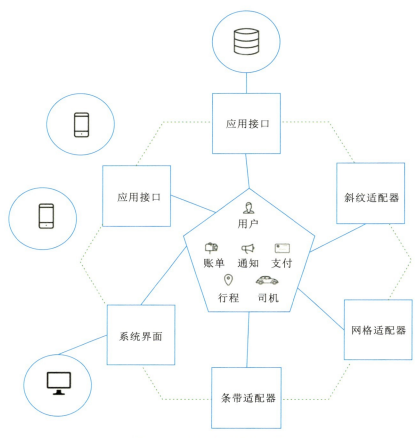

图 3.1-2　单体式应用架构图

微服务化本身包含两层意思:一层是拆,将大的服务拆成小的服务粒度,通过远程调用解决依赖;另一层含义是合,就是整个系统的微服务的所有组件之间是一个整体的分布式系统,按集群化的方式进行设计,服务之间能互相感知,进行自动化协作。一个微服务一般完成某个特定的功能,比如下单管理、用户中心管理等。每一个微服务都是微型六角形应用,都有自己的业务逻辑和适配器。一些微服务还会发布 API 给其他微服务和应用客户端使用,其他微服务完成一个 Web UI,运行时,每一个实例可能是一个云虚拟机或者是 Docker容器,见图 3.1-3。

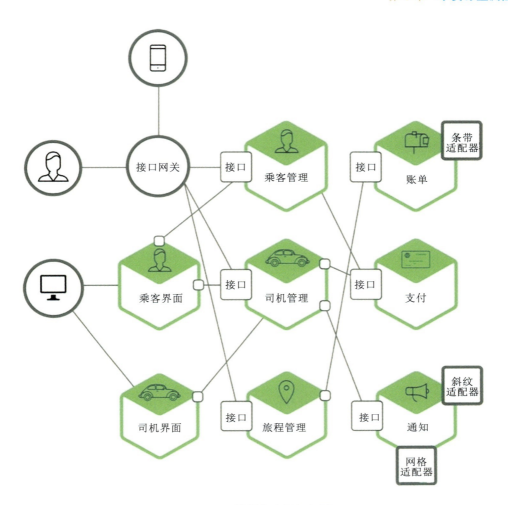

图 3.1-3　微服务实例框架图

　　每一个应用功能区都使用微服务完成。另外，Web 应用会被拆分成一系列简单的微服务（比如数据接收、数据查询）。这样的拆分对于不同用户、设备和特殊应用场景部署都更容易，REST API 接口也对管理及运维人员的移动 App 开放。这些应用并不直接访问后台服务，而是通过 API 网关传递中间消息。API 网关负责负载均衡、缓存、访问控制、API 监控等任务，可以通过 Nginx 实现。运行时，行程管理服务由多个服务实例构成。每一个服务实例都是一个 Docker 容器。为了保证高可用性，这些容器一般都运行在多个虚拟机上。服务实例之前是一层诸如 Nginx 的负载均衡器，负责在各个实例间分发请求。负载均衡器也同时处理其他请求，如缓存、权限控制、API 统计和监控。

　　微服务架构，模式深刻影响了应用和数据库之间的关系，与传统单体应用不同，多个服务共享一个数据库微服务架构每个服务都有自己的数据库。另外，这种架构也影响了数据模式。同时，这种模式意味着多份数据，为充分发挥微服务带来的优势，每个服务必须独有一个数据库来实现这种架构所需的松耦合。综上所述，微服务架构的优势如下：

（1）通过分解巨大单体式应用为多个服务方法解决了复杂性问题

在功能不变的情况下，应用被分解为多个可管理的分支或服务。每个服务都有一个用 RPC 或者消息驱动 API 定义清楚的边界。微服务架构模式为采用单体式编码方式很难实现的功能提供了模块化的解决方案，由此，单个服务易开发、理解和维护。

（2）微服务架构使得每个服务都可以由专门开发团队开发

开发者可以自由选择开发技术，提供 API 服务。当然，为避免混乱，只提供某些技术选择。这就意味着开发者不需要被迫使用过时的技术，他们可以选择更为先进的技术。

（3）在微服务架构模式中，每个微服务独立部署

开发者不再需要协调其他服务部署来降低对本服务的影响。这种改变可以加快部署速度。UI 团队可以采用 AB 测试，快速地部署更改。微服务架构模式使持续化部署成为可能。

（4）微服务架构模式使每个服务独立扩展

可以根据每个服务的功能来部署满足需求的规模，甚至可以使用更适合服务资源需求的硬件。比如，逻辑计算模块应部署在计算优化型实例，而内存数据库模块应部署于内存优化型实例。

3.1.1.3　微服务架构要求

以微服务架构在具备上述优势的同时，对运营与开发也提出了更高的要求，主要表现在以下几个方面：

（1）运营开销

更多的服务也就意味着更多的运营，需要保证所有的相关服务都有完善的监控等基础设施，传统的架构开发者只需要保证一个应用正常运行，而现在却需要保证几十甚至上百道工序高效运转，这是一个艰巨的任务。

（2）DevOps 要求

使用微服务架构后，开发团队需要保证一个 Tomcat 集群可用，保证一个数据库可用。这就意味着团队需要高品质的 DevOps 和自动化技术。

（3）隐式接口

服务和服务之间通过接口来"联系"，当某一个服务更改接口格式时，可能涉及此接口的所有服务都需要进行调整。

（4）重复劳动

很多服务可能使用同一个功能，而这一功能不足以提供一个服务，这个时候可能不同的服务都会单独开发这一功能，重复的业务逻辑违背了软件工程中的很多原则。

（5）分布式系统的复杂性

微服务通过 REST API 或消息将不同的服务联系起来，这在之前可能只是一个简单的

远程过程调用。分布式系统也就意味着开发者需要考虑网络延迟、容错、消息序列化、不可靠的网络、异步、版本控制、负载等，而面对如此多的分布式微服务时，整个产品需要有一整套完整的机制来保证各个服务可以正常运转。

（6）事务、异步、测试面临挑战

跨进程之间的事务、大量的异步处理、多个微服务之间的整体测试都需要有一整套的解决方案。

3.1.2 设计模式

微服务的设计模式主要包括链式设计模式、聚合器设计模式、数据共享设计模式和异步消息设计模式。

（1）链式设计模式

链式设计模式是常见的设计模式之一，用于微服务之间的调用，应用请求通过网关到达第一个微服务，微服务经过基础业务处理，发现不能满足要求，继续调用第二个服务，然后将多个服务的结果统一返回到请求中，见图 3.1-4。

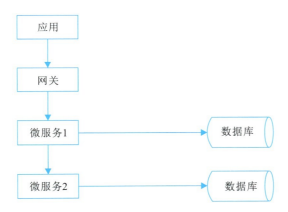

图 3.1-4　链式设计模式流程图

（2）聚合器设计模式

聚合器设计模式将请求统一由网关路由到聚合器，聚合器向下路由到指定的微服务中获取结果，并且完成聚合，见图 3.1-5。系统的首页集中展现、分类搜索和个人中心等通常都使用这种设计。

（3）数据共享设计模式

数据共享设计模式也是微服务设计模式的一种，应用通过网关调用多个微服务，微服务之间的数据共享通过同一个数据库，这样能够有效地减少请求次数，并且适合某些数据量小的情况，见图 3.1-6。

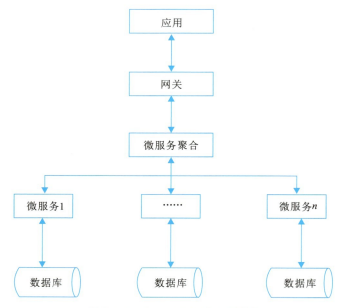

图 3.1-5 聚合器设计模式流程图

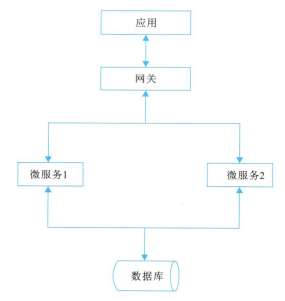

图 3.1-6 数据共享设计模式流程图

（4）异步消息设计模式

异步消息设计模式与聚合器的设计方式类似，唯一区别是网关和微服务之间的通信是通过消息队列而不是通过聚合器的方式实现，见图 3.1-7。

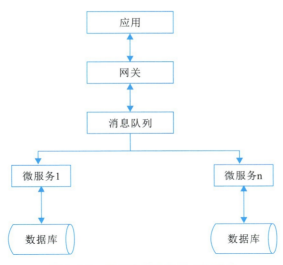

图 3.1-7　异步消息设计模式流程图

3.1.3　设计原则

3.1.3.1　领域驱动设计原则

领域驱动设计提出了从业务设计到代码实现一致性的要求,不再对分析模型和实现模型进行区分,即从代码的结构中可以直接理解业务的设计,命名得当的话,非程序人员也可以"读"代码。这与微服务设计中的约定优于配置不谋而合,根据包名和类名就可以解读程序开发者所构建的业务的大概意图。领域模型包含一些明确定义的类型实体,并包含固定的身份,具有明确定义的"连续性线索"或生命周期。在通信过程中,通常列举的示例是一个Socket 实体,无论 sessonID、地址或其他属性是否更改,大多数服务都需要跟踪 Socket。值对象仅由它们的属性定义。它们通常不可变,所以两个值对象始终保持相等。地址可以是与 Socket 关联的值对象。集合是一个相关对象集群,这些对象被看作一个整体。它拥有一个特定实体作为它的根基,并定义了明确的封装边界。

服务用于表示不是实体或值对象的操作。领域模型在实现时可大可小,在业务的早期,在系统比较小的情况下,领域可能只是一个类,当系统做大以后,领域可能是一个库,随着系统的不断发展,领域模型也会扩展为一个服务。不同的应用调用要将领域元素转换为服务,可按照以下一般准则完成此操作:

a. 使用值对象表示作为参数和返回值,将集合和实体转换为独立的微服务。

b. 将领域服务(未附加到集合或实体的服务)与独立的微服务相匹配。

c. 每个微服务应处理完整的业务功能。

领域模型又可以分为Ⅰ、Ⅱ、Ⅲ类模型,Ⅰ类模型基于数据库的领域设计方式,只关注数据的增删改查;Ⅱ类模型中包含了不依赖于持久化的领域逻辑;Ⅲ类模型依赖持久化的领域逻辑。Ⅲ类与Ⅱ类模型类似,不同点在于如何划分业务逻辑,也就是说,大部分业务应该放到 Domain 里面,而 Service 应该是很薄的一层。

3.1.3.2 分层架构设计原则

应用分层可减少开发维护成本。MVC 架构作为典型的分层架构,将应用分成了模型、视图和控制层,MVC 模式引导了绝大多数开发者,当前的应用(包括框架)中很多架构设计都使用此模式。之后又演化出 MVP 和 MVVM 模式,这些都是随着技术的不断发展,为了应对不同场景所演化出来的模型。而微服务的每个架构都可以再细分成领域模型,领域模型架构包括域服务、核心实体和值对象。在微服务的架构中,每个微服务不必严格遵照"定义的领域服务在 Service 层,而针对实体和值对象的存储、查询逻辑都在 Repositorie 层"这样的规定,在不同的业务场合,架构的设计可以适当地调整,毕竟适合的架构要具有灵活性。分层的原则如下:

(1)文件夹分层法

应用分层采用文件夹方式。其优点是可大可小、简单易用、系统规范,可以包括一个项目,也可以包括 50 个项目,以满足所有业务应用的多种不同场景。

(2)调用规约

在开发过程中,需要遵循分层架构的约束,禁止跨层次调用。

(3)下层为上层服务

以用户为中心,以目标为导向,上层(业务逻辑层)需要什么,下层(数据访问层)就提供什么,而不是下层(数据访问层)有什么,就向上层(业务逻辑层)提供什么。

(4)实体层规约

实体是数据表对象,不是数据访问层对象,DTO 是网络传输对象,不是表现层对象,BO 是内存计算逻辑对象,不是业务逻辑层对象,不是只能给业务逻辑层使用。如果仅限定在本层,那么会导致单个应用内大量没有价值的对象转换。

3.1.3.3 单一职责原则

在单一职责原则中,一个单元(一类、函数或者微服务)应该有且只有一个职责。无论如何,一个微服务不应该包含多于一个的职责。职责单一的后果就是职责单位(微服务、类、接口、函数)的数量剧增。网站一个小功能就会调用几十或上百个微服务。但是相较于每个函数都是多个业务逻辑或职责功能的混合体的情况,维护成本还是低很多。单一原则中的"单一职责"是个较模糊的概念。对于函数,它可能指单一的功能,不涉及复杂逻辑。但对于类或者接口,它可能是指对单一对象的操作,也可能是指对该对象单一属性的操作。总之,单一职责原则是一种为了让代码逻辑更加清晰,可维护性更好,定位问题更快的一种设计原则。与设计模式中的开闭原则类似,单一职责原则对于扩展持开放态度,对于修改持关闭态度,是一个原子模块粒度级的设计原则,设计的过程中需兼顾业务的扩展,必须有业务专家共同参与,共同规避风险。单一职责原则粒度小,灵活,复用性强,方便更高级别的抽象,每个微服务单独运行在独立的进程中,能够实现松耦合,并且独立部署。

单一职责的优势如下:

a. 类的复杂性降低,实现的职责都有清晰明确的定义。

b. 可读性提高,复杂性降低。

c. 可维护性提高,可读性提高。

d. 变更引起的风险降低,变更是必不可少的,一个接口修改只对相应的实现类有影响,对其他的接口无影响。这对系统的扩展性、维护性都有非常大的帮助。

3.1.3.4　服务拆分原则

服务拆分粒度不应该过分追求细粒度,要考虑适中。按照单一职责原则和康威定律,在业务域团队和技术上平衡粒度。拆分后的代码应该是易控制、易维护的,业务职责也是明确单一的。AKF 扩展立方体定义了应用扩展的三个维度。按照这个扩展模式,理论上可以将一个单体系统按三个维度进行无限扩展。

(1)水平复制

即在负载均衡服务器后增加多个 Web 服务器。

(2)功能分解

将不同职能的模块分成不同的服务。从 Y 轴方向扩展,将巨型应用分解为一组不同的服务,如数据接收中心、数据处理中心、数据计算中心等。

(3)对数据库的扩展,即分库分表

分库是将关系紧密的表放在一台数据库服务器上,分表是因为一张表的数据太多,需要将一张表的数据通过哈希算法放在不同的数据库服务器上。

3.1.3.5　前后端分离原则

在传统的 Web 应用开发中,会将浏览器作为前后端的分界线。将浏览器中为用户进行页面展示的部分称之为前端,而将运行在服务器中为前端提供业务逻辑和数据准备的所有代码统称为后端。前后端分离是一种 Web 应用开发模式,只要在 Web 应用的开发期进行了前后端开发工作的分工就是前后端分离。另外,前后端分类也体现在 Web 应用的架构模式,在开发阶段,前后端工程师约定好数据交互接口,实现并行开发和测试;在运行阶段前后端分离模式需要对 Web 应用进行分离部署,前后端之前使用 HTTP 或者其他协议进行交互请求。

前后端分离原则就是前端和后端的代码分离,推荐的模式是直接采用物理分离的方式部署,进行更彻底的分离。不继续使用以前的服务端模板技术,比如 JSP,把 Java、JSP、HTML、CSS 都堆到一个页面里,稍复杂的页面就无法维护。分离模式下,后端只需接口和模型。前端交互界面更加清晰,后端的接口简洁明了,更容易维护。此外,前端多渠道集成场景更容易实现,后端服务无须变更,采用统一的数据和模型,可以支撑前端的 Web UI 和移动 App 等。

前后端分离意味着前后端之间使用 HTTP 协议作为数据载体,以 JSON 作为数据格式。使用 API 作为契约进行交互,后台选用的技术不影响前台。前后端分离并非仅仅只是前后端开发的分工,而是在开发期进行代码存放分离、前后端开发职责分离,前后端能够独立进行开发测试;在运行期进行应用部署分离,前后端之间通过 HTTP 请求进行通信。前后端分离的开发模式与传统模式相比,能为我们提升开发效率、增强代码可维护性,更好地应对越来越复杂多变的 Web 应用开发需求。前后端分离的核心是后台提供数据,前端负责显示。

3.1.3.6　版本控制原则

在微服务架构 API 的设计中,接口的版本管理显得尤其重要。微服务的一个主要优势是允许服务独立演变。考虑到微服务会调用其他服务,这种独立性需要高度注意,不能在 API 中进行破坏性更改。接纳更改的最简单方法是绝不破坏 API,如果遵循稳健性原则,而且两端都保守地发送数据和接收数据,那么可能很长一段时间都不需要执行破坏性更改。当发生破坏性更改时,可以选择构建一个完全不同的服务并不断替换原始服务,原因可能是领域模型已进化,而且更好的抽象更有意义。

如果对现有服务执行破坏性的 API 更改,应决定如何管理这些更改:

a. 该服务是否会处理 API 所有版本。

b. 是否会维护服务的独立版本,以支持 API 每个版本。

c. 服务是否仅支持 API 最新版本,依靠其他适应层来与旧 API 来回转换。

在确定了困难部分后,如何在 API 中反映该版本是很容易解决的问题。通常可通过 3 种方式处理 REST 资源的版本控制。

(1)将版本放入 URI

将版本添加到 URI 中是指定版本的最简单方法。它的优点是非常容易理解、容易在微服务应用构建服务时实现、与 API 浏览工具和命令行工具兼容。如果将版本放在 URI 中,版本应该会应用于整个应用程序,所以使用 API/v1/accounts 而不是 API/accounts/v1。

(2)使用自定义请求标头

可以添加自定义请求标头来表明 API 版本。在将流量路由到特定的后端服务时,路由器及基础架构均使用协议的自定义标头,此机制的实现难度高于 URI。

(3)将版本放在 HTTP Accept 标头中,并依靠内容协商

Accept 标头是一个定义版本的明显位置,但它是最难测试的地方之一。URI 很容易指定和替换,但指定 HTTP 标头需要更详细的 API 和命令行调用。

3.1.3.7　围绕业务构建原则

微服务应当聚焦并且确保完成某一特定的业务功能。这给需求管理也带来了挑战,需求需要切分得更加精细,以满足系统业务的不断变化。在传统的方式中,一般是产品人员进行需求调研,然后经过整理后提交给开发团队,这种方式在微服务的环境下需要重新定义,即产品核实需求后,需要在提交给开发团队之前进行评审,评审需要开发团队的人员参与,确认无误后再提交给开发团队。从技术上说,微服务不应该局限于某个技术或者后端存储,可以非常灵活,以便于解决业务问题。而微服务可以以最合适的方式解决问题,这和上面的统一框架并不冲突,统一指尽量保持统一的架构,从而降低交互和沟通所带来的额外成本。系统可以根据业务切分为不同的子系统,子系统又可以根据重要程度切分为核心和非核心子系统。切分的目的就是当出现问题时,保证核心业务模块正常运行,不影响业务的正常操作。同时解决各个模块子系统间的耦合、维护及拓展性。方便单独部署,确保当单个系统出现问题时,不出现连锁反应而导致整个系统瘫痪。

各个系统间合理地使用消息队列,解决系统或模块间的异步通信,实现高可用、高性能的通信系统。

3.1.3.8　并发流量控制原则

大流量一般的衡量指标就是系统的 TPS(每秒事务量)和 QPS(每秒请求量)。其实这没有一个绝对的标准,一般根据机器的配置情况而定,如果当前配置不能应对请求量,那么就可以视为大流量。一般的大流量应对方案包括:

(1)缓存

预先准备好数据,减少对数据库的请求。

(2)降级

如果不是核心链路,那么就把这个服务降级,保证主干畅通。

(3)限流

在一定时间内把请求限制在一定范围内,保证系统不被冲垮,同时尽可能提升系统的吞吐量。限流的方式有几种,最简单的就是使用计数器,在一段时间内,进行计数,与阈值进行比较,到了时间节点,将计数器清零。应对并发,很重要的一点就是区分 CPU 密集型和 IO 密集型。

1)CPU 密集型

CPU 密集型也称为计算密集型,指系统的硬盘、内存性能相对 CPU 要好很多。此时,系统运作大部分的状况是 CPU 占用率为 100%,CPU 要读/写(硬盘/内存),I/O 在很短的时间里就可以完成,而 CPU 还有许多运算要处理,CPU 占用率很高。

CPU 密集型程序一般是 CPU 占用率相当高。这可能是因为任务本身不太需要访问 I/O 设备,也可能是因为程序是多线程实现,因此屏蔽了等待的时间。

2)I/O密集型

I/O密集型指系统的CPU性能相对硬盘、内存要好很多。此时,系统运作大部分的状况是CPU在等I/O(硬盘/内存)的读/写操作,此时CPU占用率并不高。

I/O密集型程序一般在达到性能极限时,CPU占用率仍然较低。这可能是因为任务本身需要大量I/O操作,而pipeline做得不是很好,没有充分利用处理器能力。在微服务架构下,如果涉及不同类型的业务,需要根据资源的使用情况选用合适的处理资源。

3.1.3.9 CAP原则

CAP原则又称CAP定理,主要包括在一个分布式系统中的一致性、可用性和分区容忍性。

一致性:在分布式系统中的所有数据备份在同一时刻是否有同样的值。

可用性:在集群中一部分节点故障后,集群整体是否还能响应客户端的读写请求。

分区容忍性:以实际效果而言,分区相当于对通信的时限要求。系统如果不能在时限内达成数据一致性,就意味着发生了分区的情况,必须就当前操作在一致性和可用性之间做出选择。

掌握CAP定理,尤其是能够正确理解的含义,对于系统架构非常重要。因为对于分布式系统而言,网络故障在所难免,如何在出现网络故障时,维持系统按照正常的行为逻辑运行就显得尤为重要。可以结合实际的业务场景和具体需求来进行权衡。

对于大多数互联网应用来说,因为机器数量庞大,部署节点分散,网络故障是常态,可用性需要保证,所以只有舍弃一致性来保证服务的可用性。而对于银行等需要确保一致性的场景,网络故障时完全不可用,分区容忍性模型具备部分可用。所以,在设计微服务的时候一定要选择合适的模型。

(1)CA(可用性+一致性)

这样的系统关注可用性和一致性,它需要非常严格的全体一致的协议,比如"两阶段提交"。CA系统不能容忍网络错误或节点错误,一旦出现这样的问题,整个系统就会拒绝写请求,因为它不能确认对面的哪个结点出了问题,或者只是网络问题。唯一安全的做法就是把自己变成只读。

(2)CP(一致性+分区容忍性)

这样的系统关注一致性和分区容忍性,它关注的是系统里大多数的一致性协议。这样的系统只需要保证大多数节点数据一致,而少数的节点会在没有同步到最新版本的数据时变成不可用的状态,这样能够提供一部分的可用性。

(3)AP(可用性+分区容忍性)

这样的系统关注可用性和分区容忍性。因此,这样的系统不能达成一致性,需要给出数据冲突,给出数据冲突就需要维护数据版本,Dynamo即为这样的系统。

3.1.3.10　事件驱动原则

事件驱动原则是一种以事件为媒介,实现组件或服务之间最大松耦合的方式。传统面向接口编程以接口为媒介,实现调用接口,接口实现调用者和被调用者之间的解耦,但是这种解耦程度不是很高,如果接口发生变化,则双方代码都需要变动,而事件驱动则是调用者和被调用者互相不知道对方,两者只和中间消息队列耦合。

在事件驱动的架构中,跨服务完成业务逻辑的一个关键点是每个服务自动更新数据库和发布事件,也就是要原子粒度更新数据库和发布事件,保证数据更新与事件发布原子化的方法有以下几种:

(1)使用本地事务发布事件

一个实现原子化的方法是使用本地事务来更新业务实体和事件列表,由一个独立进程发布事件。使用单独的事件表记录事件状态,然后使用单独的进程监控事件的变化情况,确保事件实时发布。这种方式的缺点是数据更新和事件之间的对应关系是由开发者实现的,极有可能出错。

(2)挖掘数据库事务日志

由线程或者进程通过挖掘数据库事务日志来发布事件,应用更新数据库的事务日志会记录,线程或进程读取这些日志,并把事件发布到消息队列。这种方式的优点是不需要开发人员参与,缺点是与数据库紧耦合,需要根据数据库的变化而变化,另外根据数据库日志不一定能推断出所有的事务场景。

(3)使用事件源

事件源采用一种截然不同的、以事件为中心的方法来保存业务实体——不同于存储实体的当前状态,应用存储的是状态改变的事件序列。每当业务实体的状态改变,新事件就被附加到事件列表,并且应用可以通过事件回放来重构实体的当前状态事件,并长期保存在事件仓库中,使用 API 添加和检索实体的事件。通过 API 让服务订阅事件,将所有事件传达给订阅者。所以事件仓库可以认为是数据库与消息代理的综合体。缺点是想要构建一个高效的仓库并不容易。

3.1.3.11　CQRS 原则

CQRS 即查询责任分离。CQRS 架构本身只是一个读写分离的架构,实现方式多种多样。比如数据存储不分离,仅仅只是代码层面的读写分离也是 CQRS 的体现;数据存储的读写分离中,C 端负责数据存储,Q 端负责数据查询,Q 端的数据通过 C 端产生的事件来同步,这种也是 CQRS 架构的一种实现。

传统架构的数据一般是强一致性的,通常会使用数据库事务保证操作的所有数据修改都在一个数据库事务里,从而保证了数据的强一致性。在分布式的场景中,我们也同样希望数据的强一致性,就是使用分布式事务。众所周知,分布式事务的难度、成本是非常高的,而且采用分布式事务的系统的吞吐量都比较低,系统的可用性也会比较低。因此,我们会放弃数据的强一致性,而采用最终一致性;从 CAP 定理的角度来说,就是放弃一致性,选择可用性。

CQRS 架构则完全秉持最终一致性的理念,这种架构基于一个很重要的假设,就是用户使用的数据总是旧的,对于一个多用户操作的系统,这种现象很普遍。比如秒杀的场景,下单前,也许界面上显示的商品数量是有的,但是当你下单时,系统提示商品卖完了,因为我们在界面上看到的数据是从数据库取出来的,一旦显示到界面上就不会变了。但是很可能其他人已经修改了数据库中的数据,这种现象在大部分系统中,尤其是高并发的 Web 系统中很常见,所以基于这样的假设,即便系统做到了数据的强一致性,用户还是很可能会看到旧的数据,这就给我们设计架构提供了一个新的思路,我们能否这样做:只需要确保系统的一切添加、删除和修改操作所基于的数据是最新的,而查询的数据不必是最新的。

将一个微服务分为命令端、事件处理器和查询端,这三个部分可以相互独立部署。

(1)命令端

请求采取命令的形式,可以驱动对微服务所拥有的领域数据的状态更改。

(2)事件处理器

事件处理器可通过很多有用的方式对新的领域事件进行响应。一个领域事件可以生成多个事件,这些事件可以发送到其他微服务。

(3)查询端

查询端将提供 REST API,允许 HTTP 客户端读取已处理事件生成的实体化服务设计原则。

3.1.3.12 基础设施自动化原则

一个服务应当被独立部署,并且包含所有的依赖、环境等物理资源。服务足够小,功能单一,可以独立打包、部署、升级,不依赖其他服务,实现了局部自治,这就是应用架构的演进,从耦合到微服务都便于管理和服务的治理。在传统的开发中,构建 WAR 包或 EAR 包,然后部署在容器上。而在规范的微服务中,每个微服务被构建成 Fat Jar,其中内置了所有的依赖,然后作为一个单独的 Java 进程存在。

自动化的原则包括:

a. 能够毫不费力且可靠地重建基础设施中的任何元素。

b. 可任意处理系统。可轻松创建、销毁、替换、更改和移动资源。

c. 一致的系统。假设两个基础设施元素提供相似的服务,比如同个集群中有两个应用程序服务器,这些服务器应该几乎完全相同。除了极少的用于区分彼此的配置(比如 IP 地址)外,它们的系统软件和配置应该是一样的。

d. 可重复的过程。基于可再生原则,对基础设施执行的任何行为都是可以重复的。

e. 变化的设计。确保系统能够安全地改变,迅速地做出变化。

3.1.3.13　数据一致性原则

(1)数据一致性分类

数据一致性分为以下几种情况:

1)强一致性

当更新操作完成之后,任何多个后续进程或者线程的访问都会返回最新的更新过的值。这种是对用户最友好的,即用户上次写什么,下一次就保证能读到什么。根据 CAP 理论,这种实现需要牺牲可用性。

2)弱一致性

系统并不保证后续进程或者线程的访问都会返回最新的更新过的值。系统在数据写入成功之后,不承诺可以立即读到最新写入的值,也不会具体地承诺多久之后可以读到。

3)最终一致性

弱一致性的特定形式。系统保证在没有后续更新的前提下,系统最终返回上一次更新操作的值。在没有故障发生的前提下,不一致窗口的时间主要受通信延迟、系统负载和复制副本的个数影响。DNS 就是一个典型的最终一致性系统。

在工程实践中,为了保障系统的可用性,系统大多将强一致性需求转换成最终一致性的需求,并通过系统执行来保证数据的最终一致性。微服务架构下,完整流程跨越多个系统运行,事务一致性是个极具挑战的话题,依据 CAP 理论,必须在可用性和一致性之间做出选择。在微服务架构下应选择可用性,然后保证数据的最终一致性。

(2)数据一致性

在实践中有可靠事件模式、业务补偿模式和 TCC 模式。

1)可靠事件模式

可靠事件模式属于事件驱动架构,当某件重要事情发生时,如更新一个业务实体,微服务会向消息代理发布一个事件,消息代理向订阅事件的微服务推送事件,当订阅这些事件的微服务接受此事件时,就可以完成自己的业务,可能会引发更多的事件发布。

2)业务补偿模式

补偿模式是使用一个额外的补偿框架来协调各个需要保证一致性的工作服务,补偿框架按顺序调用各个工作服务,如果某个工作服务调用失败,则撤销之前所有已经完成的工作服务。

3)TCC 模式

一个完整的 TCC 业务由一个主业务服务和若干个从业务服务组成,主业务服务发起并完成整个业务活动,TCC 模式要求从服务提供一个接口负责资源检查、执行业务和释放预留的资源。

3.1.3.14 无状态服务原则

如果一个数据需要被多个服务共享才能完成一个流程,那么这个数据被称为"状态"。进而依赖这个"状态"数据的服务被称为有状态服务,反之称为无状态服务。无状态服务原则并不是指在微服务架构里不允许存在状态,而是要把有状态的业务服务改变为无状态的计算类服务,那么状态数据也就相应地迁移到对应的"有状态数据服务"中。例如,我们以前在本地内存中建立的数据缓存、Session 缓存,到现在的微服务架构中,就应该把这些数据迁移到分布式缓存中存储,使业务服务变成一个无状态的计算节点后,就可以做到按需动态伸缩,微服务应用在运行时动态增删节点,就不再需要考虑缓存数据如何同步的问题。

无状态服务(Stateless Service)对单次请求的处理不依赖其他请求,即处理单次请求所需的全部信息要么都包含在这个请求里,要么可以从外部获取到(比如数据库),服务器本身不存储任何信息。Server 设计为无状态,对服务器程序来说,究竟是有状态服务还是无状态服务,其判断依旧是两个来自相同发起者的请求在服务器端是否具备上下文关系。如果是状态化请求,那么服务器端一般都要保存请求的相关信息,每个请求可以默认地使用以前的请求信息。而对于无状态请求,服务器端所能够处理的过程必须全部来自请求所携带的信息,以及其他服务器端自身所保存的、可以被所有请求所使用的公共信息。最有名的无状态的服务器程序是 Web 服务器。每次 HTTP 请求和之前的请求都没有关系,只是获取目标。得到目标内容之后,即消除连接,不留下任何痕迹。在后来的发展进程中,逐渐在无状态化的过程中加入状态化的信息,比如 Cookie。服务端在响应客户端的请求时,会向客户端推送一个 Cookie,这个 Cookie 记录服务端上面的一些信息。客户端在后续的请求中可以携带这个 Cookie,服务端可以根据这个 Cookie 判断请求的上下文关系。Cookie 的存在是无状态化向状态化的一个过渡手段,通过外部扩展手段 Cookie 来维护上下文关系。

3.2 网络应用技术

计算机网络是计算机技术和通信技术相结合的产物。随着计算机网络技术的不断发展,计算机网络技术已广泛应用于办公自动化、企事业管理、生产过程控制、金融管理、医疗卫生等各个领域。计算机网络正在改变人们的工作方式和生活方式,并逐渐成为现代社会不可或缺的重要基础设施。组成一个网络的必要条件包含 3 个要素,一是至少有两个具有独立操作系统的计算机,且它们之间有相互共享某种资源的需求;二是两个独立的计算机之间必须通过某种通信手段连接;三是网络中各个独立的计算机之间要能相互通信,必须制定相互可确认的规范标准或协议。

计算机网络由各种连接起来的网络单元组成。一个大型的计算机网络是一个复杂的系统。它是一个集计算机硬件设备、通信设施、软件系统以及数据处理能力为一体的,能够实现资源共享的现代化综合服务系统。计算机网络系统的组成可分为硬件系统、软件系统及网络信息系统 3 个部分。

3.2.1　网络分类

3.2.1.1　按地域类型划分

（1）局域网

常见的 LAN 就是指局域网，这是最常见、应用最广的一种网络。现在的局域网随着计算机网络技术的发展和提高得到了充分的应用和普及，几乎每个单位都有自己的局域网，有的家庭甚至都有自己的小型局域网。所谓局域网就是在局部地域范围内的网络，它所覆盖的地域范围较小。局域网在计算机数量的配置上没有太多的限制，少的可以只有两台，多的可达几百台。一般在企业局域网中，工作站的数量在几十台到两百台之间。网络所涉及的地理范围一般是几米至 10km。局域网一般位于一个建筑物或一个单位内，不存在寻径问题，不包括网络层的应用。

（2）城域网

城域网（Metropolitan Area Network，MAN）一般指在一个城市，但不在同一地理范围内的计算机互连。这种网络的连接距离为 10～100km，它采用 IEEE 802.6 标准。MAN 与 LAN 相比扩展的距离更长，连接的计算机数量更多，在地理范围上可视作 LAN 网络的延伸。在一个大型城市或都市地区，一个 MAN 网络通常连接着多个 LAN 网，如连接政府机构的 LAN、医院的 LAN、电信的 LAN、企业的 LAN 等。光纤连接的引入使 MAN 中高速的 LAN 互连成为可能。

城域网多采用 ATM 技术构建骨干网。ATM 是一个用于数据、语音、视频以及多媒体应用程序的高速网络传输方法。ATM 包括一个接口和一个协议，该协议能够在一个常规的传输信道上，在比特率不变及变化的通信量之间进行切换。ATM 还包括硬件、软件以及与 ATM 协议标准一致的介质。ATM 提供一个可伸缩的主干基础设施，以便能够适应不同规模、速率以及寻址技术的网络。ATM 的最大缺点就是成本太高，一般在政府城域网中应用，如邮政、银行、医院等。

（3）广域网

广域网（Wide Area Network，WAN）也称为远程网，所覆盖的范围比城域网（MAN）更广，一般是在不同城市之间的 LAN 或者 MAN 网络互连，地理范围可从几百千米到几千千米。因为距离较远，信息衰减比较严重，所以这种网络一般要租用专线，通过 IMP（接口信息处理）协议和线路连接起来，构成网状结构，解决寻径问题。这种网络所连接的用户多，而总出口带宽有限，所以用户的终端连接速率一般较低，如原邮电部的 CHINANET、CHINAPAC 和 CHINADDN 网。

（4）互联网

因其英文单词"Internet"的谐音，互联网又称为"因特网"。在互联网应用如此普及的今天,互联网已成为我们每天都要使用的一种网络。无论是从地理范围,还是从网络规模来讲,互联网都是最大的一种网络,也就是常说的"Web""WWW"和"万维网"等。从地理范围来说,它是全球计算机的互连,这种网络最大的特点就是不定性,整个网络中的计算机随着人们网络的接入在不断地变化。当接入互联网时,用户的计算机可以算是互联网的一部分,一旦用户断开互联网的连接,用户的计算机就不属于互联网。互联网的优点是信息量大、传播范围广。无论身处何地,只要接入互联网就可以对任何互联网用户发送信函和广告。由于互联网自身的复杂性,这种网络实现的技术也非常复杂,这些可以通过后面将要介绍的几种互联网接入设备详细地了解。

3.2.1.2 按拓扑结构分类

拓扑(Topology)结构指网络单元的地理位置和互连的逻辑布局,即网络上各节点的连接方式和形式。网络拓扑结构代表网络的物理布局或逻辑布局,特别是计算机分布的位置以及电缆的连接方式。设计网络的时候,应根据自己的实际情况选择正确的拓扑结构,每种拓扑结构都有它的优点和缺点。

目前比较流行的 3 种拓扑结构分为总线型、星型和环型,在此基础上还可以连成树型、星环型和星线型。树型、星环型和星线型是 3 种基本拓扑结构的复合连接。

选择网络拓扑结构主要应考虑不同的拓扑结构对网络吞吐量、网络响应时间、网络可靠性、网络接口的复杂性和网络接口的软件开销等因素的影响,此外,还应考虑电缆的安装费和复杂程度、网络的可扩充性、隔离错误的能力以及是否易于重构等。

3.2.1.3 按交换技术分类

按交换技术可将网络分为线路交换网络、报文交换网络、分组交换网络等。

(1)线路交换网络

在源节点和目的节点之间建立一条专用的通路用于数据传送,包括建立连接、传输数据、断开连接 3 个阶段。最典型的线路交换网络就是电话网络。该类网络的优点是数据直接传送、延迟小。缺点是线路利用率低、不能充分利用线路容量、不便于进行差错控制。

(2)报文交换网络

将用户数据加上源地址、目的地址、长度、校验码等辅助信息并封装成报文发送给下个节点。下个节点收到后先暂存报文,待输出线路空闲时再转发给下个节点,重复这一过程直到到达目的节点。每个报文可单独选择到达目的节点的路径。这类网络也称为存储转发网络。其优点如下:

a. 可以充分利用线路容量(可以利用多路复用技术以及空闲时间)。

b. 可以实现不同链路之间不同数据率的转换。

c. 可以实现一对多、多对一的访问,这是 Internet 的基础。

d. 可以实现差错控制。

e. 可以实现格式转换。

其缺点如下：

a. 增加资源开销，如辅助信息导致时间和存储资源开销。

b. 增加缓冲延迟。

c. 多个报文的顺序可能发生错误，需要额外的顺序控制机制。

d. 缓冲区难于管理，因为报文的大小不确定，接收方在接收到报文之前不能预知报文的大小。

（3）分组交换网络

分组交换网络也称包交换网络，其原理是将数据分成较短的固定长度的数据块，在每个数据块中加上目的地址、源地址等辅助信息组成分组（包），按存储转发方式传输。分组交换网络除具有报文交换网络的优点外，还具有自身的优点：

a. 缓冲区易于管理。

b. 包的平均延迟更小，网络中占用的平均缓冲区更少。

c. 更易标准化。

d. 更适合应用。现在的主流网络基本上都可以看成是分组交换网络。

3.2.2　网络体系结构和参考模型

网络体系结构是针对计算机网络所执行的各种功能而设计的一种层次结构模型，同时也为不同的计算机系统之间的互连、互通和互操作提供相应的规范和标准（即协议）。网络体系结构是计算机网络中各实体之间相互通信的层次，以及各层中的协议和层次之间接口的集合，是计算机网络的分层结构、各层协议和功能的集合。

网络体系结构＝{层，协议，功能}

不同的计算机网络具有不同的体系结构，其层次的数量、名称、内容和功能以及各相邻层之间的接口都不一样。但在不同的网络体系结构中，每一层都是为了向相邻上层提供一定的服务而设置，且每一层都对上层屏蔽协议的具体细节。网络体系结构对计算机网络应该实现的功能进行精确的定义，而这些功能如何实现是具体的实现问题。因此网络体系结构是抽象的，实现是具体的。

IBM 公司提出了世界上第一个网络体系结构，这就是系统网络体系结构（System Network Architecture，SNA），在主机环境中得到广泛的应用。一般来说，SNA 是 IBM 公司的大型机（ES/9000、S/390 等）和中型机（AS/400）的主要协议。NEC 公司开发了自己的网络体系结构——数字网络体系结构（Digital Net work Architecture，DNA），它适用于 NEC 公司计算机系统和网络产品的组网建设。另外，还有美国国防部的 TCP/IP 等。这些网络体系结构的共同之处在于它们都采用了分层技术，但层次的划分、功能的分配与采用的技术术语均不相同，不同厂家生产的计算机系统就难以实现网络互连、互通。为了实现不同厂家生产的计算机系统之间以及不同网络之间的数据通信，国际标准化组织（ISO）对当时的各类计算机网络体系结构进行了研究，并于 1981 年正式公布了一个网络体系结构模型作为国际标准，称为开放系统互连参考模型(Reference Model of Open System Interconnection,OSI/RM,也称为 ISO/OSI)。这里的"开放"表示任何两个遵守 OSI/RM 的系统(某个计算机系统、终端、系统软件或应用软件等)都可以进行互连。当一个系统能按 OSI/RM 与另一个系统进行通信时,就称该系统为开放系统。ISO/OSI 将整个网络功能划分为 7 个层次,以便进行进程间的通信,并作为一个框架来协调各层标准的制定。OSI 参考模型并非具体实现的描述,它只是一个概念性的框架。OSI 从下到上分为 7 层,分别为物理层(Physical Layer,PHL)、数据链路层(Data Link Layer,DL)、网络层(Network Layer,NL)、传输层(Transport Layer,TL)、会话层(Session Layer,SL)、表示层(Presentation Layer,PL)和应用层(Application Layer,AL),见图 3.2-1。

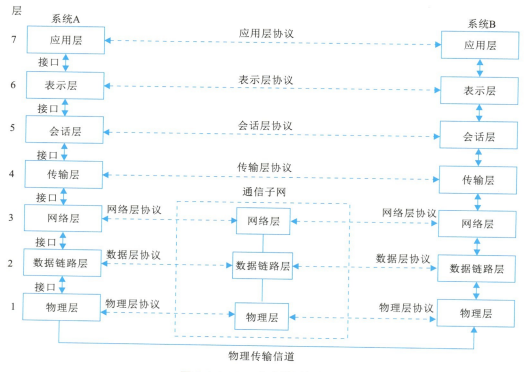

图 3.2-1 OSI 参考模型框架图

(1)第 1 层:物理层(Physical Layer)

物理层定义了通信双方为建立、维护和拆除物理链路所需的功能和过程的特性,其作用是在物理信道上传输原始的比特流数据,具体涉及接插件的规格、"0"和"1"信号的电平表示、收发双方的协调等内容。

(2)第 2 层:数据链路层(Data Link Layer)

数据链路层在物理层提供比特流服务的基础上,建立相邻节点之间的数据链路。比特流被组织成数据链路协议数据单元(Data Link Layer-Protocol Data Unit,DL-PDU),DL-PDU 通常称为帧(Frame),以帧为单位进行传输,帧中包含地址、控制、数据及校验码等信息。数据链层的主要作用是通过校验、确认和反馈重发等手段,将不可靠的物理链路改造成对网络层来说无差错的数据链路。数据链路层还要协调收发双方的数据传输速率,即进行流量控制,以防止接收方因来不及处理发送方发送的高速数据而导致缓冲器溢出及线路阻塞。

（3）第 3 层：网络层（Network Layer）

网络层为传输层的数据传输提供建立、维护和终止网络连接的手段,并把上层的数据组织成报文分组（Packet）在节点之间进行交换传送。网络层关注的是通信子网的运行控制,主要解决如何使报文分组通过通信子网从源地传送到目的地。同时,为避免通信子网在传送分组的过程中因出现过多的分组而造成网络阻塞,网络层要解决路由选择和拥挤控制的问题。

（4）第 4 层：传输层（Transport Layer）

传输层是 OSI/RM7 层模型中第一个端对端即主机对主机的层次。它为上层提供端到端的（最终用户到最终用户）、透明的、可靠的数据传输服务。所谓透明的传输是指在通信过程中传输层对上层屏蔽了通信子网中的具体细节,使高层用户不必关心通信子网的存在,因此用统一的传输原语书写的高层软件可运行于任何通信子网上。传输层还要处理端到端的差错控制和流量控制问题。

（5）第 5 层：会话层（Session Layer）

会话层是进程对进程的层次,其主要功能是组织和同步端与端之间的各种进程间的通信（也称为对话）。会话层负责在两个会话层实体之间进行对话连接的建立和拆除,为表示层提供建立、维护和结束会话连接的功能,并提供会话管理服务。

（6）第 6 层：表示层（Presentation Layer）

表示层为应用层提供信息表示方式的服务。为了让采用不同编码方法的计算机在通信中能相互理解数据的内容,在计算机通信系统中采用标准的编码表示形式来表达抽象的数据结构,表示层负责管理这些抽象的数据结构,并将计算机内部的表示形式转换成网络通信中采用的标准表示形式,如数据格式的变换、文本压缩、加密技术等。

（7）第 7 层：应用层（Application Layer）

应用层是开放系统互连参考模型的最高层,为网络用户或应用程序提供各种服务,如文件传输、电子邮件（E-mail）、分布式数据库、网络管理等。

上述 7 层网络功能可分为 3 组：第 1 层、第 2 层解决有关网络信道的问题；第 3 层、第 4 层解决传输服务问题；第 5 层、第 6 层、第 7 层处理对应用进程的访问。另外,从控制角度讲,OSI/RM7 层模型的下 3 层（第 1、第 2、第 3 层）可以看作传输控制层,负责通信子网的工作,解决网络中的通信问题；上 3 层（第 5 层、第 6 层、第 7 层）为应用控制层,负责有关资源子网的工作,解决应用进程的通信问题；中层（第 4 层）为通信子网和资源子网的接口,起到连接传输和应用的作用。换而言之,只有主机才可能需要包含所有 7 层的功能,而在通信子网中的节点机(IMP)一般只需要最低 3 层甚至只要最低 2 层的功能即可。

3.2.3 数据解包与解封

在 OSI/RM 中,系统 A 的用户向系统 B 的用户传送数据时,数据要经过各层封包,到达同等层实体时,再经过相应的数据解包的过程。信息实际流动的情况见图 3.2-2。其中某层协议所操作的数据单元称为协议数据单元(Protocol Data Unit,PDU)。

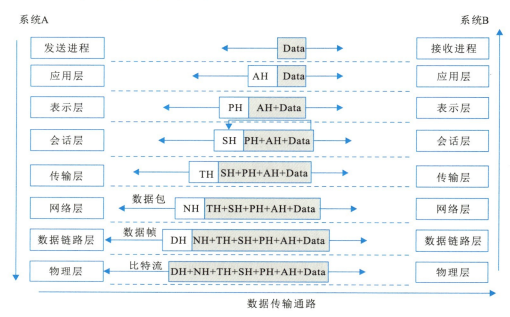

图 3.2-2　信息实际流动示意图

系统 A 的发送进程传输给系统 B 的接收进程的数据首先经过发送端的各层从上到下传递到物理信道,再传输到接收端的最底层,经过从下到上各层传递,最后到达系统 B 的接收进程。在数据传输的过程中,随着数据块在各层中的依次传递,每层都要加上适当的控制信息,其长度有所变化。系统 A 发送到系统 B 的数据先进入最高层——应用层,加上该层的有关控制信息报文头(AH),然后作为整个数据块传送到表示层,在表示层再加上控制信息(PH)传递到会话层,如此,在下面的每一层分别加上控制信息 SH、TH、NH、DH 并传递到物理层,在数据链路层还要再加上尾部控制信息(DT),整个数据帧(Frame)在物理层作为比特流(Bits)再转换为电信号,通过物理信道传送到接收端。接收方向上传递的过程正好相反,要逐层剥去发送方在相应层加上的控制信息。因为接收方的某层不会收到其下各层的控制信息,而高层的控制信息对于该层实体而言又是透明的数据,所以它只阅读和去除本层的控制信息,并进行相应的协议操作。发送方和接收方的同等层实体看到的信息是相同的,就好像这些信息通过虚通信直接传送给对方一样。这个过程就像邮政信件的传递,加信封、加邮袋、装邮车等。在各个邮递环节加封、传递,收件时再层层去掉封装。

3.3　数据库管理技术

数据库管理技术具体指人们对数据进行收集、组织、存储、加工、传播和利用的一系列活动的总和,经历了人工管理、文件管理、数据库管理三个阶段。每一阶段的发展以数据存储冗余不断减小、数据独立性不断增强、数据操作更加方便和简单为标志。数据库系统是带有数据库并利用数据库技术进行数据管理的计算机系统,是为适应数据处理的需要而发展起来的一种较为理想的数据处理系统,也是一个为实际可运行的存储、维护和应用系统提供数据的软件系统,是存储介质、处理对象和管理系统的集合体。

3.3.1　数据库系统介绍

3.3.1.1　数据库系统

数据库系统由 4 个部分组成:

(1)数据库(database,DB)

数据库指长期存储在计算机内有组织、可共享的数据的集合。数据库中的数据按一定的数学模型组织、描述和存储,具有较小的冗余、较高的数据独立性和易扩展性,并可被各种用户共享。

(2)硬件

构成计算机系统的各种物理设备,包括存储所需的外部设备。硬件的配置应满足整个数据库系统的需要。

(3)软件

包括操作系统、数据库管理系统及应用程序。其主要功能包括数据定义功能、数据操纵功能、数据库的运行管理和数据库的建立与维护。

(4)人员

主要分为 4 类,第一类为系统分析员和数据库设计人员;第二类为应用程序员,负责编写使用数据库的应用程序;第三类为最终用户,他们利用系统的接口或查询语言访问数据库;第四类用户是数据库管理员(Data Base Administrator,DBA),负责数据库的总体信息控制。

3.3.1.2　数据库功能与特点

(1)功能

数据库系统具备以下功能:

a. 有效地组织、存取和维护数据。

b. 数据定义功能。

c. 数据操纵功能。

d. 数据库的事务管理和运行管理。

e. 数据库的建立和维护功能。

f. 其他功能。包括数据库初始数据输入与转换、数据库转储、数据库重组、数据库性能监视与分析、数据通信等,这些功能通常由 DBMS 提供的实用程序或管理工具完成。

(2)特点

数据库系统具有以下特点:

a. 能够保证数据的独立性。将外模式与模式分开,保证了数据的逻辑独立性;将内模式与模式分开,保证了数据的物理独立性。数据和程序相互独立有利于加快软件开发速度,节省开发费用。

b. 冗余数据少,数据共享程度高。

c. 系统的用户接口简单,用户容易掌握,使用方便。用户按照外模式编写应用程序或输入命令,无须了解数据库全局逻辑结构和内部存储结构,方便用户使用。

d. 能够确保系统运行可靠,出现故障时能迅速排除;能够保护数据不受非授权者访问或破坏;能够防止错误数据的产生,一旦产生也能及时发现。

e. 有重新组织数据的能力,能改变数据的存储结构或数据存储位置,以适应用户操作特性的变化,改善由频繁插入、删除操作造成的数据组织零乱和时空性能变坏的状况。

f. 具有可修改性和可扩充性。

g. 能够充分描述数据间的内在联系。

h. 有利于数据的安全性。不同的用户在各自的外模式下根据要求操作数据,只能对限定的数据进行操作。

3.3.2 主流数据库介绍

数据存储的数据库系统要求包括关系型数据库;支持网络运行;支持多种类数据类型的存储;支持海量数据管理;可提供客户端的分类、查询功能,界面友好,系统操作简便,便于非计算机专业的系统维护人员使用;支持与其他应用和平台的互操作性;具有简便的数据库复制或快速转存功能。

根据数据系统的要求,目前应用比较广泛的几种数据库系统特性如下:

(1)Oracle 数据库系统

Oracle 是以高级结构化查询语言(SQL)为基础的大型关系数据库,它用方便逻辑管理的语言操纵大量有规律数据的集合,是目前最流行的客户/服务器(Client/Server)体系结构的数据库之一。Oracle 数据库对资源占用率较低,其在数据库管理功能、完整性检查、安全性、一致性方面都有良好的表现,并具有良好的移植性。但 Oracle 数据库的构造过程较为复杂,程序开发的困难度较大,维护界面比较复杂,不利于非专业人士维护。

（2）SQL Server 数据库系统

SQL Server 是一种关系型数据库系统。SQL Server 是一个可扩展的、高性能的、为分布式客户机/服务器计算所设计的数据库管理系统,实现了与 Windows 的有机结合,提供了基于事务的企业级信息管理系统方案。其主要特点如下:

a. 高性能设计,可充分利用 Windows 的优势。

b. 系统管理先进,支持 Windows 图形化管理工具,支持本地和远程的系统管理和配置。

c. 强大的事务处理功能,采用各种方法保证数据的完整性。

d. 支持对称多处理器结构、存储过程、ODBC,并具有自主的 SQL 语言。SQL Server 以其内置的数据复制功能、强大的管理工具、与 Internet 的紧密集成和开放的系统结构为广大的用户、开发人员和系统集成商提供了一个出众的数据库平台。

（3）My SQL

My SQL 是一种开放源代码的关系型数据库管理系统(RDBMS),My SQL 数据库系统使用最常用的数据库管理语言——结构化查询语言(SQL)进行数据库管理。My SQL 是开放源代码的,因此可以根据个性化的需要对其进行修改。在安全性和海量数据管理方面,My SQL 与前两者相比较差。

3.3.3　数据管理安全保障技术

为提升系统的安全性,将登录模块置于水文综合管理平台之外,并支持与 OA 系统或业务系统实现登录互联,支持水文内部系统的单点登录。保证系统在本地部署和云部署的安全隔离。该部分主要包括访问安全控制和用户权限控制两个模块。在通过密码加密、隐藏关键信息、登录校验码等手段提升系统安全的同时,用户权限控制模块控制系统的数据权限和菜单权限,实现基于不同用户级别对辖区内站点数据的分等级管理。遵循以下安全设计原则:

（1）物理安全

无论是本地部署还是云部署,物理安全是最基本的数据安全保障。物理安全保护的目的主要是使存放计算机、网络设备的机房以及信息系统的设备和存储数据的介质等免受物理环境、自然灾难以及人为操作失误和恶意操作等各种威胁所产生的攻击。

物理安全主要涉及环境安全、设备和介质的防盗窃、防破坏等方面。具体包括物理位置的选择、物理访问控制、防盗窃和防破坏、防雷击、防火、防水和防潮、防静电、温湿度控制、电力供应和电磁防护等。

系统中的户外设备应达到相应安全级别物理安全的要求。

（2）网络安全

网络安全为信息系统在网络环境的安全运行提供支持。一方面,为确保网络设备的安全运行提供有效的网络服务;另一方面,确保在网上传输数据的保密性、完整性和可用性等。

网络安全主要关注网络结构、网络边界以及网络设备自身安全等,具体包括结构安全、访问控制、安全审计、边界完整性检查、入侵防范、恶意代码防范、网络设备防护等方面。

系统网络安全应达到相应级别网络安全的要求。如达不到要求,应根据《信息安全技术信息系统安全等级保护基本要求》中相应等级系统网络安全的要求加强网络安全。

（3）系统安全

系统安全包括服务器、终端、工作站等在内的计算机设备在操作系统及数据库层面的安全。系统安全包括身份鉴别、安全标记、访问控制、可信路径、安全审计、剩余信息保护、入侵防范、恶意代码防范和资源控制等。

系统安全应达到相应级别系统安全的要求。如达不到要求,应根据《信息安全技术信息系统安全等级保护基本要求》中相应等级系统安全的要求加强系统安全。

（4）应用安全

应用安全是信息系统整体防御的最后一道防线。对应用系统的安全保护就是保护系统的各种业务应用程序安全运行。

应用安全主要涉及的安全控制点包括身份鉴别、安全标记、访问控制、可信路径、安全审计、剩余信息保护、通信完整性、通信保密性、抗抵赖、软件容错、资源控制等11个控制点。

系统应用安全应达到相应级别系统安全的要求,如达不到要求,应根据《信息安全技术信息系统安全等级保护基本要求》中相应等级系统应用安全的要求加强应用安全。

（5）数据安全

信息系统处理的各种数据(用户数据、系统数据、业务数据等)在维持系统正常运行上发挥了至关重要的作用。一旦数据遭到破坏(泄漏、篡改、毁坏等),都会影响系统的正常运行。信息系统的各个层面(网络、主机、应用等)都对各类数据进行传输、存储和处理等,因此,对数据的保护需要物理环境、网络、数据库和操作系统、应用程序等提供支持。

保证数据安全和备份恢复主要从数据完整性、数据保密性、备份和恢复等三个方面考虑。系统数据安全应达到相应级别系统安全的要求。如达不到要求,应根据《信息安全技术信息系统安全等级保护基本要求》中相应等级系统数据安全的要求加强数据安全。

（6）安全设计原则

1）完备性

对信息安全从物理、系统、应用、管理等几个层面确定安全功能要求和安全保证要求,对安全系统的构建、运行全过程进行全面控制。

2）整体保护性

实现信息的保密性、完整性和可用性（包括抗抵赖性、可控性和可操作性等），以及系统安全运行控制。

3）技术先进性

标准体系是在充分了解国际上当前信息安全技术及其标准发展的基础上，汲取先进的安全技术，并与国际接轨。

4）实用性

充分考虑我国信息技术的发展和信息安全的现状，从制定可行的信息系统安全方案出发，数据安全应满足我国信息安全等级管理的需要。

5）前瞻性和可扩展性

标准体系所确定的技术和管理具有一定的前瞻性，并可根据信息安全技术的发展进行改进和扩展。

3.4　GIS 技术

3.4.1　GIS 技术综述

地理信息系统（Geographic Information System, GIS）是一种以地理空间为基础，采用地理模型分析方法，可以实时提高空间与动态地理信息的技术。近年来，随着人工智能、大数据分析、物联网等技术的发展，数据分析越来越简单。GIS 是一个整合各领域的学科，它可以通过智能化的方式分析时间与空间的变迁，解决以往较为困难的问题，或者扩展更多的可能性。它是一个非常重要的空间技术，基于人工智能与深度学习 GIS 技术除了能够自动智能侦测地理数据的对象之外，还可以找出对象之间的关系，以及对象与空间的图案，形成规则，提高后续的准确率。GIS 技术在很多领域都有着广泛的应用。

从技术和应用的角度看，GIS 是解决空间问题的工具、方法和技术；从学科的角度看，GIS 是在地理学、地图学、测量学和计算机科学等学科基础上发展起来的一门学科，具有独立的学科体系；从功能上，GIS 具有空间数据的获取、存储、显示、编辑、处理、分析、输出和应用等功能；从系统学的角度看，GIS 具有一定的结构和功能，是一个完整的系统。简而言之，GIS 是一个基于数据库管理系统（DBMS）的管理空间对象的信息系统，以地理空间数据为操作对象是地理信息系统与其他信息系统的根本区别。生产和生活中 80% 以上的信息和地理空间位置有关。GIS 作为获取、处理、管理和分析地理空间数据的重要工具、技术和学科，近年来得到了广泛关注和迅猛发展。

3.4.2　GIS 技术组成部分

从应用的角度看，地理信息系统由硬件、软件、数据、方法和人员 5 个部分组成。硬件和软件为地理信息系统建设提供环境;数据是 GIS 的重要内容;方法为 GIS 建设提供解决方案;人员是系统建设中的关键和能动性因素,直接影响和协调其他几个组成部分。

硬件主要包括计算机和网络设备、存储设备、数据输入、显示和输出的外围设备等。软件主要包括操作系统软件、数据库管理软件、系统开发软件、GIS 软件等。GIS 软件的选型直接影响其他软件的选择,影响系统解决方案,也影响着系统建设周期和效益。数据是 GIS 的重要内容,也是 GIS 系统的灵魂和生命。数据组织和处理是 GIS 应用系统建设中的关键环节。

3.4.3 GIS 技术功能

(1)数据编辑与处理功能

数据编辑主要包括属性编辑和图形编辑。属性编辑主要与数据库管理相结合,图形编辑主要包括拓扑关系建立、图形编辑、图形整饰、图幅拼接、图形变换、投影变换、误差校正等功能。

(2)数据采集和输入功能

主要包含空间数据和属性数据,GIS 需要提供这两类数据的输入功能。空间数据的表达可以采用栅格和矢量两种形式。空间数据表现了地理空间实体的位置、大小、形状、方向以及几何拓扑关系。其输入方式包括数字扫描仪、键盘、商业数据、数字拷贝等。属性数据输入方式主要包括键盘输入、数据库获取、存储介质获取等方式。

(3)数据的存储与管理

数据的有效组织与管理是 GIS 系统应用成功的关键。其主要提供空间与非空间数据的存储、查询检索、修改和更新的能力。矢量数据结构、光栅数据结构、矢栅一体化数据结构是存储 GIS 的主要数据结构。数据结构的选择在一定程度上决定了系统所能执行的功能。数据结构确定后,空间数据的存储与管理的关键是确定应用系统空间与属性数据库的结构以及空间与属性数据的连接。目前广泛使用的 GIS 软件大多数采用空间分区、专题分层的数据组织方法,通过 GIS 管理空间数据,通过关系数据库管理属性数据。

(4)空间查询与分析功能

空间查询与分析是 GIS 的核心,是 GIS 最重要和最具有魅力的功能,也是 GIS 区别于其他信息系统的本质特征。地理信息系统的空间分析可分为三个层次:

1)空间检索

包括从空间位置检索空间物体及其属性、从属性条件检索空间物体。

2)空间拓扑叠加分析

空间的特征(点、线、面或图像)的相交、相减、合并等,以及特征属性在空间上的连接。

3）空间模型分析

如数字地形高程分析、Buffer 分析、网络分析、三维模型分析、多要素综合分析及面向专业应用的各种特殊模型分析等。

（5）可视化表达与输出

中间处理过程和最终结果的可视化表达是 GIS 的重要功能之一。通常以人机交互方式来选择显示的对象与形式，对于图形数据，根据要素的信息密集程度，可选择放大或缩小显示。GIS 不仅可以输出全要素地图，也可以根据用户需要，分层输出各种专题图、各类统计图、图标及数据等。

除上述 5 大功能外，还有用户接口模块，用于接收用户的指令、程序或数据，是用户和系统交互的工具，主要包括用户界面、程序接口与数据接口。由于地理信息系统功能复杂，且用户往往为非计算机专业人员，用户界面是地理信息系统应用的主要组成部分，是地理信息系统成为人机交互的开放式系统。

3.4.4　GIS 技术特征

（1）开放性

具有开放式环境及很强的可扩充性和可连接性。GIS 技术支持多种数据库管理系统，如 Oracle、Sybase、SQL Server 等大型数据库；运行多种编程语言和开发工具；支持各类操作系统平台；为各应用系统，如 SCADA、EMS、CRM、ERP、MIS、OA 等提供标准化接口；可嵌入非专用编程环境。

（2）先进性

GIS 平台采用与世界同步的计算机图形技术、数据库技术、网络技术以及地理信息处理技术。系统设计采用目前最新技术，支持远程数据和图纸查询，利用系统提供的强大图表输出功能，可以直接打印地图、统计报表、各类数据等。可分层控制图纸、无级缩放、支持漫游、直接选择定位等功能。系统具备完善的测量工具、现场勘查数据、线路杆塔等设备的初步设计，并可直接进行线路设备迁移与相关计算等，实现线路辅助设计与设备档案修改。具有线路的方位或区域分析判断功能，为用户提供可靠的辅助决策，可进行综合统计分析，为管理决策人员提供依据。同时，将可视化技术和移动办公技术纳入 GIS 系统的总体设计范围。其地图精度高，省级地图的比例尺达到 1∶10000 或 1∶5000，市级地图比例尺达到 1∶1000 或 1∶500，地图能分层显示山川、水系、道路、建筑物、行政区域等。

（3）发展性

具有很强的可扩充性和可连接性。在应用开发过程中，考虑系统成功后的进一步发展，包括维护性功能和与其他应用系统的衔接与整合的便捷性。开发工具一般采用 J2EE、XML 等。

3.5 接口通信控制技术

3.5.1 外部接口技术

主机与外界交换信息称为输入/输出(I/O)。主机与外界的信息交换是通过输入/输出设备进行的。一般的输入/输出设备都是机械的或机电相结合的产物,比如常规的外设键盘、显示器、打印机、扫描仪、磁盘机、鼠标等,它们相对高速的中央处理器而言,速度要慢得多。此外,不同外设的信号形式、数据格式也各不相同。因此,外部设备不能与 CPU 直接相连,需要通过相应的电路来完成它们之间的速度匹配、信号转换以及某些控制功能。通常把介于主机和外设之间的一种缓冲电路称为 I/O 接口电路,简称 I/O 接口。

主机和外设的连接方式包括辐射型连接、总线型连接等。I/O 接口是主机与外设之间的交接界面,通过接口可以实现主机和外设之间的信息交换。因此,I/O 接口的作用在于:

a. 外部设备不能直接和 CPU 数据总线相连,要借助接口电路使外设与总线隔离,起到缓冲、暂存数据的作用,并协调主机和外设间数据传送速度不匹配的矛盾。

b. 接口电路为主机提供有关外设的工作状态信息以及传送主机给外设的控制命令。

c. 借助接口电路对信息的传输形式进行变换。

输入/输出系统应该包括 I/O 接口、I/O 设备及相关的控制软件。一个微机系统的综合处理能力,系统的可靠性、兼容性、性价比,甚至在某个场合能否使用都和 I/O 系统有着密切的关系。输入/输出系统是计算机系统的重要组成部分之一,一台计算机的性能再好,如果没有高质量的输入/输出系统与之配合工作,计算机的高性能便无法发挥出来。I/O 接口具备如下功能:

a. 实现主机和外设的通信联络控制。接口中的同步控制电路用来解决主机与外设的时间配合问题。

b. 进行地址译码和设备选择。当 CPU 送来选择外设的地址码后,接口必须对地址进行译码以产生设备选择信号。

c. 实现数据缓冲。数据缓冲寄存器用于数据的暂存,以避免丢失数据。在数据传送过程中,先将数据送入数据缓冲寄存器,然后再送到输出设备或主机中。

d. 数据格式的变换。为了满足主机或外设的各自要求,接口电路中必须具有各类数据相互转换的功能,如并—串转换、串—并转换、模—数转换、数—模转换等。

e. 传递控制命令和状态信息:当 CPU 要启动某一外设时,通过接口中的控制寄存器向外设发出启动命令。当外设准备就绪时,则有"准备好"状态信息送回接口中的状态寄存器,为 CPU 提供外设已经具备与主机交换数据条件的反馈信息。

3.5.2　内部接口技术

如果是远程调用内部接口,那么就构成了简单的分布式。最简单的内部远程接口实现方式是 Web Service 或 REST。一个合理的分布式应用不仅仅是远程接口调用这么简单,还需要具有负载均衡、缓存等功能。实现分布式最简单的技术是 REST 接口,因为 REST 接口可以使用现存的各种服务器,比如使用负载均衡服务器和缓存服务器来实现负载均衡和缓存功能。关于通信协议,不同的项目有不同的选择,但是同一系统内部最好使用统一的通信协议,比较典型的有 GRPC 和 BRPC。

GRPC 是一个高性能、开源和通用的 RPC 框架,面向移动和 HTTP 设计。目前提供 C、Java 和 Go 语言版本,分别是 GRPC、GRPC-Java、GRPC-Go,其中 C 版本支持 C、C++、Node.js、Python、Ruby、Objctive-C、PHP 和 C#。RPC 基于 HTTP 标准设计,使其具有诸如双向流、流控、头部压缩、单 TCP 连接上的多复用请求等特性。这些特性使其在移动设备上表现更好,更省电和节省空间。与 GRPC 类似,BRPC 源自百度,目前支撑百度内部大约 75 万个同时在线的实例。以上的几种选择都能够完成高效的开发,团队内部使用统一的标准更有利于模块化和统一标准。服务间的通信通过轻量级的 Web 服务,使用同步的 REST API 进行通信。在实际的项目应用中,一般推荐在查询时使用同步机制,在增删改时使用异步的方式,结合消息队列实现数据的操作,以保证最终的数据一致性。REST API 应为创建、检索、更新和删除操作使用标准 HTTP 动词,而且应特别注意操作是否幂等。POST 操作可用于创建资源。比如,如果使用 POST 请求创建资源,而且启动该请求多次,那么每次调用后都会创建一个新的唯一资源。GET 操作必须是幂等的且不会产生意外结果。具体来讲,带有查询参数的 GET 请求不应用于更改或更新信息(而应使用 POST、PUT 或 PATCH)。PUT 操作可用于更新资源,通常包含要更新的资源的完整副本,使该操作具有幂等性。

PATCH 操作允许对资源执行部分更新。它们不一定是幂等的,具体取决于如何指定增量并应用到资源上。例如,如果一个 PATCH 操作表明一个值应从 A 改为 B,那么它就是幂等的。如果它已启动多次而且值已是 B,则没有任何效果。对 PATCH 操作的支持仍不一致。例如,Java EE 7 中的 JAX-RS 中没有@PATCH 注释。DELETE 操作用于删除资源。删除操作是幂等的,因为资源只能删除一次。但是,其返回代码不同,因为第一次操作将成功(200),而后续调用会找不到资源(204)。

3.5.3　主流接口技术介绍

3.5.3.1　REST 接口介绍

REST 描述了一个架构样式的网络系统,比如 Web 应用程序。REST 指的是一组架构约束条件和原则。满足这些约束条件和原则的应用程序或设计就是 RESTful。

Web 应用程序最重要的 REST 原则是客户端和服务器之间的交互在请求之间是无状态的。从客户端到服务器的每个请求都必须包含理解请求所必需的信息。如果服务器在请求之间的任何时间点重启,客户端不会得到通知。此外,无状态请求可以由任何可用服务器回答,这十分适合云计算之类的环境。客户端可以缓存数据以改进性能。

在服务器端,应用程序状态和功能可以分为各种资源。资源是一个有趣的向客户端公开的概念实体。资源的例子有应用程序对象、数据库记录、算法等。每个资源都使用 URI (Universal Resource Identifier)得到一个唯一的地址。所有资源都共享统一的界面,以便在客户端和服务器之间传输状态。所有资源都使用标准的 HTTP 方法,比如 GET、PUT、POST 和 DELETE。Hypermedia 是应用程序状态的引擎,资源表示通过超链接互连。

另一个重要的 REST 原则是分层系统,这表示组件无法了解它与之交互的中间层以外的组件。通过将系统知识限制在单个层,可以限制整个系统的复杂性,促进了底层的独立性。

当 REST 架构的约束条件作为一个整体应用时,将生成一个可以扩展到大量客户端的应用程序。它还降低了客户端和服务器之间的交互延迟。统一界面简化了整个系统架构,改进了子系统之间交互的可见性。REST 简化了客户端和服务器的实现。

使用 RPC 样式架构构建的基于 SOAP 的 Web 服务成为实现 SOA 最常用的方法。RPC 样式的 Web 服务客户端将一个装满数据的信封(包括方法和参数信息)通过 HTTP 发送到服务器。服务器打开信封并使用传入参数执行指定的方法。将方法的结果打包到一个信封并作为响应发回客户端。客户端收到响应并打开信封。每个对象都有自己独特的方法以及仅公开一个 URI 的 RPC 样式 Web 服务,URI 表示单个端点,它忽略 HTTP 的大部分特性且仅支持 POST 方法。

由于轻量以及通过 HTTP 直接传输数据的特性,Web 服务的 RESTful 方法已经成为最常见的替代方法。可以使用各种语言,比如 Java 程序、Perl、Ruby、Python、PHP 和 JavaScript(包括 Ajax)实现客户端。RESTful Web 服务通常可以通过自动客户端或代表用户的应用程序访问。但是,这种服务的简便性让用户能够与之直接交互,使用它们的 Web 浏览器构建一个 GETURL 并读取返回的内容。

在 REST 样式的 Web 服务中,每个资源都有一个地址。资源本身也是方法调用的目标,这些方法都是标准方法,包括 HTTP 中的 PGET、POST、PUT、DELETE,还可能包括 HEADER 和 OPTIONS。

在 RPC 样式的架构中,关注点在于方法,而在 REST 样式的架构中,关注点在于资源——将使用标准方法检索并操作信息片段(使用表示的形式)。资源在表示形式中使用超链接互相关联。

REST-RPC 混合 Web 服务不使用信封包装方法、参数和数据,而是直接通过 HTTP 传输数据,这与 REST 样式的 Web 服务类似。但是它不使用标准的 HTTP 方法操作资源。它在 HTTP 请求的 URI 部分存储方法信息。几个知名的 Web 服务,比如 Yahoo 的 Flickr API 和 del. icio. usAPI 都使用这种混合架构。

有两个 Java 框架可以帮助构建 RESTful Web 服务。Restlet 是轻量级的。它实现针对各种 RESTful 系统的资源、表示、连接器和媒体类型之类的概念，包括 Web 服务。在 Restlet 框架中，客户端和服务器都是组件。组件通过连接器互相通信。该框架最重要的类是抽象类 Uniform 及其具体的子类 Restlet，该类的子类是专用类，比如 Application、Filter、Finder、Router 和 Route。这些子类能够一起处理验证、过滤、安全、数据转换以及将传入请求路由到相应资源等操作。Resource 类生成客户端的表示形式。

相关类和接口都可以用来将 Java 对象作为 Web 资源展示。该规范假定 HTTP 是底层网络协议。它使用注释提供 URI 和相应资源类之间的清晰映射，以及 HTTP 方法与 Java 对象方法之间的映射。API 支持广泛的 HTTP 实体内容类型，包括 HTML、XML、JSON、GIF、JPG 等。它还提供所需的插件功能，以允许使用的标准方法通过应用程序添加其他类型。

RESTful Web 服务与动态 Web 应用程序在许多方面类似。有时它们提供相同或非常类似的数据和函数，即使客户端的种类不同。例如，在线电子商务分类网站为用户提供一个浏览器界面，用于搜索、查看和订购产品。如果还提供 Web 服务供公司、零售商甚至个人自动订购产品，它将更加有用。与大部分动态 Web 应用程序一样，Web 服务可以从多层架构的关注点分离中受益。业务逻辑和数据可以由自动客户端和 GUI 客户端共享。唯一的不同点在于客户端的本质和中间层的表示层。此外，从数据访问中分离业务逻辑可实现数据库独立性，并为各种类型的数据存储提供插件能力。

这些语言包括 Python、Perl、Ruby、PHP 或命令行工具，比如 curl。在浏览器中运行且作为 RESTful Web 服务消费者运行的 Ajax、Flash、JavaFX、GWT、博客和 wiki 都属于此列，因为它们都代表用户以自动化样式运行。自动化 Web 服务客户端在 Web 层向资源请求处理程序发送 HTTP 响应。客户端的无状态请求在头部包含方法信息，即 POST、GET、PUT 和 DELETE，这又将映射到资源请求处理程序中进行相应操作。每个请求都包含所有必需的信息，包括资源请求处理程序用来处理请求的凭据。

从 Web 服务客户端收到请求之后，资源请求处理程序从业务逻辑层请求服务。Resource Request Handler 确定所有概念性的实体，系统将这些实体作为资源公开，并为每个资源分配一个唯一的 URI。但是，概念性的实体在该层是不存在的。它们存在于业务逻辑层。可以使用 Jersey 或其他框架（比如 Restlet）实现资源请求处理程序，它应该是轻量级的，且将大量职责工作委托给业务层。

Ajax 和 RESTful Web 服务本质上是互为补充的。它们都可以利用大量 Web 技术和标准，比如 HTML、JavaScript、浏览器对象、XML/JSON 和 HTTP。当然也不需要购买、安装或配置任何主要组件来支持 Ajax 前端和 RESTful Web 服务之间的交互。RESTful Web 服务为 Ajax 提供了非常简单的 API 来处理服务器上资源之间的交互。

数据访问层提供与数据存储层的交互，可以使用 DAO 设计模式或者对象—关系映射解决方案（如 Hibernate、OJB 或 iBATIS）实现。作为替代方案，业务层和数据访问层中的组件可以实现为 EJB 组件，并取得 EJB 容器的支持，该容器可以为组件生命周期提供便利，管理持久性、事务和资源配置。但是,这需要一个遵从 Java EE 的应用服务器(比如 JBoss),并且可能无法处理 Tomcat。该层的作用在于针对不同的数据存储技术,从业务逻辑中分离数据访问代码。数据访问层还可以作为连接其他系统的集成点,可以成为其他 Web 服务的客户端。

数据存储层包括数据库系统、LDAP 服务器、文件系统和企业信息系统(包括遗留系统、事务处理系统和企业资源规划系统)。使用该架构可以了解 RESTful Web 服务的便利,它可以灵活地成为任何企业数据存储的统一 API,从而向以用户为中心的 Web 应用程序公开垂直数据,并自动化批量报告脚本。

REST 描述了一个架构样式的互联系统(如 Web 应用程序)。REST 约束条件作为一个整体应用时,将生成一个简单、可扩展、有效、安全、可靠的架构。由于它简便、轻量以及通过 HTTP 直接传输数据的特性,RESTful Web 服务成为基于 SOAP 服务的一个最有前途的替代方案。用于 Web 服务和动态 Web 应用程序的多层架构可以实现可重用性、简单性、可扩展性和组件可响应性的清晰分离。Ajax 和 RESTful Web 服务本质上是互为补充的。开发人员可以轻松使用 Ajax 和 RESTful Web 服务一起创建丰富的界面。

3.5.3.2 SOAP 接口介绍

(1)SOAP

SOAP 是一种轻量的、简单的、基于 XML 的接口协议,它被设计成在 Web 上交换结构化的、固化的信息的接口。SOAP 可以和现存的许多因特网协议和格式结合使用,包括超文本传输协议(HTTP)、简单邮件传输协议(SMTP)、多用途网际邮件扩充协议(MIME)。它还支持从消息系统到远程过程调用(RPC)等大量的应用程序。

SOAP 基于 XML 语言和 XSD 标准,定义了一套编码规则,编码规则定义如何将数据表示为消息,以及怎样通过 HTTP 协议传输。SOAP 消息由 4 个部分组成:

1)SOAP 信封(Envelope)

定义了一个框架,框架描述了消息中的内容,包括消息的内容、发送者、接收者、处理者以及如何处理消息。

2)SOAP 编码规则

定义了一种系列化机制,用于交换应用程序所定义的数据类型的实例。

3)SOAP RPC 表示

用于表示远程过程调用和应答。

4)SOAP 绑定

定义了一种使用底层传输协议完成在节点间交换 SOAP 信封的约定。

SOAP 消息基本上是从发送端到接收端的单向传输,常常结合起来执行类似于请求/应答的模式。不需要把 SOAP 消息绑定到特定的协议,SOAP 可以运行在任何其他传输协议(HTTP、SMTP、FTP 等)上。另外,SOAP 提供了标准的 RPC 方法来调用 Web Service 以请求/响应模式运行。

SOAP 是 Web Service 的通信协议。当用户通过 UDDI 找到 WSDL 描述文档后,可以通过 SOAP 调用建立的 Web 服务中的一个或多个操作。SOAP 是 XML 文档形式的调用方法的规范,可以支持不同的底层接口,如 HTTP(S)或者 SMTP。

应用程序通过远程调用(RPC)诸如 DCOM 与 CORBA 等对象之间通信的方式会产生兼容性以及安全问题;防火墙和代理服务器通常会阻止此类流量。通过 HTTP 在应用程序间通信是更好的方法,因为 HTTP 得到了所有的因特网浏览器及服务器的支持。SOAP 提供了一种标准的方法,使得运行在不同的操作系统并使用不同的技术和编程语言的应用程序可以互相进行通信。SOAP 具有如下特性:

a. SOAP 是一种轻量级通信协议。

b. SOAP 用于应用程序之间的通信。

c. 使用 SOAP 的应用使用 HTTP 协议通信。

d. SOAP 独立于平台。

e. SOAP 独立于编程语言。

f. SOAP 基于 XML。

g. SOAP 很简单并可扩展。

h. SOAP 允许绕过防火墙。

(2)SOAP 消息交换模型、客户端和协议

消息交换是接口通信的核心,SOAP 消息交换模型主要包括以下几个方面:

1)SOAP 结点

SOAP 结点表示 SOAP 消息路径的逻辑实体,用于进行消息路由或处理。SOAP 结点可以是 SOAP 消息的发送者、接收方、消息中介。在 SOAP 消息模型中,中间方为一种 SOAP 结点,负责提供发送消息的应用程序和接收方间的消息交换和协议路由功能。中间结点驻留在发送结点和接收结点之间,负责处理 SOAP 消息头中定义的部分消息。SOAP 发送方和接收方之间可以有 0 个或多个 SOAP 中间方,为 SOAP 接收方提供分布式处理机制。一般 SOAP 消息中间方分为两种:

①转发中间方。

转发中间方通过在所转发消息的 SOAP 消息头块中描述和构造语义和规则,从而实现消息处理。

②活动中间方。

活动中间方利用一组功能为接收方结点修改外部绑定消息,从而提供更多的消息处理操作。

2)客户端

在 SOAP 消息交换路径中,借助 SOAP 中间方实现分布式处理模型的 SOAP 消息交换。通过使用 SOAP 中间方,可以向 SOAP 应用程序中集成各种功能(如转发、过滤、事务、

安全、日志记录、智能路由等）。在 SOAP 消息交换模式中，客户端可分为以下两类：

①不使用消息提供者的客户端。

不使用消息提供者的应用程序只能交换同步消息，即扮演客户端角色的应用程序只能发送请求—响应消息。客户端采用 API 的 SOAP Connection 方法。

不使用消息提供者的客户端的优点如下：

a. 可以采用 J2SE 平台编写应用程序。

b. 不需要在 Servlet 或 J2EE 容器中部署应用程序。

c. 不需要配置消息提供者。

不使用消息提供者的客户端的局限性如下：

a. 客户端只能发送请求—响应消息。

b. 客户端只能扮演客户端的角色。

②使用消息提供者的客户端。

如果想要获得并且保存任何时间发送的请求，必须使用消息提供者。使用消息提供者的客户端还能发送异步消息。API 提供了使用消息提供者发送和接收消息的框架。需要在容器中运用客户端，容器为提供者提供了消息基础结构。使用消息提供者的客户端具有如下优点：

a. 客户端能够扮演客户端或者服务角色。

b. 客户端能够切换消息传递给提供者。

c. 在客户端传递消息到最终接收者之前，它能够发送消息到一个或多个目的地。这些中间的消息接收者被称为 actor，它们在消息的 SOAP Header 对象中被指定。

d. 客户端能够利用任何提供者支持的 SOAP 消息协议以保证可靠的服务质量以及消息传递服务的质量。

3）SOAP 协议解析。

所有的 SOAP 消息都使用 XML 编码，一条 SOAP 消息就是一个普通的 XML 文档，文档包括下列元素：

a. Envelope（信封）元素，必选，可把此 XML 文档标识为一条 SOAP 消息。

b. Header（报头）元素，可选，包含头部信息（包含了使消息在到达最终目的地之前，能够被路由到一个或多个中间节点的信息）。

c. Body（主体）元素，必选，包含所有的调用和响应信息。

d. Fault 元素，位于 Body 内，可选，提供有关处理此消息所发生错误的信息。

e. Attachment（附件）元素，可选，可通过添加一个或多个附件扩展 SOAP 消息。

SOAP 消息对象包括：

a. SOAP Envelope 是代表消息的 XML 文件的根元素。它为消息如何处理、由谁处理定义了框架。XML 内容从 SOAP Envelope 开始。

b. SOAP Header 是添加特性到 SOAP 消息的基本机制。它可以容纳任意数目的扩展了基础协议的子元素。例如，Header 子元素可能会定义认证信息、事务信息、本地信息等。处理消息的软件可以在没有事先约定的情况下，使用这个机制定义谁应该处理某个特性，以及该特性是强制的还是可选的。

3.6　智慧水文介绍

智慧水文是集理念、资源、技术、机制于一体的综合系统，主要包括智慧水文监测体系、智库化水文数据分析系统、现代化综合应用服务平台、智慧水文业务管理体系、智慧水文支撑保障体系，其总体架构见图 3.6-1。

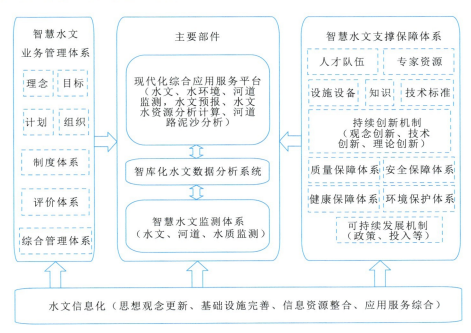

图 3.6-1　智慧水文总体架构图

3.6.1　智慧水文内涵

水文信息化是智慧水文的重要支撑。智慧水文的主要部件包括智慧水文监测系统、智库化水文数据分析系统、现代化综合应用服务平台。

（1）智慧水文监测系统

水文信息感知和传输系统是水文要素的信息源。从内容上看，当前主要包括水文监测（含水资源监测）、河道监测和水质监测，在"五位一体"的总布局下，将来会在水生态监测、山洪灾害监测、供水监测等方面有所拓展。智慧化目标主要包括以下几点，一是快捷，充分利用现代科技和智能传感产品以及多元化的通信技术，实现采集、传输环节的快速高效；二是准确可靠，以高性能、高可靠性的仪器和智能传感设备、通信设备保证水文要素信息采集和传输的准确性、可靠性,以服务和应用需求确定精度指标,并以此选择测验方式,确定单次测验、测次布置及资料整编方案;三是信息内容向要素数据和管理信息兼顾拓展;四是运行控制的远程化;五是运行管理的智能化。

(2)智库化水文数据分析系统

水文数据分析系统将智慧水文监测体系所获取的数据信息进行深加工,产出包含多元信息的资料成果、分析报告、预报预警信息、诊断报告(突发事件、灾害、安全隐患等)、仿真模型、时空模拟等。当前基本内容主要包括水文、河道、水质监测的基本数据资料的整理整编,以及水文预报、水文分析计算、水资源评价等常用的计算及分析评价。精加工方面主要是为最严格水资源管理下的水文指标、水环境水生态监测问题,水资源预测预报问题,梯级水库群下的测报调度的水文问题,海绵城市与城市水文、地下水土壤墒情等监测问题,人类活动影响下的水文问题,全球气候变化下的水文问题,山洪灾害监测预报预警问题,国际河流水资源问题等社会热点提供支撑,以及为科技创新能力及生产力转化、新常态下水文人力资源配备问题提供辅助决策分析。该系统以服务需求和问题为驱动机制,需要将应用需求转化为分类算法模块,是算法的集合,系统功能具有动态拓展的特征,初级系统具备数据计算及简单分析功能,将来的目标可能会在知识库、标准库、专家库的支持下,扩展人工智能支持,构建系统学习能力,进一步提高人机交互能力,形成智能化程度更高的"智库"。

(3)现代化综合应用服务平台

综合应用服务平台主要是充分利用虚拟化、云计算、移动互联等技术,将分散的水文硬件资源、软件资源、信息资源进行整合利用,配合人的思维和行动。水文应用服务可以分为两个方面:一方面是自动响应,可以事先准备好各种数学模型,对各种事务做好预案,一旦某种条件符合,系统会自动响应。另一方面是随时按照用户请求,分析处理各种水文信息数据,为领导和相关人员提供决策依据。平台建设的持续努力方向主要在服务的主动性(主动推送)、需求的符合性(层次清晰、内容简洁、主题明确、分析到位)、响应的时效性(及时响应、扁平化、流程少、处理快)、应用的人性化(人性化的友好平台、符合习惯的访问流程、服务成果便于非专业人士理解和使用)等方面。数据挖掘等大数据技术可在服务需求分析、服务效果评价、服务持续改进等方面提供有力支撑。

3.6.2 智慧水文特征

智慧水文的核心是将水文监测体系、信息系统和人类智慧完美结合,利用一种更智慧的方法改变交互以便提高响应速度,做出更明智的决策,获取更优的工作质量和更高的服务效率,紧跟科技进步和经济社会发展的步伐,具有以下特征。

(1)思想观念现代化

现代水文服务已经拓展到防汛抗旱、流域开发治理、水资源配置与管理、饮水安全环境保护、水生态建设、公共突发事件处置、社会公共信息服务等经济社会建设更广泛的领域,智慧水文需要将发展理念充分融入水文工作的每个层面。水文要从重视防汛抗旱向继续为防汛抗旱做好服务的同时为水资源利用及国民经济可持续发展提供全方位服务转变。在资源配置、思想观念、发展理念以及人员的素质要求、工作内容重点等方面均需要与时俱进地进行动态调整,以适应不断增长和发展变化的新需求。

(2)技术手段智能化

智慧水文监测体系的构建使水文信息的感知与采集更透彻、更全面,缩小距离、缩短时间、快速高效,推动水文从"哨兵"向"侦察兵"彻底转变。水文智能分析系统的构建整合了多种来源的数据和信息,利用数据挖掘和分析工具,借助强大的计算机系统处理更为复杂的模型运算、数据分析、3D可视化和时空模拟。系统进行知识扩充后,可延展思维,增强判断力,实现更深入的智能化。综合服务平台实现更全面的互联互通,通过各种形式的高速高宽带通信网络工具,将分散信息及数据连接起来,进行交互和多方共享,使工作和任务可以通过远程多方协作完成,极大地改变了水文工作的协作方式,增加和拓宽了水文服务的深度和广度。

(3)管理高效扁平化

一方面是先进技术手段的运用增强了单兵作战能力,平均每人管理的水文监测点大幅度增加,单值化方案使测次大幅度精简;另一方面是水文信息化建成的办公自动化和合同、财务、人事、科技、设备、设施、档案等管理信息系统以及异地视频会商系统大幅度提高了管理效率,增强了工作的连贯性。大数据分析还可以更好地对水文业务状况进行实时监控,从全局全方位的角度分析并实时解决问题。这一改变将在提高效能、规范行为等方面产生积极的推动作用,并促进管理向扁平化方向发展。

(4)人才队伍智慧化

智慧水文对水文人才队伍提出了更高要求,同时精通水文与计算机信息的专业人才、既懂业务又会管理的复合型人才需求量增加,人才结构向智慧化方向调整。另外,随着工作方式的改变,机构内部单元职能与分工也将相应调整,专门的信息化(或智慧化)管理机构可能会应运而生,或进一步充实原有网络信息管理机构的专业人才力量。

(5)工作生活人性化

"哨兵"向"侦察兵"实质性转变,以人为本将在行业中得到充分体现。水文职工生活质量要不断提高,水文职工整体的生活质量应不低于国家类似行业职工的平均水平。另外,科技含量的提高可以提升职业品味,智慧水文的高度信息化特点也会使在信息时代成长的年轻人自然适应这种工作方式,从而稳定职工队伍。

(6)体制机制现代化

水文是国家公益性、需超前发展的基础工作,充足的投入是事业发展的必要支撑与保障,智慧水文的可持续发展需要大量的科技人员来构建、维护和创新,人员经费的投入是重要的发展动力,是保持智慧水文生命力的重要条件。

3.6.3 智慧水文监测体系构建

水文历经传统水文观测—水文测报自动化—水文信息化等进程,现代信息技术与当代水文的发展成果与发展需求相结合,产生了智慧水文的概念。水文的实践发展的过程亦是水文行业智慧的发展过程,其核心是水文监测的发展。

3.6.3.1 智慧水文监测体系主要特征

(1)多技术融合

智慧水文监测体系充分应用卫星定位、空天遥感、物联网及智能感知、移动宽带网、云计算和大数据等技术,结合地面水文监测站网,形成空天地一体、动静结合、点线面体融合的立体化、高灵敏、高智能和快捷准确的水文信息感知系统。从结构上根据传感器的空间位置划分为天基监测、空基监测和陆基监测三个层面(若向海洋拓展,还可包括海基监测)。

(2)测站概念弱化、设施设备精、简易维护

其主要表征为:不建设站房,测验断面除小仪器房外几乎无其他设施,仪器设施安装地点灵活;测井配浮子式水位计方案将被简易一体化仪器房配气泡式压力水位计取代;测船、缆道的渡河方案将被皮卡车拖曳快艇、桥上牵引浮体、无人机、无人船、简易跨河索等方式取代;仪器设备向智能化、易维护、可远程控制等方向发展;全面巡测;流量测次大幅度精简;职工单兵作战能力强,人均管理的水文站数量大幅增加。

(3)"互联网+"

"互联网+"与水文监测相结合,将产生"互联网+水文测验",带来水文测验工序流程和生产方式的改变,在线测验、在线整编、在线汇交成果是必然趋势。从流程上看,测验现场视频或图片与原始测验成果通过互联网传至数据中心,经审核入库后,外业人员方可进行下一作业;另外,审核工作完成后,整编采取网络在线审查,可大大减少年终整编工作量,提高效率;同时,与单站孤立测验整编相比,测验整编数据统一在数据中心存储,数据版本唯一性也得到保证,可防止由版本差异导致的非预期错误;最后,实时在线的整编成果对防洪抗旱水雨情信息编报、水文预报的实时精度检校与修正等工作的支撑作用进一步增强。

3.6.3.2 关键技术盘点

(1)水文自动测报技术

当前的水文自动测报技术已经十分成熟,下一步的发展方向是实现单站的智能感知、智能控制、智能管理,并构建智能化的物联网络体系。

（2）高效监测技术

主要包括自动监测技术、在线监测技术，也包括高效的渡河方式、通信方式、监测手段、测验方法、信息生产过程等。

（3）单值化技术

单值化是开展水文巡测的灵魂，包括落差指数法等落差方法类、特征河长法、校正因素法、本站水位后移法、上游站水位法等。

（4）现代测绘技术

主要包括 GNSS、GIS、无人机地形测绘系统、多波速测深系统、浅层剖面仪探测系统等。

（5）水文定量遥感

可用于水体面积、水位、降水量等要素的监测，亦可能用于河道平面形态、崩岸、洲滩、弯道、岔道形态及变化观测。

（6）现代信息技术

主要包括物联网、虚拟化、云计算、大数据分析等新兴技术。应用实例有长江水文提出的"数据资源一个中心，信息共享一张图，应用服务一个平台"为特征的信息化工程体系。

（7）人工智能技术

将来的决策支持也许不仅仅是现代意义上的计算机系统，或许会出现与智能化综合应用服务平台随时联网的水文智能机器人。

3.6.3.3 重点问题及方案

（1）测验精度

在站类层面，基本站、专用站、应急监测的测验精度要求各不相同，基本站的流量测验精度又分三个类别；在测验方式层面，驻测、巡测、间测、检测的工作要求各异；在测验方法层面，不同类的仪器设备、不同的测验方法，可达到的测验精度不尽相同；在测验方案层面，测次的多少，测线、测点的繁简，测验历时的长短，都是影响测验精度的重要因素。在看待精度层面，随着规范体系日趋完善，需研究和揭示可能精度与需要精度的关系，引入技术经济学理念制订、修订技术标准，实现适用性质量观向符合性质量观的转变。在固守断面的测验方式以及与之配套的管理规则（包括技术标准）层面，一方面，我国迫切需要研究水文测验精简模式。另一方面，需通过地理信息系统、数字高程、数据仓库、联机分析处理、数据挖掘等新技术的应用，提高水文测验技术含量和信息服务水平。

（2）泥沙和水质监测自动化

水体悬移质泥沙观测主要有两种途径：一是通过光电技术等物理技术直接观测水体的泥沙数量及颗粒形态；二是通过汲取水样，经过室内水样烘干称重等处理后，推求含沙量以及进行级配分析。目前的测沙仪器按其工作原理可分为瞬时式采样器、积时式采样器和物理测沙仪器。瞬时式采样器和积时式采样器采集的水样还需要经过室内的沉淀、烘干、称重、计算等步骤才能求得含量,时间周期较长。快速测沙仪器是物理测沙仪器,主要有同位素测沙仪、光学测沙仪、声学测沙仪、振动式测沙仪等几类。ADCP 声学测沙利用接受声波强度来进行悬沙浓度的估算,具有不需要采样、不干扰水体流场以及可以实时、不间断测量等诸多优势和良好前景,在世界范围内的研究也仅处于起步阶段。泥沙测验分析一直是水文测验技术发展的瓶颈,实现自动监测分析乃至在线监测分析还有很长的路要走。机器人技术或许是解决泥沙及水质自动监测的一个途径。水质指标很多,常规方法是采样后在水质实验室通过化学或物理学方法等测定,该类方法均不能用于水质的实时动态监测,近年部分水质自动监测站投入运行,但该类水质自动监测站所能测定的参数较少,一般是最普通的物理参数,且采样点位置的代表性存在一定问题,因此水质实时动态监测未在全国普及,特别是在水利系统的普及率较低。

第4章 老挝水资源自动监测技术应用实践

CHAPTER 4

4.1 老挝国家概况

4.1.1 自然地理概况

4.1.1.1 地形地貌

老挝是中南半岛北部东南亚唯一的内陆国家,在地理上有突出的自然优势和条件。北邻中国,南接柬埔寨,西北到缅甸,西南隔湄公河与泰国相望,东边接越南。老挝国土面积为23.68万 km²。老挝无出海口,地势南北长、东西窄,地势北高南低,西北向东南倾斜,老挝有17个省、1个直辖市,全国自北向南分成上寮、中寮、下寮3个部分,上寮地势最高,川圹高原海拔2000~2800m,最高峰普比亚山海拔2820m。老挝境内以山地和高原为主,占全国总面积的80%,且多被森林覆盖。越南中央山脉由南向北贯穿老挝内陆地区,东部由这条山脉划分边界,最高峰普比亚山位于万象省北面,海拔2818m。川圹省的查尔平原和占巴塞省的罗芬高原是老挝的两个重要的高地平原地区。绝大多数山地中的大片季雨林蕴含着丰富的野生动物,植物覆盖率比较高。

老挝北部与中国云南的滇西高原接壤,东部老挝、越南边境为长山山脉构成的高原,西部是湄公河谷地和湄公河及其支流沿岸的盆地、小块平原。

4.1.1.2 河流水系

发源于中国的湄公河是老挝最大的河流,流经西部约1900km,流经首都万象,作为老挝与缅甸界河段长234km,作为老挝与泰国界河段长976.3km。

湄公河老挝境内干流长777.4km,老挝境内共有62个流域。湄公河有12条流域面积超过4500km² 的主要支流位于老挝境内,见表4.1-1。老挝主要河流包括南麻河(Nam Ma)、南塔河(Nam Tha)、南乌河(Nam Ou)、南霜河(Nam Suong)、南康河(Nam Khan)、南俄河(Nam Ngum)、尼克河(Nam Lik)、南佳河(Nam Ngiep)、南屯卡定河(Nam Cading)、南屯河(Nam Theun)、色邦非河(Se Bang Fai)、色邦亨河(Sebanghieng)、塞东河(Sedone)以及色贡河(Sekong)。

表 4.1-1　　　　　　　　　　　老挝境内湄公河主要支流特征表

序号	流域	面积 /km²	2005 年人口 /万	年平均降水量 /mm	年均流量 /(m³/s)	平均最小月流量 /(m³/s)
1	南麻河	5947		1900	194	5
2	南塔河	8917		2100	346	13
3	南乌河	24637	42.90	1600	479	85
4	南霜河	6578	18.10	1100	84	6
5	南康河	7490	20.60	1200	118	7
6	南俄河	16906	50.20	2400	668	232
7	南佳河	4577	6.40	2600	176	23
8	南屯卡定河	14820	10.30	2400	660	40
9	色邦非河	10345	23.10	2600	494	25
10	色邦亨河	19223	81.70	1600	538	27
11	塞东河	7229	38.00	1800	177	5
12	色贡河	22179	11.30	2300	934	140

（1）南麻河

南麻河位于湄公河流域外部，发源于越南，流经老挝北部的华潘省，然后再次流回越南境内，在老挝境内的流域面积略大于 1000km²。

（2）南塔河

南塔河位于老挝琅南塔省，为老挝北部湄公河一级支流，集水面积 8917km²。

（3）南乌河

南乌河是老挝北部最长的河流，河流长度约 390km，其主要支流有南岭河、南巴克河、南雅河和南高河。年平均降水量 1600mm。根据流域亚热带季风气候的特征，洪峰流量出现在 8 月，平均洪峰流量 3390m³/s，1996 年 7 月曾观测到 7017m³/s 的洪峰流量。最低流量一般出现在 3—4 月，平均最小月流量是 85m³/s，1976 年 4 月，实测最小流量为 37.8m³/s。河流径流分配不均匀，84％的径流集中在雨季。干季相对较高的流量与流域的喀斯特地形有关。

南乌河流域面积 24637km²，是老挝面积最大的流域。流域涵盖了整个丰沙里省以及乌多姆塞省面积的 30％和琅勃拉邦省面积的 50％。流域的较小一部分属于越南。

（4）南霜河

南霜河长度 150km，其主要支流是南生河。在全国 12 个主要流域的降水量中位居最后一名，流域的平均年降水量只有 1100mm，年平均流量 84m³/s，年平均最大流量 658m³/s，旱季在韦恩格萨瓦恩点测得的平均最小月流量为 6m³/s。河流径流分配不均匀，径流的 84％

集中在雨季。南霜河流域面积 $6578km^2$，在琅勃拉邦省境内。

（5）南康河

南康河长度 250km，流域面积约 $7500km^2$，其主要支流是南波河。南康河流经琅勃拉邦省、川圹省以及华潘省的部分地区。在全国 12 个主要流域中，南康河的平均降水量（1200mm）和年均流量（$118m^3/s$）在全国都排倒数第 2 位。

（6）南俄河

南俄河总长度超过 330km，其主要支流有尼克河和南松河。流域总面积约 $1700016906km^2$，为全国第四大流域。南俄河流经川圹省和万象的部分地区，琅勃拉邦省和波里坎赛省的小部分地区，以及首都万象的部分地区。在全国 12 个主要流域中，该流域人口最多，超过 50 万，森林覆盖率超过 40%。

南俄河年平均流量为 $668m^3/s$。南俄河 1 号大坝竣工于 1971 年，最大库容时水面面积约 $400km^2$，是全国最大的大坝，为下游地区提供了流量管控的保护作用。

（7）南佳河

南佳河发源于川圹附近，流经博利坎赛省、川圹省和万象的部分地区。河流长度为 156km，流域面积 $4577km^2$，主要支流为南森河和南千河。南佳河的源头靠近川圹高原的丰沙湾，森林覆盖率较低，人口密度较高。流域的年平均降水量为 2600mm，河流年均流量 $176m^3/s$，平均最大流量 $900m^3/s$，平均最小月流量为 $23m^3/s$。河流径流分配不均匀，径流的 82% 集中在雨季。

流域内没有大型水库，但规划有 3 个梯级水电站项目，分别是南佳河 1 号、2 号和 3 号大坝。

（8）南屯卡定河

南屯卡定河长度为 138km，流域面积为 $14820km^2$，包括流域面积为 $4000km^2$ 的南川流域。这些流域涵盖了甘蒙省和波里坎赛省的部分地区。南屯卡定河有众多支流，如南万、南诺、南秀和南卡。年均流量为 $660m^3/s$，平均最小月流量为 $40m^3/s$。河流径流分配不均匀，径流的 88% 集中在雨季。

南屯卡定河流域内已建水电站有 1999 年竣工的屯钦本水电站项目，该项目将水引入南欣本河；此外，还有 2006 年建设的南屯河 2 号大坝，该项目会将水引入色邦非河。

（9）色邦非河

色邦非河流域面积 $10345km^2$，位于老挝中部的甘蒙省。流域年平均降水量为 2600mm，年均流量为 $494m^3/s$，平均最大流量 $3422m^3/s$，实测最大洪峰流量 $4000m^3/s$。平均最小月流量 $25m^3/s$。

（10）色邦亨河

色邦亨河流域涵盖了沙湾拿吉省的大部地区。色邦亨河从老挝越南边境流入，在沙湾拿吉下方约 90km 处汇入湄公河。河流的主要支流有色占蓬河、色塔莫河和车邦河。森林覆盖率约 55%,农业占地超过 30%。年均降水量 1600mm,年均流量 538m^3/s,平均最大流量 4097m^3/s,1974 年观测到的洪峰流量达到了 8500m^3/s,平均最小月流量为 27m^3/s。

(11)塞东河

塞东河流域位于老挝南部的沙拉湾省(Saravan)、塞公省(Xekong)和占巴塞省内。河流长度为 1574km,流域面积 7229km^2。河流发源于布拉万高原的东北部,其主要支流是赛色河,这条支流也发源于布拉万高原。流域的 55%被森林覆盖,35%为农业用地。主要的人口中心城镇是沙拉湾和巴色。

塞东河年平均降水量为 1800mm,年均流量为 177m^3/s,平均最大月流量为 2545m^3/s,而平均最小月流量仅为 5m^3/s。塞东河干季的流量十分有限,导致干季出现缺水。河流径流分配不均匀,径流的 92%集中在雨季。

(12)色贡河

色贡河发源于老挝—越南边境,在阿速坡省(Attapu)的孟迈(Muang Mai)地区流入柬埔寨,而后在柬埔寨境内汇入湄公河。在阿速坡省的主河道长度为 170km。位于老挝境内的流域面积约 22179km^2,占流域总面积的 78%。塞纳姆河和塞卡曼河是其重要的支流。

色贡河在老挝柬埔寨边境的年均流量是 934m^3/s,平均最小月流量为 140m^3/s,河流径流分配不均匀,径流的 76%集中在雨季。

4.1.1.3　区域地质

老挝地层主要为古生界,其次为中生界和新生界。虽无地层学和地质年代学直接证据表明有前寒武纪地层存在,但在西北、东北及东南部发现了少量深变质岩系,一般认为应属元古宙地层。

古生界主要发育在北部和东部地区。寒武系只在与越南相邻的南玛山谷中有少量出露,其岩石组合为浅变质的灰岩、页岩、砂岩(石英岩)和砾岩,这套岩石组合延伸至越南境内被定为"寒武—奥陶系";奥陶系、志留系和泥盆系主要出露在丰沙湾和川圹地区,另外在东南部的北通河东侧也有发育,其岩性主要为海相灰岩、砂岩和泥质岩石;石炭系—二叠系分布最广,主要为海相灰岩、砂岩和泥质岩石,在个别地方也有陆相沉积,如在沙拉湾的石炭系和丰沙里的二叠系中含有煤层。

中生界主要为出露在桑怒地区的中、上三叠统海相灰岩、砂岩和粉砂岩等,其次在南部北通河谷中有侏罗系海相沉积发育。晚三叠世大部分地区褶皱隆起成山地,出现了晚三叠世—白垩纪海陆交互相砂岩、砾岩沉积,在晚白垩世形成了大量红色泥质粉砂岩和细砂岩,并有蒸发岩系出现。新生界缺失古近系,新近系在北部山间谷地发育,主要为砂岩、泥质岩石和少量泥灰岩,并有褐煤层出现;第四系在沟谷中广泛分布,主要为沙砾层,也有粉砂质、黄土和灰土构造与岩浆岩。

在西北部沿湄公河出露地质年代不详的片麻岩及老花岗岩,可能为缅泰克拉通的结晶基底,其他地区则为古生代—中生代褶皱带。志留纪—三叠纪西部地区为大陆边缘,东部地区为海盆,在三叠纪海盆褶皱封闭。总体上形成了西北、北中、南部 3 个褶皱带。

西北部印支期褶皱带贯穿老挝西部,其区域构造线为北北东向,泥盆系—三叠系发生了中等—强烈褶皱,并伴有浅变质作用。在北礼一带发育一些早三叠世花岗质小侵入体,也有时代不详的花岗岩体,沙耶武里附近见有辉长岩体。褶皱带中北礼—琅勃拉邦一带和西北边境地区安山质—英安质火山岩分布广泛,可能为二叠纪火山活动的产物。

北中部海西期褶皱带主要由奥陶系—石炭系组成,其基底可能为加里东期褶皱带。该褶皱带区域构造线为北西—北北西向,向北与西北部褶皱带在东经 103°附近合并,在桑怒和他曲发现了白垩纪花岗岩小侵入体。此外,桑怒盆地是一个三叠纪构造叠加在海西期褶皱带上的中生代陆内构造——火山盆地,并有强烈的火山活动,发育三叠纪流纹岩、英安岩和玄武岩,可见中生代构造活动对其有叠加影响。

南部印支期褶皱带主要由变形较弱的中生代陆相沉积岩组成,区域构造线为 NNW 向,其基底为海西期或加里东期褶皱带,也可能有前寒武纪地层。

现在已发现造山后侏罗系和下白垩统陆相砂岩、砾岩在许多地方发育,表明大部分地区在晚中生代发生了隆起和断裂活动,这可能是受周边板块(尤其是东侧的南中国海板块和西侧的缅泰板块)作用影响;此外,在北部地区发育的新第三纪小裂谷和南部地区大量分布(西北部也有小规模分布)的上新世—更新世玄武岩(包括一些碱性岩)表明在新生代发生了拉张作用。虽然对新生代构造活动了解较少,但是现代水系冲积物分布及地形等表明晚新生代造陆隆起作用一直比较强烈。

4.1.1.4 资源环境

老挝人口总量约 677.6 万,分为 49 个民族,分属老泰语族系、孟—高棉语族系、苗—瑶语族系、汉—藏语族系。老挝的经济以农业为主,农业人口约占全国人口的 80%。主要产品有水稻、玉米、薯类、咖啡、烟叶、花生、棉花等。矿藏有锡、铅、钾、铜、铁、金、石膏、煤、盐等,迄今得到少量开采的有锡、石膏、钾、盐、煤等。森林面积约 900 万 hm^2,森林覆盖率约 42%,产柚木、紫檀等名贵木材。工业、服务业基础薄弱,工业主要有发电、锯木、碾米、卷烟、纺织、食品、采矿、服装、制药等行业及小型水泥厂、修理厂、炼铁厂和纺织、制铁、陶瓷、手工业作坊等。

4.1.1.5 交通与通信

(1)交通状况

老挝地形呈南北长、东西窄,地势北高南低,西北部多山,运输主要靠公路、水运和航空,以公路运输为主,全国公路总长约 36831km。内河航道总长 4600km,湄公河可以分段通航载重 20~200t 船只。老挝无出海口,由万象通往老泰边境的国内首条 3.5km 长铁路已投入使用。其主要城市均有机场,可与首都通航。

老挝北部地区公路状况较差,多为山路且崎岖不平,需要越野车或皮卡车,平均时速一般为 30km/h。各省之间基本没有住宿,省会城市才有住宿,南部地区交通情况较好。

（2）通信状况

近年来,老挝经济持续快速发展,通信行业也在政府扶持及外资的帮助下呈现良好发展态势。老挝境内共有 4 家大型通信网络运营商,业务涉及移动通信、固话及互联网络。老挝移动通信网络 GSM 信号已基本覆盖到自然村,网络制式为 GSM/WCDMA 制式,工作频段为 GSM/WCDMA 900/1800MHz,GPRS 信号基本为 3G,上网连接情况较差。

4.1.1.6 水力资源开发情况

老挝位于中南半岛北部,是中南半岛上唯一的内陆国家,境内水电能源蕴藏总量丰富。依托丰富的水资源,水电开发被定位为促进经济增长、创收的重要手段之一。老挝政府高度重视本国水电资源的开发和利用,提出要将老挝建成"中南半岛蓄电池"的目标,为实现摆脱国家贫困和逐步实现工业化及现代化提供战略依托。

据老挝电力勘察设计部门资料,老挝境内水力资源理论蕴藏总量约为 30000MW,技术可开发总量约为 25000MW。老挝境内湄公河干流目前规划装机容量 8875MW,约占全国技术可开发量的 35.5%,湄公河支流及其他河流规划装机约占全国技术可开发量的 64.5%。

对老挝而言,水电大坝已成为该国发展的象征。水电开发不仅是国家经济发展和国家政策、战略的中心,而且是国家的象征,体现在国家的日常生活实践中。许多人认为,水力发电将拉动经济增长,为国家带来发展和繁荣。老挝的国家绿色增长战略指出,水电能源是对国家经济增长做出重大贡献的第一部门。

老挝正在为生产电力并向邻国出口电力做出重大努力。位于湄公河流域中心的地理位置和与周边国家的双边能源贸易协定为老挝开放和建设本国能源市场提供了便利条件。水电投资不仅对老挝的经济至关重要,而且可以作为一种"结构性措施"来加强区域经济一体化。2017 年后,水电将主导缅甸的出口产能。老挝在湄公河干流规划的 12 座水电大坝完工后,发电量将达到 8100MW,超过潜在发电量的 40%,电力出口收入将达到老挝总出口收入的 70%。

4.1.2 气候水文条件

老挝地处北纬 14°～23°,东经 100°～108°,属热带、亚热带季风性气候,气候特征比较明显,全年气候炎热,温差变化不大。全年平均气温为 20～26℃,最高平均气温 31.7℃,最低平均气温 22.6℃。1 月气温较低,月均气温 10～20℃,5 月气温最高,月均气温 20～29℃。

老挝全境雨量充沛,年降水量最少年份为 1250mm,最大年降水量达 3750mm,一般年份降水量约为 2000mm。雨量时空分布不均衡。年降水量集中在雨季,从 5、6 月开始直到 10 月为西南季风雨季,有时从 5 月就雷雨频频,其中 7—9 月为降雨高峰期,月降水量从 12 月到次年 1 月最少,随后逐月增多。老挝不同地区降水量差别很大,一般北部省份比南部雨量要小,降雨主要集中在老挝中部的万象和波里坎塞省以及老挝南部的沙拿湾省。雨季的气温在 25～30℃,空气湿度接近 100%。从 11 月开始到次年 4 月为东北季风低温旱季。这个季节基本无雨,有季风,平均气温为 15℃,丰沙里等北部省的气温有时能降到 0℃。

4.1.3　社会经济情况

　　老挝是一个资源丰富的国家,但由于过去长期遭受外国的殖民统治、剥削和掠夺以及国内数十年的战乱,丰富的资源得不到很好的开发,经济十分落后。目前老挝仍是一个较为落后的农业国,其丰富的自然资源未得到有效利用和开发,一直处于自发的自然经济状态。由于老挝没有完整的产业链和雄厚的工业基础,其对外国先进技术、工业品和商品的依赖性严重;经济发展程度不高,对外国资金、外国资助和贷款依赖严重。老挝的经济经过了殖民地经济、半殖民经济、战时经济、社会主义计划经济和市场经济等发展历程,不同时期的政府为了实现经济增长做出了不懈努力,但在国内外环境等多方面因素的影响下,直到实行市场经济之前,老挝的经济发展并未实现突破性增长。自老挝人民民主共和国成立以来,加大了对外开放力度,营造了良好的营商环境,吸引了不少外资入驻,在外资的带动下,老挝经济呈持续、快速增长势头,成为东南亚经济增长较快的国家之一。2001 年老挝党的七大制定了2001 年至 2005 年经济发展规划,今后 5 年老挝 GDP 的年均增长速度不低于 7%。老挝计划到 2020 年人均 GDP 达到 1500 美元,基本摆脱不发达状态。老挝国民革命党根据老挝近年来经济社会发展趋势、老挝国家的发展特征和定位、国际环境等,提出了 2030 年实现创新、绿色可持续发展,达到中等收入国家的愿景。目前经济发展存在的主要问题有财政困难、资金短缺、贸易逆差巨大、外债逐年增加、城乡差距增大等。

　　老挝是湄公河流域人口结构最复杂的国家。其中 79% 的人口生活在农村,超过 30% 的人口生活水平在国家贫困线以下。大多数人依赖自然资源和农业,一半以上的家庭没有通电,40% 的家庭缺乏安全用水,半数村庄在雨季因公路被淹而交通中断。高贫困率主要集中在老越边境南部高地的东沙湾拿吉东部、色拉湾、色贡及阿速坡等省。北方山区的贫困率较低,大城市及其周边地区的贫困率最低,但在低地及大城市周围依然可发现大量生活在国家贫困线以下的人口,另外还有很多贫困人口居住在湄公河及其支流沿途的沙湾拿吉西部、巴色和万象等省(市)。

　　生活在老挝边远地区人口(尤其是妇女)的健康、营养及文化水平均显著低于全国平均水平。全国普遍存在粮食安全问题,农村的问题更加严重。老挝 2/3 的人口面临粮食安全问题或风险,对生活形成较大威胁。有些地区,如阿速坡省,村民一年中有 4~8 个月的时间处于粮食不足的状态。老挝 19% 的人口营养不良,国际农业发展基金会在 2009 年将老挝的饥饿指数归类为"严重"。

　　老挝自 20 世纪 80 年代初实行经济改革以来,经济开始出现增长。1988—2007 年现价人均 GDP 从 151 美元上升到 674 美元(图 4.1-1),表明人均收入每年增长了 28 美元。老挝 70%的劳动力集中在农业部门,因此其 GDP 对农业收成的依赖性较强。1988—2007 年,农业收成占 GDP 的比例超过 50%,而工业和服务业所占比例相对较小。随着铜矿、金矿和其他矿产以及水电业的发展,农业对 GDP 的贡献已降至约 42%,而其他产业的 GDP 比例不断增加,从1989 年的 15% 上升到 2007 年的 30%,服务业的 GDP 保持 25% 不变。尽管如此,贫困现象依然普遍存在,主要体现为收入低、营养不良以及缺乏配套基础设施和服务。从购买力评价(PPP)来看,有71％的人口每天生活费不足2美元,23％的人口每天生活费不足1美元。

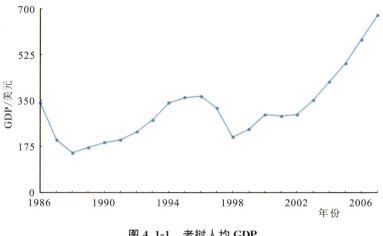

图 4.1-1　老挝人均 GDP

　　为了实现2010年加入世贸组织的目标,老挝政府启动了贸易改革,并成立了一个新机构对相关事务进行协调和监督。目前政府在经济方面已取得实质性的进展,2004—2008年GDP增长率达到7.3％(图4.1-2),包括矿业和水电在内的产业扩张强劲。但邻国泰国的政局动荡和全球金融危机引发的经济衰退对老挝经济产生了综合影响,影响范围包括制衣业、贸易、旅游及外国投资。2009年GDP增速降至6％以下。在水电、农产品加工、建筑及其他服务业等行业的不断兴起及驱动下,老挝经济有望保持相对强劲的增长。但即便如此,根据2002—2008年统计,老挝贫困率每年下降不到1％。私营企业的经济发展及就业机会受到诸多阻碍和限制,包括基础设施落后、规章制度烦琐、熟练工人缺乏、资金困难及用地不足等。保持经济增长是政府面临的巨大挑战,相关措施包括促进经济多元化、稳定金融基础、保持矿业和水电及农业等自然资源可持续发展。

　　目前通胀已从2008年10.3％的高点降至10％以下。为抑制通胀,政府冻结了石油及其他大宗商品等进口商品的价格,同时停止粮食出口,规范其他商品价格。政府在税收政策和行政方面采取了坚决的改革措施,包括将税收从各省收归中央政府集中管理,税收表现强劲以平衡赤字。此外,政府还加大了医疗卫生、教育以及2009年12月在首都万象召开的东亚运动会的资金支出。在走出全球金融危机的转型之际,庆祝万象建城450周年活动促进经济增长、创造大量就业机会。

　　2020年老挝GDP总量为191.36亿美元,同比增长0.44％,比上年增长了8.9亿美元,相比2010年增长了120.08亿美元。2020年老挝人均GDP为2630.2美元,比上年增长了85.2美元,与2010年人均GDP数据相比,2010—2020年增长了1489.6美元(图4.1-3、图4.1-4)。

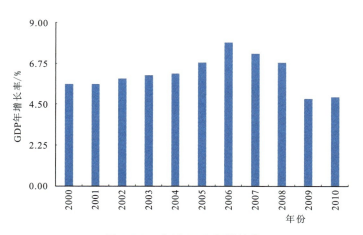

图 4.1-2　老挝 GDP 年增长率

来源：2009 年世界银行数据库和 2009 年亚洲发展银行

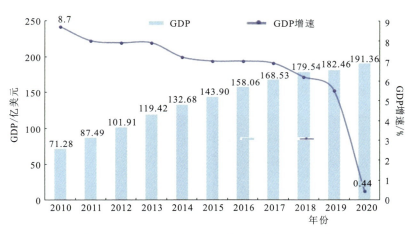

图 4.1-3　2010—2020 年老挝 GDP 及增速统计图

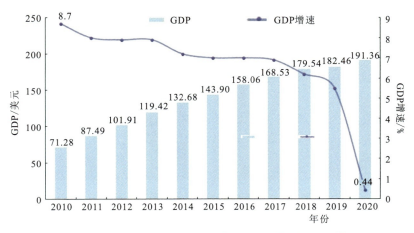

图 4.1-4　2010—2020 年老挝人均 GDP 及增速统计图

183

4.2 老挝水资源信息化现状

4.2.1 水文监测站网与水文测验现状

（1）站网现状

截至 2016 年 9 月，老挝全国共有各类水文气象站点 299 个，其中水位站 123 个、雨量站 117 个、水文站 59 个。目前主要开展了流量、水位、悬移质泥沙、降雨、蒸发等项目的观测。123 个水位站中，仅有 12 个站点实现了自动监测，这些站点多采用日本援助的压力式水位计进行测量，自记数据通过当地通信网络自动传输至老挝人民民主共和国自然资源和环境部下属的气象水文司。

（2）水位观测

水位观测采用人工观测和自动观测。人工一般每日观测水位 2 次，观测时间分别为 7:00 和 19:00，采用委托当地居民进行观测的方式，并将观测数据通过电话和邮寄等方式报送给各省水资源厅。水位自动观测数据通过当地通信网络自动传输至水资源部数据中心。老挝水文站点人工观测水尺见图 4.2-1。老挝水文站点典型设备见图 4.2-2。

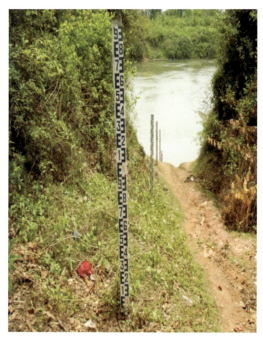

图 4.2-1 老挝水文站点人工观测水尺图

图 4.2-2　老挝水文站点典型设备图

（3）流量测验

据了解，全国 59 个水文站中有 53 个处于运行状态，其余 6 个站因经费、设备、水毁等原因停止运行。53 个正在运行的流量站中，有 7 个站点为老挝与泰国共同观测，其余 46 个站点为老挝独立观测。

流量测验设备主要有流速仪和 ADCP。绝大多数水文站采用流速仪测流，仅在琅勃拉邦测区安装有一台 ADCP。老挝流量测验采用巡测模式，全国按照地域分布划分为 5 个测区，分别为琅勃拉邦、万象、他曲、沙湾拿吉和巴色每个测区配备 1 套流量测验设备用于巡测。通常情况下，流量测验频次为每月 4 次，在汛期或发生大洪水时适当增加测验次数。老挝水文站点测流手动绞车见图 4.2-3，测流流速仪见图 4.2-4，ADCP 测流见图 4.2-5，测流船只见图 4.2-6。

图 4.2-3　老挝水文站点测流手动绞车图

图 4.2-4　老挝水文站点测流流速仪图

图 4.2-5　老挝水文站点 ADCP 测流图

图 4.2-6　老挝水文站点测流船只图

（4）泥沙测验

　　老挝全国共有 14 处水文站开展泥沙测验,全年的测验次数从 13 次至 35 次不等。在测流的同时开展泥沙的取样。泥沙采样器主要包括 US D-49、US P-46 和 P-61 等类型,沙样采集完成后,运送到位于万象的泥沙分析实验室进行统一分析。老挝水文站点悬移质泥沙取样见图 4.2-7,悬移质泥沙样本记录见图 4.2-8。

图 4.2-7　老挝水文站点悬移质泥沙取样图

图 4.2-8 老挝水文站点悬移质泥沙样本记录图

4.2.2 水资源监测信息化现状

（1）水文自动测报系统现状

截至 2016 年 9 月，老挝已建水文自动测报系统主要包括湄委会建设的水情自动测报系统、中国水电顾问集团建设的水情自动测报系统等。

1）湄委会建设的水情自动测报系统

为提高湄公河流域国家防灾减灾能力，湄委会成员国共同出资在湄公河干流重要水文站点建有一套水情自动测报系统，如中国境内的允景洪水文站、老挝境内的琅博拉邦水文站等，系统通信方式为 GSM/海事卫星，主要监测的参数为水位、雨量，系统由 OTT（德国）在 2012 年左右建成，系统后期运行管理由测站驻地成员国负责。由于系统后续存在技术和资金支持的问题，很难保证其正常运行。

2）中国水电顾问集团建设的水情自动测报系统

目前中国水电顾问集团在南乌江流域建设有水情自动测报系统，系统包括 29 个雨量站、10 个水文站和 14 个水位站，系统设备基本由中国制造，通信方式为北斗卫星，数据发送到南乌江流域水情中心。系统由中国水电顾问集团出资维护，目前运行正常，测报成果为流域各在建水电站施工期安全度汛服务，同时兼顾运行期水调电调。

（2）其他监测系统运行现状

除上述信息化系统外，老挝境内还有一些人工监测设施，如日本政府援建的气象水文监测设施，水文情报依靠人工观测、记录通过邮递或电话报送的方式，报送给上级主管部门。

4.2.3 水资源信息化存在的主要问题

老挝国家水文水资源信息化建设尚处于起步阶段，受经费、技术、人力资源等方面的制约，发展缓慢。信息化软、硬件主要依靠其他国家援助，自主建设及运行维护能力有限。

（1）现有水文自动测报系统存在的主要问题

1）建设标准不统一

老挝境内的水文自动测报系统主要以外国援助为主，建设单位以本国的技术标准甚至是企业标准进行建设，主要表现为计量器具标准不统一，如雨量承雨口口径不一致；高程基面不统一；度量单位不统一，如有的采用英制单位，有的采用公制单位等。

2）信息共享性差

目前已经建成的水文自动测报系统都是在特定背景下建设的，建设目的是为了满足特定的需要，这些系统相互不兼容，老挝国家目前没有对这些监测信息进行收集整合，各自尚处于"信息孤岛"的状态。

3）信息发布机制尚不健全

目前老挝国家水资源信息数据中心示范建设项目的水情信息可以自动汇集到气象水文司，可以为老挝国家防汛减灾决策提供数据支撑，但是监测成果发布机制尚不健全，缺乏便捷的信息发布渠道和稳定可靠的信息通道。紧急情况下，受洪灾影响区域难以第一时间获悉预报预警信息。

（2）人力和财力投入不足

老挝人民民主共和国自然资源和环境部在各重要省会设立有自然资源与环境厅，主管属地气象、水文、环保、水利工程、防汛抗旱等众多工作，但是一个自然资源与环境厅只有 10 人左右，通常由 1 个人全面管理某个小流域的所有事务，几乎没有专职的水文信息化专职人员。老挝的国家财力有限，目前能够运行的已建水文自动测报系统基本由援建方出资维持正常运行，无力支持系统运行需要的设备购置费、通信费、交通费、人员差旅费等。

4.3　老挝水资源数据中心示范建设

4.3.1　建设必要性和原则

（1）建设背景

澜沧江—湄公河合作是由我国主导的新型次区域合作机制。澜湄合作因水而生，水资源合作作为澜湄合作五大优先领域之一，致力于实现流域内各个国家水资源的合理分配、公平利用和流域经济社会的可持续发展，始终是湄公河流域国家的重要关切，加强水资源领域合作对我国打造澜湄机制新的合作增长点、推进澜湄合作整体进程以及构建澜湄国家命运共同体均具有特殊重要性。

老挝在湄公河中下游，洪涝灾害频发，水资源开发利用水平比较低，基础设施和管理能力相对薄弱，水文监测技术和手段落后，严重影响流域内人民生命与财产安全。针对老挝原有水文系统站网站点的基础设施及技术装备落后、原有水文监测技术能力不足的问题，为推广中国经验和技术,进行老挝水文自动测报系统的标准化建设,提升老挝水文监测自动化能力,长江水利委员会水文局在"中国—东盟海上合作基金"澜沧江—湄公河水资源合作项目里首次成功申报老挝国家水资源信息数据中心示范建设项目。

(2)建设必要性

一是适应我国周边外交新形势,开展增信释疑工作,树立我国作为一个负责任大国形象的迫切需要。

二是响应湄公河国家水资源开发利用诉求,输出我国水利技术软实力,增强我国与区域相关国家利益融合的迫切需要。

三是发挥我国在跨界水资源合作影响力,主导区域合作方向的迫切需要。

四是有序开展我国与湄公河国家水经济外交合作,保障我国水安全的需要。

五是项目建设可以有效改变老挝水文测站数据采集和传输方式、提高水文信息数据接收与处理能力,逐步改善水文基础设施和管理能力薄弱等状况,提升老挝水文数据采集、传输和监测水平以及人员技术管理能力。

通过对水资源监测信息的收集及基础数据高效、合理的整合,可以提高水资源开发利用水平,实现水资源统一配置和调度管理,提高水资源管理与公共服务水平,提升水利对经济社会发展的支撑和保障能力。

充分应用计算机网络互联,实现老挝全流域的系统信息交换,共享信息资源。

助力打造澜沧江—湄公河水资源合作新亮点、建立澜沧江—湄公河水资源合作新模式,充分发挥我国技术、人才、资金优势,带动我国水利科学研究、勘测设计、工程建设、运行管理、设备设施整装输出,对我国水文监测技术的推广、水文监测技术规范和标准国际化、宣传我国"一带一路"发展战略等具有重要的意义,不断扩大澜湄水资源合作在湄公河国家及国际社会的影响力。

(3)建设原则

老挝国家水资源信息数据中心示范建设项目遵循如下原则:

1)总体规划、分步实施

通过老挝国内水资源现状调查与资料分析,结合老挝对水文、水资源以及用水监测的发展需求,采用轻重缓急、重点优先的实施原则,先期对重点流域和区域的水文站网开展实施规划,对纳入规划范围的站点,根据经费条件进行分步分期实施,最终实现全国水文水资源信息采集、传输和接收处理的全面自动化。

2)经济实用、稳定可靠、先进开放

经济实用:设备配置与功能应满足系统及各类站点的实际需求。

稳定可靠:应保证设备在恶劣的工作环境下稳定、可靠运行。

先进开放:在经济合理的前提下,尽量选用我国先进成熟的技术和设备,并可为今后系统功能的扩展预留接口。

3）因地制宜

结合老挝经济社会条件，规划适合当地情形的水文监测和自动测报系统。水文站站址选择除满足工作需要外，还应兼顾交通、生活和管理；观测方案确定及观测设施的配备均以满足基本功能为前提；自动测报系统设备的选择应能满足本地区的暴雨特点、地形地质条件和通信条件。

4）遵循相关规程、规范

以中国国内现行相关水文、气象监测、通信系统组网、软件开发、数据库构建等方面的规程、规范为依据。各种构件优选符合国家标准的型材和通用件，以利于施工的质量控制和系统运行的维护管理。

4.3.2　建设目标

老挝国家水资源信息数据中心建设的总体目标是通过采用先进、可靠、实用的水文自动监测技术和装备，在老挝境内湄公河干流和 12 条主要支流上建设一项系统示范工程，并适时、分期进行站网的优化与扩充，逐步实现全国水文信息采集、传输、接收和处理的自动化；通过系统示范应用，提升老挝水文水资源的监测能力和技术水平，培养一批专业技术人才，并逐渐形成一套适用于老挝国内统一的监测体制和通用的行业标准规范；通过收集并积累各流域内水文水资源等资料，为国家水资源合理配置、防洪抗旱提供决策支持与技术保障。

建设具体目标主要有：

a. 充分利用原有站点，在原有站点的基础上合理选择 51 个监测站（一期建设 25 个监测站，二期建设 26 个监测站），收集并积累所选监测站的水位、雨量、流量等资料，提高水文监测能力和监测手段，为老挝水资源开发利用提供较翔实、可靠的水文资料。

b. 建设水资源信息数据采集和传输系统，实现水位、雨量、用水、水质和地下水等信息的自动采集、存储和传输，在 10min 内收齐整个系统的水情数据。

c. 建设水资源信息数据中心站，以满足水资源信息数据中心数据接收处理以及数据应用与服务的要求。

4.3.3　建设内容

老挝国家水资源信息数据中心项目建设范围包括 51 个水文（位）监测站（含 1 个自动流量站建设）和雨量监测站自动采集与传输系统建设、2 个视频监控站建设、老挝国家水资源信息数据中心站建设。

主要建设内容为监测站和中心站设备采购、系统集成和相关土建工程：

a. 对监测站进行配套设施土建及设备采购集成安装，包括水位、雨量传感器、遥测终端、通信设备、电源系统以及避雷设备等；自动流量站建设；视频监控站建设。

b. 建设遥测站至中心站的数据传输通信网。

c. 建设中心站的数据应用系统、计算机网络系统、数据库系统以及会商系统。

4.3.4 站网布设

按照科学、经济、合理的原则,结合自然地理条件、通信、交通、生活等状况,提高老挝国家水资源监测自动化水平,并以满足水文资料收集与水情测报的要求为主导,充分考虑流域水电开发对水文特性的影响,以及系统建成后的示范作用,最终确定实施范围的水位、降雨、流量、用水、水质和地下水等水资源监测站网。

老挝国家水资源信息数据中心系统建设规模为1个中心站和51个自动监测站(含1个自动流量站,可扩展)、2个视频监控站(可扩展),1个自动流量站布设在琅勃拉邦,2个视频监控站分别布设在万象班阿卡特(Ban Akat)和琅勃拉邦,见表4.3-1。

表 4.3-1   老挝国家水资源信息数据中心示范建设项目自动监测站布设表

序号	站点ID	站名	河流	省份	采集参数			坐标	
					流量	水位	雨量	经度	纬度
1	5712	班阿卡特(Ban Akat)	湄公河	万象		√		102°34′14″	17°58′13″
2	9002	会晒(Houei Sai)	南塔河	博胶		√		100°43′09″	20°08′46″
3	9003	班哈甘(Ban Hatkham)	南塔河	博胶		√		102°08′03″	19°53′32″
4	9004	琅勃拉邦(Luang Prabang)	湄公河	琅勃拉邦	√	√		101°24′51″	18°13′18″
5	9005	巴莱(Paklay)	湄公河	沙耶武里		√		101°43′20″	19°16′05″
6	9006	南红(Nam Houng)	南红河	沙耶武里		√		102°12′20″	22°03′27″
7	9007	班堂(Ban Tang)	南乌河	丰沙里		√		101°40′19″	17°54′30″
8	9008	沙拿坎(Sanakham)	湄公河	万象		√		102°36′53″	18°10′37″
9	9009	万荣(Vang Vieng)	南端河	万象		√		102°26′36″	18°56′34″
10	9010	赛宋奔(Saysomboun)	南茶河	万象		√		103°05′48″	18°54′40″
11	9011	帕它潘(Paktaphan)	湄公河	沙湾拿吉		√		105°21′15″	15°56′06″
12	9012	班昌诺(Ban Chan Noy)	湄公河	占巴塞		√		105°53′01″	14°19′36″
13	9013	哈赛丰(Hatsaikhoun)	湄公河	占巴塞		√		105°52′02″	14°07′00″
14	9018	孟夸(Muang Khua)	南乌河	丰沙里			√	104°38′35″	20°00′01″
15	9019	孟奔纳(Muang Boun Neua)	南乌河	丰沙里			√	103°42′54″	20°02′01″
16	9014	孟本太(Muang Boun-Tai)	南乌河	丰沙里			√	102°30′23″	21°04′51″
17	9015	孟乌太(Muang Ou-Tai)	南乌河	丰沙里			√	101°54′09″	21°38′48″
18	9016	孟山太(Muang Xam Tai)	湄公河	华潘			√	101°58′29″	21°23′17″
19	9017	班南怒(Ban Nam Nuen)	湄公河	华潘			√	101°58′10″	21°24′02″
20	9020	班南勇(Ban Nam Yone)	南茶河	赛松本			√	102°55′22″	18°52′22″
21	9021	班纳克森(Ban NaXon)	湄公河	万象			√	101°34′14″	17°59′18″

续表

序号	站点 ID	站名	河流	省份	采集参数			坐标	
					流量	水位	雨量	经度	纬度
22	9022	班帕索（Ban Pakthouay）	湄公河	波里坎赛			√	103°26′41″	18°26′55″
23	9023	泰德卢克（Tadluek）	湄公河	波里坎赛			√	102°57′44″	18°25′34″
24	9024	孟巴吞蓬（Muang Pathoumphone）	湄公河	占巴塞			√	105°56′15″	14°47′39″
25	9025	孟占巴塞（Muang Champasak）	湄公河	占巴塞			√	105°55′48″	14°54′51″
26	9026	班北汕（Ban Nongkhiat）	湄公河	波里坎赛	√			103°8′16″	18°10′16″
27	9027	班拉德苏（Ban LadSuea）	湄公河	占巴塞	√			105°37′34″	15°19′02″
28	9028	北卡定（Pakcading-Tai）	湄公河	波里坎赛	√			103°59′52″	18°19′23″
29	9029	塔纳楞（Thanaleng）	湄公河	万象	√			104°44′44″	16°32′01″
30	9030	塔旁东（Thapangthong）	湄公河	沙湾拿吉			√	105°44′45″	15°59′32″
31	9031	赛布里（Xaibouli）	湄公河	沙湾拿吉			√	104°44′56″	16°48′45″
32	9032	赛普东（Xaiphouthong）	湄公河	沙湾拿吉			√	104°57′18″	16°19′46″
33	9033	阿萨丰（Atsaphone）	湄公河	沙湾拿吉			√	105°19′54″	16°50′22″
34	9034	占蓬（Champhone）	湄公河	沙湾拿吉			√	105°18′58″	16°36′50″
35	9035	孟荷（Muang Hom）	湄公河	赛宋奔			√	103°11′22″	18°41′69″
36	9036	隆章（Long Cheng）	湄公河	赛宋奔			√	102°55′18″	18°40′35″
37	9037	孟坎（Muang Khai）	湄公河	琅勃拉邦			√	105°08′58″	16°36′50″
38	9038	班费（Ban Fai）	湄公河	琅勃拉邦			√	102°22′00″	20°14′50″
39	9039	孟赛占蓬（Muang XaiChamphone）	湄公河	波里坎赛			√	104°29′53″	18°23′50″
40	9040	班坑仓（Ban KengKoaung）	湄公河	波里坎赛			√	104°39′53″	18°13′50″
41	9041	赛布东（Muang Xaibouathong）	湄公河	甘蒙			√	105°25′48″	17°11′03″
42	9042	丰体（Phonetiew）	湄公河	甘蒙			√	104°34′47″	17°53′34″
43	9043	欣本（Pak Hinboun）	湄公河	甘蒙			√	104°37′07″	17°35′47″
44	9044	班孔坎（Ban Khounkham）	湄公河	甘蒙			√	104°31′47″	18°12′31″
45	9045	帕赛（Phaxai）	湄公河	川圹			√	103°08′08″	19°17′41″
46	9046	孟昆（Muang Khoun）	湄公河	川圹			√	103°19′06″	19°21′16″
47	9047	丰东（Phonthong）	湄公河	占巴塞			√	105°56′50″	14°50′33″
48	9048	萨纳索本（Sanasomboun）	湄公河	占巴塞			√	105°30′41″	15°19′34″
49	9049	北松（Pakxong）	湄公河	占巴塞			√	106°34′55″	15°6′55″
50	9050	农欣（Nong Hin）	湄公河	占巴塞			√	106°12′00″	15°13′00″
51	9051	塞拉巴姆（Selabam）	湄公河	占巴塞			√	105°49′00″	15°23′00″

4.3.5 数据中心总体设计

4.3.5.1 总体结构

老挝国家水资源信息数据中心系统建设规模为 1 个中心站、51 个自动监测站(含 1 个自动流量站,可扩展)、2 个视频监控站(可扩展)。

监测站通过以 GPRS 通信为主信道、北斗卫星通信信道为备用信道的双信道通信方式,将自动采集的水雨情信息传送到中心站的数据应用系统。中心站将所接收的水雨情信息经处理后存入水资源数据库,供水资源信息查询调用,中心站可对系统监测站进行监控。

中心站包括数据应用系统、计算机网络系统、数据库以及会商系统。老挝国家水资源信息数据中心总体结构见图 4.3-1。

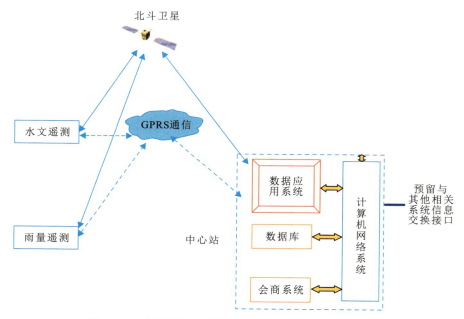

图 4.3-1 老挝国家水资源信息数据中心总体结构示意图

4.3.5.2 系统功能与技术指标

(1)系统功能

1)采集功能

能及时、准确、自动采集系统范围内各水文、雨量测站的水雨情信息,需要传输非自动采集要素的监测站具备人工置数功能。

2)存储功能

监测站具有存储功能,存储容量不小于 2 年监测数据容量。

3）传输功能

能将监测站采集到的水情数据正确、快速、安全、及时传输到中心站并入库。

4）数据接收与处理功能

中心站能自动接收来自不同通信信道传输的监测站水位、雨量、流量数据，并对监测站终端具有召测功能。中心站将接收处理后的数据存入数据库，实现水文数据查询、输出、发布功能。

5）报警功能

可选用屏幕显示、声、光等方式对水文要素越限、供电不足、设备事故等情形进行报警。

6）信息展示功能

中心站水情信息能够通过建成的会商系统进行展示。

（2）系统技术指标

a. 自动监测站系统规模：1：51（可扩展）。

b. 监测要素：雨量、水位、流量（人工置数）。

c. 通信方式：北斗卫星、GPRS。

d. 工作体制：采用以自报为主，兼容应答的混合式。

e. 数据处理时间：系统满足在 10min 内完成一次本系统内实时数据收集、处理和转发的要求。

f. 传输误码率：北斗卫星 $Pe \leqslant 1 \times 10^{-6}$；GPRS $Pe \leqslant 1 \times 10^{-5}$。

g. 系统可靠性：系统数据收集的月平均畅通率 $\geqslant 95\%$。

h. 单站设备综合：$MTBF \geqslant 8000h$。

i. 自动流量站系统规模：1：1（可扩展）。

j. 视频监控站系统规模：1：2（可扩展）。

4.3.5.3　信息流程

本系统采集信息主要包括雨量、水位、流量（人工置数）等水情参数。系统的信息传输流程为：当水雨情发生变化或到定时时间时，本系统的监测站将自动采集的水情数据通过 GPRS 通信和北斗卫星组成数据传输网自动发送到中心站。除此之外，中心站还留有与其他相关系统或相关部门信息交换接口。系统信息传输流程见图 4.3-2。

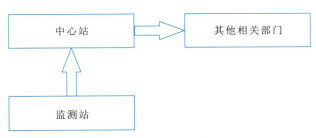

图 4.3-2　系统信息传输流程图

4.3.6 信息采集和通信设计

4.3.6.1 信息采集设计

（1）雨量采集方法

雨量实现自动采集、固态存储、自动传输。雨量传感器采用 0.5mm 精度的翻斗式雨量计。

（2）水位采集方法

水位实现自动采集、固态存储、自动传输。根据各水文站、水位站的水位观测条件，水位传感器拟采用气泡式压力水位计。

（3）流量采集方法

本次将在琅勃拉邦水文站配置一套表面流探测雷达测流系统，实时采集流量数据，并可直接将采集到的数据传到数据中心站。其余水文站的流量测验仍采用原站的施测方法进行，其施测的流量值可在本站通过计算机置入遥测终端设备，并通过数据传输通信网自动传输至系统中心站，中心站可根据实测流量数据修订该站水位流量关系曲线。同时，部分水文站可通过中心站的水位流量关系（单一线）曲线由水位推算成流量存入数据库。

4.3.6.2 通信设计

根据系统所在流域的自然地理特性，参照中国已建水文自动测报系统的实践经验和当今通信及网络技术的发展趋势，同时为便于系统建成后运行管理，统一技术标准，优化整体投资效益，保证本系统信息流畅、有效和实用，通过对超短波（VHF）、电话（PSTN）、卫星（VSAT、海事卫星 C、北斗卫星）、GPRS、SMS 等通信方式的分析比较，本系统监测站至中心站的通信传输采用以 GPRS 通信为主信道，北斗卫星通信为备份信道的双信道组网方式。

4.3.6.3 工作体制

在水情自动测报系统中，数据传输常用的工作包括自报式、应答式和混合式 3 种。

（1）自报式

自报式可分为随机自报和定时自报。在自报式系统中，测站按规定时间或被测参数发生一个规定变化时，自动向中心站发送实时的水雨情数据。其优点主要有实时性强，测站发出的数据是连续变化的；设备工作状态功耗低；系统结构简单，组网方便；通信为单方向，设备简单，造价低，维修方便。缺点是中心站不能随时查询测站数据和工作状态。

（2）应答式

测站响应中心站查询，再将采集到的数据发送给中心站。其优点为中心站可随机或定时查询测站数据；可根据需要改变测站的工作状态，控制性能好。缺点是测站设备处于值守状态，功耗大；通信为双向，设备复杂；实时性低于自报式。

（3）混合式

该方式兼具自报式和应答式的优点，实时性和可控性较好，为水情自动测报系统工作方式的发展方向。

根据所建系统的特性，本系统工作体制采用以自报为主，兼容应答的混合式，具有现地和远地编程控制功能的定时自报或事件自报（参数变化达到加报标准）功能，并具有查询应答功能。北斗卫星通信具有定时自报或事件自报功能，GPRS 通信具有定时自报或事件自报功能，以及查询应答等功能。

4.3.7　数据中心站集成设计

中心站是老挝国家水资源信息数据中心示范建设项目信息接收、处理、发布和应用的核心。老挝国家水资源信息数据中心站建设包括建设数据应用系统、计算机网络系统（含硬件与软件）、数据库系统以及视频会商系统（含设备配备）等。

4.3.7.1　总体结构及信息流程

（1）总体结构

中心站是水资源信息数据中心数据信息接收处理的中枢，主要由数据应用系统、计算机网络系统、数据库系统和视频会商系统组成。中心站总体结构见图 4.3-3。

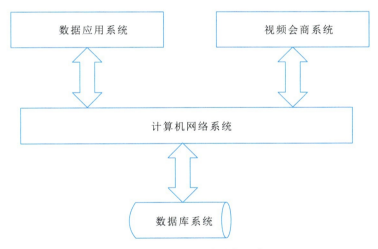

图 4.3-3　中心站总体结构示意图

数据应用系统主要完成系统各监测站水雨情信息的实时接收、处理并写入实时数据库；对实时数据库的数据进行分析计算处理并写入水资源数据库；对水资源数据库的数据进行管理与维护并提供水质、地下水和用水数据等人工数据录入接口；以图表的方式查询实时和历史水资源相关信息。

计算机网络系统主要为系统数据接收、处理、分析计算和查询等数据应用提供硬软件平台,实现雨量、水位和流量数据共享。

数据库系统主要包括建立的实时数据库和水资源数据库。

视频会商系统为水资源管理提供会商与展示服务。

(2)信息流程

老挝国家水资源信息数据中心站的核心部分是数据库系统,所有的环节均与数据库系统进行衔接,监测数据接收处理系统将接收到的实时水位、雨量等数据写入实时数据库,数据分析计算及处理系统将实时数据库中的数据进行分析计算处理后写入水资源数据库,水资源信息展示查询平台系统从水资源数据库中提取数据进行发布,数据管理与维护系统对水资源数据库中的数据进行维护管理,同时提供水质、地下水和用水等人工数据录入接口,信息处理流程见图 4.3-4。

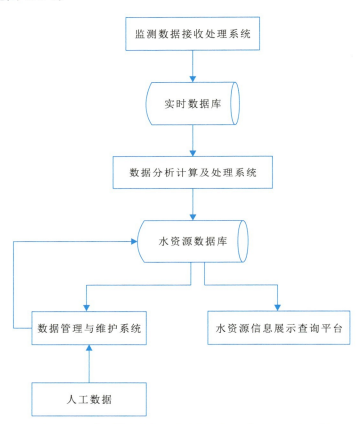

图 4.3-4 老挝国家水资源信息数据中心信息处理流程图

4.3.7.2 系统设计

(1)计算机网络系统

中心站的计算机网络协议对外互联均采用 TCP/IP 协议,局域网内部支持 TCP/IP、IPX/SPX、NetBEUI 等协议。中心站计算机网络采用万兆以太网技术。按功能区划分为内网和外网。内网由万兆以太网交换机作为核心交换机,接入层交换机使用千兆线路与核心交换机相连;外网接入配置核心汇聚路由器和防火墙,防火墙作为数据中心边界接入和隔离,为其提供用户安全接入、抗攻击、入侵检测、防病毒、高性能 VPN、带宽管理等综合安全保障;为保障网络的稳定性,内外网均采用双网冗余结构设计。

计算机网络系统设备主要包括网络及数据库服务器集群系统、通信服务器、应用服务器、核心交换机、接入交换机、路由器、防火墙以及各类工作站等。

(2)数据库系统

老挝水资源数据存储的数据库系统要求为:关系型数据库;支持网络运行、多种类数据类型的存储、海量数据管理;可提供客户端的分类、查询功能,界面友好,系统操作简便,便于非计算机专业的系统维护人员的使用;支持与其他应用和平台的互操作性;具有简便的数据库复制或快速转存功能。

根据老挝国家水资源信息数据中心实际需求,本系统数据库平台选用 Microsoft 公司开发的关系型数据库系统 SQL Server。SQL Server 是一个可扩展的、高性能的、为分布式客户机/服务器计算所设计的数据库管理系统,实现了与 Windows 的有机结合,提供了基于事务的企业级信息管理系统方案。

(3)数据应用系统

老挝国家水资源信息数据中心站数据应用系统由监测数据接收处理系统、数据分析计算及处理系统、数据管理与维护系统和水资源信息展示查询平台系统组成,其核心部分是数据库系统,所有的环节均与数据库系统进行衔接,监测数据接收处理系统将接收到的实时水位、雨量、流量等数据写入实时数据库,数据分析计算及处理系统将实时数据库中的数据进行分析计算处理后写入水资源数据库,水资源信息展示查询平台系统从水资源数据库中提取数据进行发布,数据管理与维护系统对水资源数据库中的数据进行维护管理,同时提供人工数据录入接口。

1)监测数据接收处理子系统功能

a. 数据接收、处理:能实时、定时和批量接收遥测站的水雨情数据,并在合理性判别和处理后,自动写入实时数据库。

b. 远地监控:能远地监控野外监测站点的工作状况。

c. 状态告警:根据设定的告警雨量、水位值,可实现自动告警功能。

d. 数据查询:可用图表的形式查询实时数据库中存储的水雨情数据。

2)数据分析计算及处理子系统功能

a. 数据的分析处理:能对接收到的实时数据进行分析、整理、计算,排除不合理的数据,将合理的数据写入水资源数据库。

b. 数据拦截及报警功能:根据用户设定的参数分析数据的正确性,对错误的数据进行拦截并通过声音和事件报警方式提示用户。

3）数据管理与维护子系统功能

a. 数据修订：可对水资源数据库中的数据进行增、删、改。

b. 人工数据录入：针对现有的人工数据格式，提供批量导入接口。

4）水资源信息展示查询平台子系统功能

a. 数据查询：可以使用不同类型的图表进行实时、历史数据的查询和各种统计信息的查询。

b. 实时监测及报警：提供 Web 形式的水雨情信息实时监测与报警。可以根据用户设定的各类报警标准进行分级报警。

（4）视频会商系统

视频会商系统由大屏显示系统、会议发言系统、会议扩音系统、视频会议系统、集中控制系统和信号处理系统组成。

1）大屏显示系统

由 46 寸 3×4 拼接 LCD 显示单元、多屏处理器、大屏控制软件等部分构成。能逼真地还原 DVD、视频会议、有线电视、摄像机和计算机的视频信号；并可在多种画面之间互相切换，为重大会议的讨论、重要决策提供直观方便的服务，快速直观地为会议提供所需材料。

2）会议发言系统

主要是数字会议控制主机和会议话筒，会议话筒以"手拉手"方式连接到会议控制主机。

3）会议扩音系统

根据会议室的面积及会议特点，配置功率放大器及音箱。

4）视频会议系统

会议室配置视频会议终端，实现与其他会场的数据、语音和图像的高速交换和共享，为了保证对会议现场的视频采集，真实还原现场视频信息，需在会议室不同角度配备会议专用摄像机。

5）集中控制系统

通过触摸屏控制面板、计算机或掌上遥控器对各种独立的设备和系统进行方便、灵活的集中控制。

6）信号处理系统

通过矩阵、切换器、分配器等设备将各种信号源的输入和输出进行组合分配，从而实现信号合理传输的功能。

4.3.7.3　中心站设备配置

为满足老挝国家水资源信息数据中心站实现数据接收处理、视频会商和水资源数据展示等功能，数据中心典型设计配置方案见表 4.3-2。

表 4.3-2　　　　　　　　　　　老挝国家水资源信息数据中心站设备配置表

序号	设备设施名称	备注
一、中心机房设备		
1	数据库存储系统	存储基本配置
1.1	数据库服务器	
1.2	磁盘阵列	
1.3	集群系统	
2	通信服务器	通信
3	应用服务器	应用
4	服务器机柜及 KVM 套件	
5	UPS 不间断电源	电源保证
6	网络设备及专线接入	网络基本配置
6.1	核心路由器	
6.2	核心交换机	
6.3	接入交换机	
6.4	防火墙	
6.5	专线接入	
7	恒温设备	
8	卫星接收指挥机	
二、办公及维护设备		
1	工作站	
2	移动工作站	
3	网络测试设备	
4	组合工具	
三、软件		
1	数据库系统	
2	企业版服务器操作系统	
3	标准版服务器操作系统	
4	网络杀毒软件	
5	监测数据接收处理系统	
6	数据分析计算及处理系统	
7	数据管理与维护系统	
8	水资源信息展示查询平台系统	
四、会商系统		
1	大屏显示系统	
2	视频会议系统	
3	集中控制系统	
4	信号处理系统	
5	会议发言系统	
6	音响扩声系统	

4.3.8 自动监测站集成设计

根据"澜沧江—湄公河水资源合作"项目内容进行老挝国家水资源信息数据中心示范建设,需新建51个自动监测站,其中包括17个水文站(含琅勃拉邦水文站流量自动监测)、34个雨量站、2个视频监控。

4.3.8.1 雨量自动监测站建设

雨量自动监测站建设包括安装基础及避雷接地系统、仪器设备组装和现场调试等部分。

(1)土建及避雷接地系统设计

按照项目建设需求,在雨量观测点周围环境选择开阔无遮挡区域作为雨量自动监测站安装位置。在选定的安装地点需进行土方开挖,坑基尺寸长0.5m、宽0.5m、深1m,底部可用碎石、砂浆、C25混凝土回填,深0.4m,将预制地笼放入中轴线处,用板材打围回填四周,然后用碎石、砂浆、C25混凝土回填至与地笼顶部平齐,预留安装法兰接触面用于仪器支架对接。

雨量自动监测站避雷接地需采用40mm×4mm镀锌扁钢和50mm×50mm×5mm镀锌角钢,组成水平接地体与垂直接地体相结合的复合接地体。防雷接地体尽量避免设置在人员活动区域、人行道上,注意避开地下电缆、光缆、水管,选择土壤条件均匀的田地,不宜选择在矿渣、沙石较多的位置。接地体为一字形,长10m,垂直接地体长度为1.5m,间距2m。地网与仪器安装位置必须保持3m的间距。采用均衡电位地网,即在避雷塔、一体化仪器箱地基外侧埋设深度为1m的地网,接地地网的材料要求进行防腐处理,接地电阻应小于10Ω;避雷针应安装在能全部覆盖自动监测站设备设施的位置处。

(2)围栏设计

雨量自动监测站围栏根据施工现场就地取材,采取木质或铁丝网方式,高度不低于1.2m,规格为2m×2m的正方形。

(3)雨量自动监测站结构

遥测站组成包括仪器箱、YAC2018遥测终端机(RTU)、电源控制器、信号避雷器、电源系统、通信单元、传感器7个部分。雨量站结构见图4.3-5。

(4)雨量自动监测站安装调试方案

1)安装方式

a. 一体化机柜:安装在预先浇筑的混凝土基础上。

b. 避雷针:安装在预先浇筑的混凝土基础上。

c. RTU:安装在一体化机柜内的安装板上。

d. GPRS/GSM 终端:安装在一体化机柜内的安装板上,天线放置在机柜外部,采用玻璃胶固定。

e. 北斗终端:安装在一体化机柜内的安装板上。

f. 信号避雷器:安装在一体化机柜内的安装板上。

g. 蓄电池:直接放置在一体化机柜内。

h. 雨量传感器:安装在一体化机柜外部顶端。

i. 太阳能电池板的安装:安装在一体化机柜外部,线缆长度约 2m。太阳能面板向上,朝向南方。

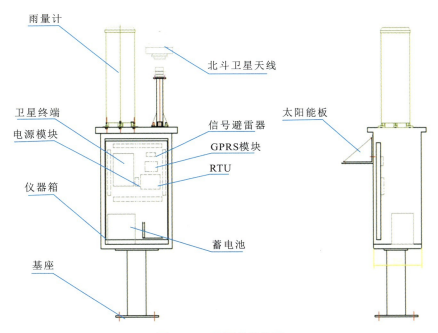

图 4.3-5　雨量站结构图

2)调试方案

a. 雨量计调试:将翻斗式雨量计固定在一体化机柜顶部,调整旋钮保证其内部翻斗平台处于水平,手动翻转翻斗,检查雨量计输出端是否有脉冲信号输出。

b. 电源系统:记录蓄电池初始电压 13.00V、太阳能板开路电压 17.6V 及短路电流 30mA。

c. RTU 调试内容:雨量数据采集及存储测试;GPRS 信道雨量加报测试;北斗信道雨量加报测试;GPRS 信道远程召测测试。

调试完成后,核对 RTU 参数配置。

雨量自动监测站设备配置清单见表 4.3-3,雨量自动监测站效果见图 4.3-6。

表 4.3-3　　　　　　　　　　　雨量自动监测站设备配置清单

序号	仪器设备	备注
1	雨量传感器	精度 0.5mm
2	遥测终端(含机箱)	
3	GPRS/GSM 终端	
4	卫星终端	
5	蓄电池	12V/38Ah
6	太阳能电池板	20W
7	太阳能充电控器	
8	信号避雷器	
9	一体化机柜及基础	
10	避雷针	

图 4.3-6　雨量自动监测站效果图

4.3.8.2　水位自动监测站建设

水位自动监测站建设包括仪器间及避雷接地系统、水尺及观测道路、仪器设备组装和现场测试等部分。

(1)仪器间设计

仪器间(图 4.3-7)采用砖混结构,建筑面积约为 2.25m²,水文站仪器间为 9m²,房屋主体高度≥2.5m,房顶现浇,四周设有女儿墙,设有排水管。房门采用防盗门,房屋通风防潮。水文站仪器间房顶开设天窗,并设有爬梯,便于上下安装设备,其他仪器间不设天窗。房顶上应浇筑穿线管以及避雷针、卫星天线安装杆基座、太阳能电池板支架基座和雨量计基座等安装基础设施。仪器间室外墙脚应做 1:20 斜坡散水处理。

图 4.3-7　仪器间建成图

（2）观测水尺设计

观测水尺根据测站实际情况修建直立或倾斜式水尺，根据水位观测标准要求，水尺测量范围应低于历史最低水位 0.5m，并高于历史最高水位 0.5m。观测水尺根据测站地理和地质情况修建，因为老挝目前尚未颁布国家水位观测标准，因此老挝国家水资源信息数据中心示范建设采用通用的水利行业观测标准，观测水尺的安装应符合相关规定。观测水尺测量不低于 5 等测量标准。

（3）观测道路设计

根据地形条件，观测道路采用阶梯式或平地式 C20 混凝土浇筑方式，道路修建宽度不低于 0.6m，当地形变化较大时可设计换坡台。硬土条件时，道路开挖深度不低于 20cm，在道路地基地质条件不好时需要加适量钢筋增强结构力。观测道路的长度根据水位站现场条件确定，最低处的台阶高程应等于或低于工程施工期内最低水位，13 个水文站观测道路总长约为 400m。

（4）水准点设计

水准点选点和埋石必须满足水准点和观测水尺的联测要求，根据实地踏勘情况，在水位站附近进行埋设。一般采用混凝土标石和基岩深凿镶嵌标石。

1）混凝土标石

在选定地点开挖深 0.5～0.8m 的基坑，基坑底一般已至基岩或实质地基，现场在基坑底浇注筑混凝土，并与柱状标石底盘相嵌，完成后，上方加套预制好的方形护井，用混凝土填实，最后在方形护井上方加盖指示盘。

2）基岩深凿镶嵌标石

为保证标石稳定性，制定了基岩深凿镶嵌方案，即利用测区大片裸露基岩石，凿出深坑，现场用混凝土将"铜制标盘标芯"镶嵌在坑中，并加上厚重预制护盖加以保护。临时校核点标石可采用埋设墙角水准标志或镶嵌水准标志的方式布设，但要满足选点和埋设标石的要求，稳固无松动。

水准点包括基本水准点和校核水准点各 2 个，水准点高程采用全站仪和水准仪进行测量，测量后需进行校核。

（5）避雷接地系统设计

水位自动监测站避雷接地使用 40mm×4mm 镀锌扁钢和 50mm×50mm×5mm 镀锌角钢，采用水平接地体与垂直接地体相结合的复合接地体。防雷接地体尽量避免设置在人员活动区域和人行道上，注意避开地下电缆、光缆、水管，选择土壤条件均匀的田地，不宜选择在矿渣、沙石较多的位置。接地体为一字形，长 10m，垂直接地体长度为 1.5m，间距 2m。地网与房屋必须保持 3m 的间距。采用均衡电位地网，即在避雷塔、仪器间地基外侧埋设深度为 1m 的地网，接地地网的材料要求进行防腐处理，接地电阻应小于 10Ω；避雷针应安装在能全部覆盖遥测站设备设施的位置处。

（6）水位自动监测站结构

遥测站组成包括仪器箱、YAC2018 遥测终端机（RTU）、电源控制器、信号避雷器、电源系统、通信单元、传感器 7 个部分。水位自动监测站结构见图 4.3-8。

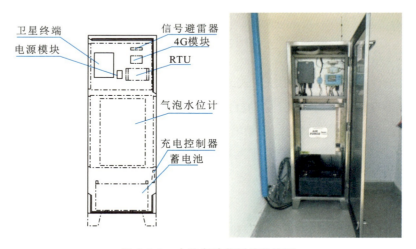

图 4.3-8　水位自动监测站结构图

（7）水位自动监测站安装调试方案

1）安装方式

a. 一体化机柜：放置在仪器间内。

b. 避雷针:安装在预先浇筑的混凝土基础上。

c. RTU:安装在一体化机柜内的安装板上。

d. GPRS/GSM 终端:安装在一体化机柜内的安装板上,天线放置在机柜外部,采用玻璃胶固定。

e. 北斗终端:安装在一体化机柜内的安装板上。

f. 信号避雷器:安装在一体化机柜内的安装板上。

g. 蓄电池:直接放置在一体化机柜内。

h. 雨量传感器:安装在一体化机柜外部顶端。

i. 水位传感器:安装在一体化机柜内部。

j. 太阳能电池板的安装:安装在一体化机柜外部,线缆长度约 6m。

2)调试方案

a. 雨量计调试:将翻斗式雨量计固定在一体化机柜顶部,调整旋钮保证其内部翻斗平台处于水平,手动翻转翻斗,检查雨量计输出端是否有脉冲信号输出。

b. 水位计调试:首先进行气泡式压力水位计冲沙操作,完成后通过水位计自带显示屏观察压力水位变化,稳定后数值即为当前管口离水面距离并做好记录。

c. 电源系统:记录蓄电池初始电压 13.0V、太阳能板开路电压 19.1V 及短路电流 500mA。

d. RTU 调试内容:雨量、水位数据采集及存储测试;GPRS 信道雨量、水位加报测试;北斗信道雨量、水位加报测试;GPRS 信道远程召测测试。

调试完成后,核对 RTU 参数配置。

水文自动监测站设备配置清单见表 4.3-4,水文站建设效果见图 4.3-9。

表 4.3-4　　　　　　　　　　　水文自动监测站设备配置清单

序号	仪器设备	备注
1	雨量传感器	精度 0.5mm
2	水位传感器	气泡式水位计(40m)
3	遥测终端(含机箱)	
4	GPRS/GSM 终端	
5	卫星终端	
6	蓄电池	12V/100Ah
7	太阳能电池板	40W
8	太阳能充电控器	
9	信号避雷器	
10	一体化机柜	
11	避雷针	

图 4.3-9　水文站建设效果图

4.3.8.3　流量在线监测站建设

琅勃拉邦水文站自动流量在线监测系统是老挝国家水资源信息数据中心示范建设项目的重点示范站,位于琅勃拉邦省内湄公河流域,是干流控制站,位于东经 $102°08'03''$、北纬 $19°53'32''$ 处,海拔高度 267m。观测断面河宽超过 400m,该断面上游是南康河与湄公河的汇入口,并且有一个江心洲,在该断面形成一个 W 底。利用传统的指标流速法难以实现湄公河流量的在线实时监测和率定。河道断面基本情况见图 4.3-10。

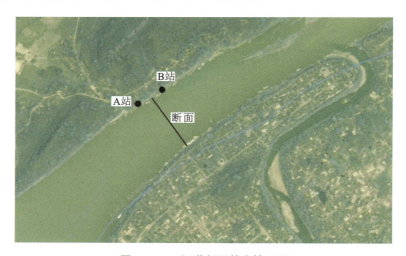

图 4.3-10　河道断面基本情况图

UHF 侧扫雷达流量在线监测系统是一种自动监测表面流速,同时具有数据处理和远程传输以及实时分析的实时在线监测系统。因此,采用 UHF 侧扫雷达流量在线监测技术可有效解决这一难题,实现河流流量实时在线监测。

（1）流量站架构

琅勃拉邦水文站流量在线监测站采用两台全数字 UHF 雷达系统，主要集成硬件设备和软件分析两部分。其中，硬件设备包括发射天线、接收天线、计算机（含存储单元）、电源管理单元、无线通信单元。软件分析包括数据信号转换，傅里叶变换、数据计算、数据合成等过程。

UHF 雷达系统技术指标见表 4.3-5。

表 4.3-5　　　　　　　　　　　　　　**UHF 雷达系统技术指标**

名称	参数
雷达波段	UHF 波段
供电电压	220VAC 或 24VDC
平均功率	90W
工作温度	$-25\sim+65℃$
数据传输方式	3G、4G 网络，有线网，Wifi
雷达本地存储大小	2T
本地最大存储时长	2 年（保存原始回波数据）
测流时间间隔	用户可配置（默认 1h）
覆盖面积	400m×400m
测量河流宽度	30～500m
方位角分辨率	1°
距离分辨率	10～30m
矢量流场网格分辨率	10m×10m
流速测量范围	2.0～500cm/s
表面流速分辨力	2.0cm/s
表面流速测量相关系数	0.98
流量测量误差	<5%

注：交流电源和直流电源自动互切。

（2）信息处理方案

UHF 雷达通过发射天线向河面发射超高频电磁波。电磁波与河面相互作用产生散射，信号被接收天线阵列接收。信号经过放大、采样、滤波、下变频处理，经过第一次傅里叶变换，得到距离信息。前述信号处理过程均在接收机数字电路板中完成。第一次傅里叶变换的结果通过 USB 口传递给计算机。计算机对第一次傅里叶变换的结果进行第二次傅里叶变换，得到频率信息。所有通道的信号记录每一个频点对应的水流径向速度，通过多通道相位信息，计算其方位。遍历所有频点,得到 UHF 雷达探测范围内的径向流场。将径向流场的结果通过无线 4G 网络由互联网传送到数据中心。

（3）中心数据接收处理流程

数据中心通过网口通软件,由互联网接收野外站雷达传送的径向流场数据。综合 10min 内的多场径向流数据,通过滤波处理,得到质量较高的径向流场数据。对同一站点,具有共同覆盖区的两台雷达的径向流场进行矢量合成,得到矢量流场数据。利用矢量流场数据提取指定断面上的表面流。根据表面流数据,结合水位数据与大断面数据,计算对应垂线上不同深度的流速分布数据,利用面积流速法计算流量,并将流量数据写入数据库。

4.3.8.4 视频监控站设计

（1）选型原则

监控前端摄像设备主要包括摄像机和云台等,根据实际需求遵循以下原则进行选择:

a. 户外监控前端应选择日/夜转换型摄像机。

b. 室内照度较低或补偿性光源较弱的区域应选择超低照度摄像机。

c. 受现场条件限制无法安装辅助照明设备的监控区域可选择采用红外摄像机。

d. 在完全无光的远距离监控场景可选择采用红外热成像摄像机或红外一体化云台设备。

e. 在水库库区、大坝、水闸和泵站管理区等大场景,且需要经常快速变换监控对象的室外场景,宜选用一体化高速球形摄像机或全景摄像机。

f. 对变配电设备、电缆、水泵电机等发热设备采用热成像测温摄像机。

g. 供电成本较高的监测点可采用低功耗摄像机。

h. 对闸门、水泵等固定对象进行监控可采用固定式定焦摄像机。

（2）前端部署及主要设备选型

根据水文测站特定监控对象的特点,合理选择监控前端位置,位置布设应满足对监控对象的有效观察。水文测站场点宜布设视频监控。水文测站监控设备选型原则见表 4.3-6。

表 4.3-6　　　　　　　　　　　水文测站监控设备选型原则

序号	监测对象	安装区域及覆盖范围	备注
1	水文测站出入口	宜安装在出入口正向位置,全画面覆盖出入口,具备人车分析能力,出入口进出留痕	应设
2	水文测站内	安装位置应能覆盖站房内全景区域	应设
3	水位尺	安装水位尺正面位置,与水尺距离不宜过远,宜在 50m 范围内,安装角度应保证正常监视水尺	应设
4	水雨量测量设施、缆道测流设施等室外水文设施	结合现场环境合理安装,应对规定区域覆盖视频监控画面	应设
5	水文测站其他重要区域	结合现场实际情况进行点位安装及画面	宜设

（3）前端配套设计

1）支架

摄像机应根据所需监控的范围、角度、场景以及现场条件来选择安装方法。考虑安全因素及施工条件，以支架安装为主。支架安装应按以下原则：

a. 水利工程内运行有电气设备，安装时首先应考虑与高压设备的安全距离。

b. 摄像机支架的选择必须满足荷重要求，同时具备防锈防腐功能。

c. 安装应牢固，不得歪斜，制作要美观。

d. 不具备条件可利用原有水泥杆上的"U"形抱箍安装摄像机。

2）补光灯

对于采光条件比较差的场所，以及夜晚低照度环境下的监控需要，为了保障监控质量，需要在监控点配置补光灯，在监控现场环境及设备时开启周围的灯光。灯光设备合理选择安装位置，以防光源影响摄像机图像。

3）前端供电设计

前端监控一般应配备市电供电的条件，如果无法提供发电条件，可考虑采用风能和太阳能互补的发电系统，根据负载情况进行灵活配置。

（4）视频监控系统

视频监控系统通过对前端编码设备、后端存储设备、中心传输显示设备、解码设备的集中管理和业务配置，实现对视频图像数据、业务应用数据、系统信息数据的共享需求等综合集中管理。实现视频安防设备接入管理、实时监控、录像存储、检索回放、智能分析、解码上墙控制等功能。通过开放的体系架构，全面、丰富的产品支持，满足用户多样的视频监控需求。

1）实时预览

平台支持用户对监控点位的实时画面预览，包括基础视频预览、视频参数控制、视图模式预览，支持与监控点所在的摄像机进行实时对讲、批量广播以及对云台摄像机进行实时云台控制，按监控需求实时监控水利工程的运行状态。

①基础视频预览：

a. 支持在视频监控点目录上展示监控点的在线/离线状态，方便用户直观地了解各区域监控点的在线情况。

b. 支持视频播放窗口布局切换，包含 1、4、9、16、25 常规画面分割及 1＋2、1＋5、1＋7、1＋8、1＋9、1＋12 等个性化画面分割以及 1×2、1×4 的走廊分割模式，实现在同一屏幕上预览多点监控画面。

c. 支持在预览画面时抓图以及发现异常情况后紧急录像，记录异常问题。

d. 支持监控点分组轮询，可设置轮询时间间隔、轮询分组的监控点顺序、默认窗口布局等对监控点视频画面进行轮询显示。

e. 支持轮询分组管理，满足用户按特定的需求进行轮询，如防汛时轮询水位的监控点、日常巡查时轮询水利工程关键区域的监控点。

②视图预览：

a. 支持以视图的形式保存监控点和播放窗口的对应关系及窗口布局格式，用户可用视图进行监控点分组管理及快速预览。

b. 支持以共有视图和私有视图两种模式进行视图管理。对视图中的监控点有预览权限的任何用户都可对公有视图进行预览、视图配置。

c. 私有视图只对本用户开放权限，其他用户登录后无法看到该视图。

③云台及视频参数控制：

支持对具有云台功能的监控点进行云台控制。在监控预览状态下，通过云台控制按钮对云台的上下左右等方向进行控制，实现监控画面的近距离、多方位观测。

2）录像回放

a. 录像回放用于对历史视频录像的查询、定位、播放、录像流控、片段下载等。

b. 支持按录像类型（计划录像、报警录像、移动侦测）进行查询。

c. 为了提升回放速率，支持对录像回放画面进行流控操作，包括正放、倒放、倍速播放、倍速倒放、慢放、慢速倒放、单帧步进、单帧步退等，倍速播放速率有 1、2、4、8、16 倍速可选，慢速播放速率有 1/2、1/4、1/8 可选。

d. 支持对重要的录像片段进行锁定和解锁，锁定的录像片段不能被覆盖或删除。

e. 支持对录像添加标签和描述信息，并按标签类型、描述信息查找录像片段。

f. 支持对录像回放中的人脸信息进行快速检索；录像回放发现可疑人员时，可对当前画面中的人员直接进行以脸搜脸，查询可疑人员的移动轨迹；无须用户手动截图到综合管控中进行人脸搜索，提升效率，提升易用性。

4.3.9 数据中心实施

自 2016 年老挝水资源数据中心示范建设项目启动以来，长江水利委员会水文局派出多批次技术人员赴老挝开展沟通交流、查勘测试与现场施工等，2016 年完成了项目规划报告和实施方案编制并通过专家审查；2017 年完成了数据中心站机房和会商室装修以及计算机网络系统、数据库系统和软件平台的部署与安装调试；完成了遥测站至中心站的数据传输通信网；完成了 Ban Akat 自动监测站建设；2018 年完成了 24 个水资源自动监测站的自动采集与传输系统。

4.3.9.1 中心站实施

（1）计算机网络系统

中心站设在老挝人民民主共和国自然资源和环境部气象水文司。计算机网络系统拓扑结构采用星形结构，见图 4.3-11。

（2）数据库系统

为确保数据存储的可靠性，数据库系统作为中心站数据存储核心，将 2 台服务器组成的一个双机热备集群作为数据库系统的存储介质。根据数据存储的需求,数据库系统划分为实时数据库和水资源数据库。实时数据库存储实时监测的水雨情信息和工况信息等,为监测数据接收处理系统提供数据存储服务。水资源数据库存储经过分析、整理、计算后的水雨情信息,为水资源信息展示查询平台提供数据支撑,并留有地下水、水质等其他水资源数据库开发接口。

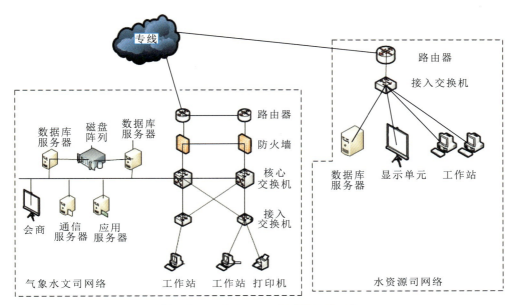

图 4.3-11　数据中心计算机网络拓扑图

（3）视频会商系统

视频会商系统由大屏显示系统、会议发言系统、会议扩音系统、视频会议系统、集中控制系统和信号处理系统组成,见图 4.3-12。

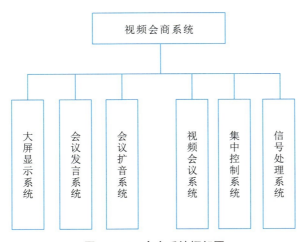

图 4.3-12　会商系统框架图

（4）数据应用系统

1）数据应用系统的组成

老挝水资源信息数据中心站数据应用系统由监测数据接收处理系统、数据分析计算及处理系统、数据管理与维护系统和水资源信息展示查询平台系统组成，见图4.3-13。

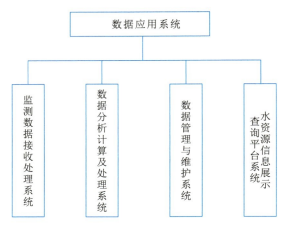

图 4.3-13　数据应用系统组成图

2）应用系统软件功能

①监测数据接收处理系统功能。

a. 数据接收、处理：实时、定时和批量接收遥测站的水雨情数据，并在合理性判别和处理后，自动写入实时数据库。

b. 远地监控：能远地监控野外监测站点的工作状况。

c. 状态告警：根据设定的告警雨量、水位值，可实现自动告警功能。

d. 数据检索：可用图表的形式检索实时数据库中存储的水雨情数据。

监测数据接收处理系统软件主界面见图4.3-14。

监测数据接收处理系统软件水位查询见图4.3-15。

监测数据接收处理系统软件雨量查询见图4.3-16。

监测数据接收处理系统软件工况查询见图4.3-17。

监测数据接收处理系统软件测站管理见图4.3-18。

监测数据接收处理系统软件远程参数读取见图4.3-19。

监测数据接收处理系统软件远程参数读取回应见图4.3-20。

监测数据接收处理系统软件远程批量召测见图4.3-21。

监测数据接收处理系统软件畅通率统计见图4.3-22。

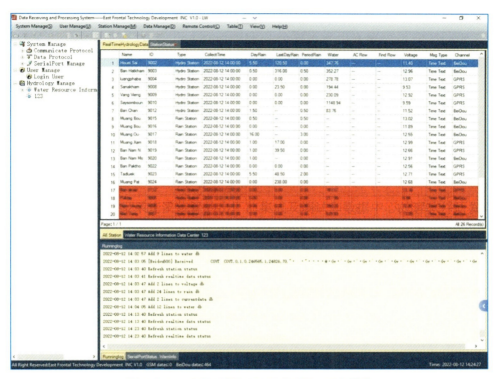

图 4.3-14　监测数据接收处理系统软件主界面图

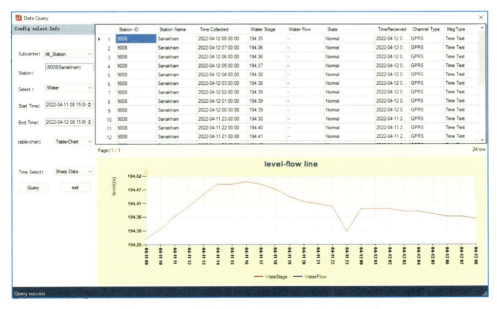

图 4.3-15　监测数据接收处理系统软件水位查询图

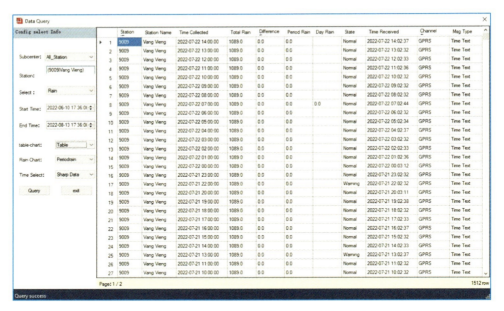

图 4.3-16　监测数据接收处理系统软件雨量查询图

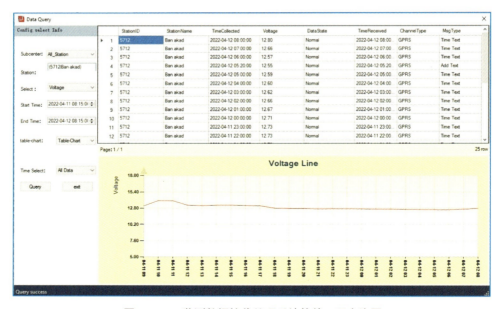

图 4.3-17　监测数据接收处理系统软件工况查询图

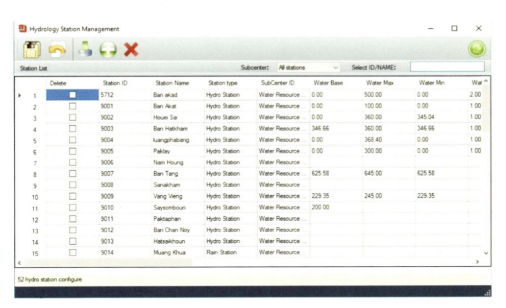

图 4.3-18　监测数据接收处理系统软件测站管理图

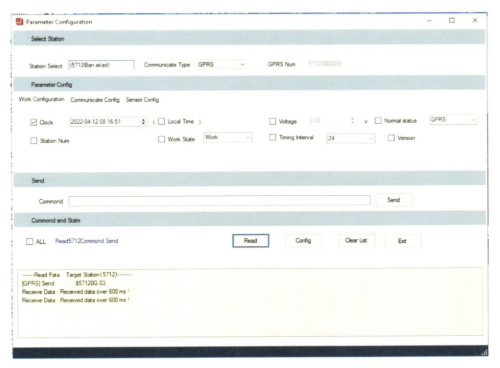

图 4.3-19　监测数据接收处理系统软件远程参数读取图

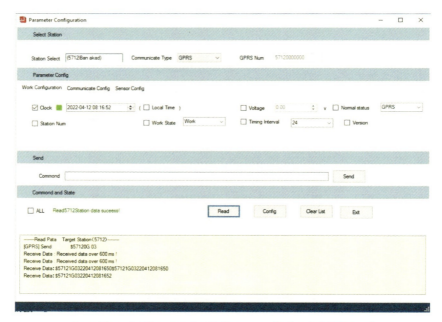

图 4.3-20　监测数据接收处理系统软件远程参数读取回应图

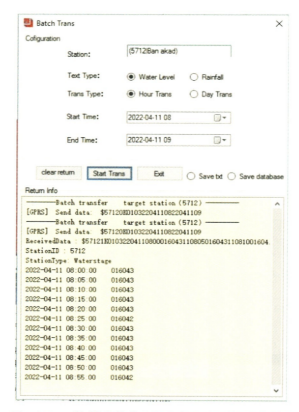

图 4.3-21　监测数据接收处理系统软件远程批量召测图

图 4.3-22　监测数据接收处理系统软件畅通率统计图

②数据分析计算及处理系统功能。

a. 数据的分析处理：能对接收到的实时数据进行分析、整理、计算，排除不合理的数据，将合理的数据写入水资源数据库。

b. 数据拦截及报警功能：根据用户设定的参数分析数据的正确性，对错误的数据进行拦截并通过声音和事件报警方式提示用户。

数据分析计算及处理系统软件界面显示见图 4.3-23。

③数据管理与维护系统功能。

a. 数据修订：可对水资源数据库中的数据进行增、删、改。

b. 人工数据录入：针对现有的人工数据格式，提供批量导入接口。

数据管理与维护系统软件界面显示见图 4.3-24。

④水资源信息展示查询平台系统功能。

提供基于 Web 形式数据查询界面：

a. 数据查询：可以使用不同类型的图表进行实时、历史数据的查询和各种统计信息的查询。

b. 实时监测：可实时监测水雨情信息。

水资源信息展示查询平台系统软件主界面见图 4.3-25。

水资源信息展示查询平台系统软件水位查询见图 4.3-26。

水资源信息展示查询平台系统软件降水量查询见图 4.3-27。

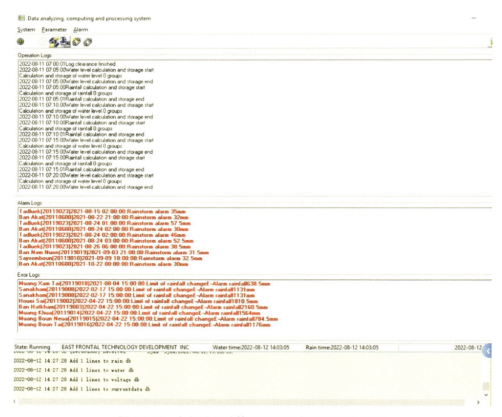

图 4.3-23　数据分析计算及处理系统软件界面显示图

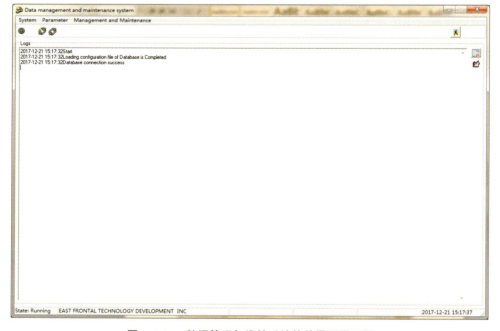

图 4.3-24　数据管理与维护系统软件界面显示图

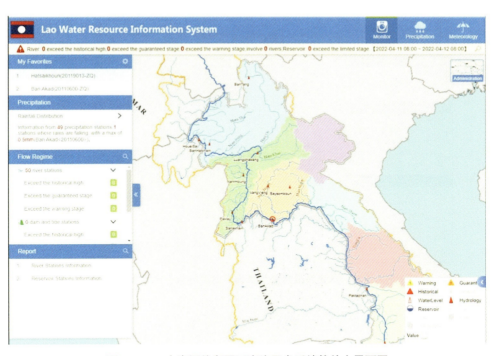

图 4.3-25　水资源信息展示查询平台系统软件主界面图

图 4.3-26　水资源信息展示查询平台系统软件水位查询图

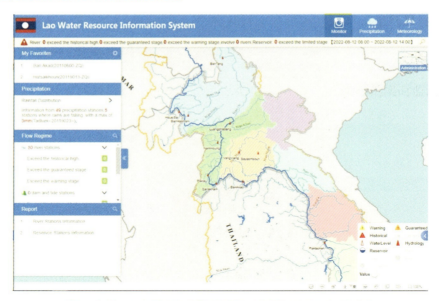

图 4.3-27　水资源信息展示查询平台系统软件降水量查询图

4.3.9.2　监测站实施

（1）自动监测站实施情况

项目实施地点分布在老挝境内 9 个省。为顺利完成老挝数据中心项目,在老挝方技术人员的陪同下首先对 51 个站逐站确定建设地址并与当地政府部门协调建设用地,随后开展了老挝数据中心项目设备安装调试前的土建施工,主要涉及 17 个水文监测站(含 1 个流量站)和 34 个雨量监测站的设备仪器间、观测道路、气管敷设、避雷系统、水尺、水准点等土建施工,完成 17 个水文监测站(含 1 个在线流量监测站)、34 个雨量监测站、2 个视频监控站的安装调试工作。帕它潘(Paktaphan)水文站现场安装见图 4.3-28。

图 4.3-28　帕它潘水文站现场安装图

（2）琅勃拉邦水文站流量在线监测系统应用情况

琅勃拉邦水文站流量在线监测站采用两台全数字 UHF 雷达系统,其监测系统结构完全相同,均由天线阵列、UHF 雷达机箱、支撑杆和混凝土基座组成。两台雷达固定在河堤的同一侧,相距为河宽的 30%～50%,雷达天线与河面之间没有遮挡物,天线阵列距离水面高度为10～20m。双站间距 200m 左右。如图 4.3-29 所示,黄色扇形区域是 A 站雷达探测范围,红色扇形区域是 B 站雷达探测范围,两个扇形的重叠区域用来合成矢量流场,并结合断面和水位数据计算流量。

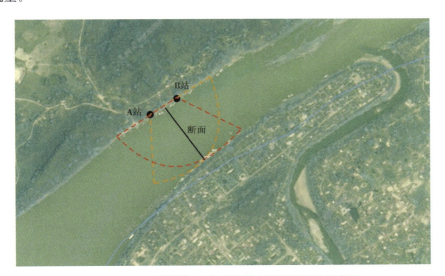

图 4.3-29　琅勃拉邦水文站流量在线监测系统示意图

1）设备安装情况

A 站（坐标:东经 102°8′1.61″,北纬 19°53′49.96″）:雷达机柜安装在预先浇筑的混凝土平台上。雷达主机、蓄电池和太阳能充电控制器分别安装在雷达机柜中。雷达主机和蓄电池通过电缆连接太阳能充电控制器。雷达支架安装在预先浇筑的混凝土平台上。八木天线和电池板支架安装在雷达支架上。天线方向正对河面,用射频线缆连接雷达主机（图 4.3-30）。太阳能板安装在电池板支架上,两块串联,用电缆连接太阳能充电控制器。

B 站（坐标:东经 102°7′55.76″,北纬 19°53′46.40″）:设备安装方式与 A 站相同。雷达机柜放置在站房内。雷达支架安装在房顶预先浇筑的混凝土基座上。太阳能板安装于屋顶基座支架上。八木天线方向正对河面（图 4.3-31）。

双站雷达使用蓄电池供电,太阳能板浮充。太阳能板为电压 36V、功率 200W 的单晶板,蓄电池组的电压和容量分别为 24V 和 250Ah,固定在雷达基座上的电池柜中,接收天线阵列通道数为 4,发射天线位于雷达主机和接收天线阵列之间,与主机一样均使用抱箍安装在支撑杆上。双站雷达发射功率均为 1W,扫频带宽和扫频周期分别为 15MHz 和 0.04s,对应 10m 的距离分辨率和 4.446m/s 的最大探测速度,雷达每场数据包含 512 个扫频周期,因此相干积累后的速度分辨率为 0.0085m/s。数据中心站位于机房,UHF Server 和 UHF Monitor 软件均安装在中心站计算机中,通过当地 4G 无线移动网络实时接收本地双站雷达测量的径向流场,并将之合成为矢量流场,同时提取断面表层流速,最后根据水文站提供的站点实时水位数据和断面高程信息计算断面流量。考虑到太阳能供电的能源紧缺问题,双站 UHF 雷达流量在线监测装备均工作在定时测量模式,由 UHF Monitor 软件配置为 1h 测量一次,每次测量时长为 5min,为防止双站之间发射的电磁波相互干扰,A 站和 B 站工作时间相互错开一个测量周期。

图 4.3-30　A 站现场安装图

图 4.3-31　B 站现场安装图

　　由 UHF 雷达获取表面流场数据,并结合琅勃拉邦水文站的断面数据、水位数据,反演河道断面的流量数据。双站合成的矢量流场见图 4.3-32。

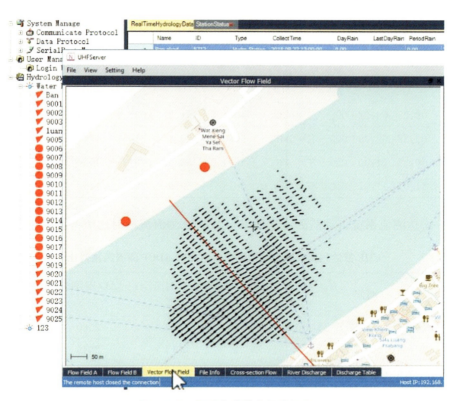

图 4.3-32　双站合成的矢量流场图

2)现场比测

2018 年 12 月 17—18 日,利用相控阵列走航式 ADCP(600kHz)在琅勃拉邦水文站水位观测断面进行现场流量观测,总共分 4 个时段进行 6 次往返测量,具体观测数据见表 4.3-7。

表 4.3-7　　　　　　　　　　　　　ADCP 实测流量值

日期	时间		测次号	水面宽/m	过水面积/m²	流量/(m³/s)					
	开始	结束				顶部	中部	底部	左	右	总计
2018 年 12 月 17 日	14:17	14:24	000—左	433.7	4877.4	61.4	2053	451	0.491	1.790	2567
	14:25	14:31	001—右	438.2	5030.6	60.9	2079	450	1.120	1.490	2593
	14:38	14:45	002—左	431.2	4875.3	60.0	2054	436	0.297	1.000	2551
	14:45	14:52	003—右	438.0	5052.3	59.7	2069	448	0.557	0.379	2578
	14:54	15:04	004—左	434.0	4944.3	59.2	2044	428	0.520	0.435	2532
	15:02	15:12	005—右	439.1	5056.7	58.8	2060	446	0.522	0.145	2566
	16:35	16:42	006—左	434.8	4929.1	60.2	2037	436	0.969	0.861	2536
	16:42	16:49	007—右	440.7	5068.1	59.4	2072	456	0.958	0.038	2589

日期	时间		测次号	水面宽/m	过水面积/m²	流量/(m³/s)					
	开始	结束				顶部	中部	底部	左	右	总计
2018年12月18日	09:25	09:32	008一左	432.4	4904.8	61.2	2037.4	449.5	0.442	0.000	2549
	09:32	09:39	009一右	440.8	5080.5	60.4	2105	474	0.406	−0.074	2640
	10:53	11:00	010一左	430.7	4874.3	60.6	2019	467	0.853	0.530	2548
	11:01	11:07	012一右	434.6	5013.3	59.9	2078	448	2.140	0.151	2588

UHF 雷达测流系统自动监测流量数据与 ADCP 测流流量对比所得结果见表 4.3-8。

表 4.3-8　　　　　　UHF 雷达测流系统自动监测流量数据与 ADCP 测流流量对比

站号	时间	水位/m	雷达测流/(m³/s)	ADCP 测流/(m³/s)	相对误差/%
9004	2018 年 12 月 17 日 14:00	276.12	2550	2580	1.16
9004	2018 年 12 月 17 日 15:00	276.12	2510	2549	1.53
9004	2018 年 12 月 17 日 16:00	276.12	2510	2562	2.03
9004	2018 年 12 月 18 日 09:00	276.11	2600	2594	0.23
9004	2018 年 12 月 18 日 11:00	276.11	2610	2568	1.64
相对误差平均值					1.32

表 4.3-8 表明,同时段 UHF 雷达测流流量与 ADCP 测流流量结果一致性很好。

琅勃拉邦水文站自动流量在线监测系统的建设与应用促进了老挝水文在线自动监测技术的发展,并逐步提高了老挝水文信息数据接收与处理能力,有效改善了老挝水文基础设施和管理能力薄弱等状况。

(3)万象 Ban Akat 和琅勃拉邦视频监控站实施情况

老挝视频监控系统由万象 Ban Akat 和琅勃拉邦视频监控站、网络传输系统、监控中心组成。万象 Ban Akat 和琅勃拉邦视频监控站现场配置了大华 SD59131U-HNI 摄像机、大华 NVR4104HS-4KS2 网络硬盘录像机、希捷 ST4000VX007 监控级硬盘、电源系统等。网络传输系统采用 3G 网络通信。

监控中心部署在老挝数据中心机房,通过综合管理平台和视频管理软件进行管理、实时预览、远程回放\下载、报警信息接收和联动以及远程设备参数配置等工作。

Ban Akat 视频监控现场安装见图 4.3-33。

琅勃拉邦视频监控现场安装见图 4.3-34。

图 4.3-33　Ban Akat 视频监控现场安装图　　图 4.3-34　琅勃拉邦视频监控现场安装图

4.4　实施效果评估

老挝数据中心项目经过三年实施已基本完成并取得了一定成效。2018 年 12 月,长江水利委员会水文局组织老挝国家水资源信息数据中心示范建设项目验收,并对整个项目进行移交。同时对老挝数据中心监测数据的可靠性、监测方法的合理性做出评估,为系统优化和运行维护提出合理化建议,真正让系统运行起来并发挥应有的作用。

4.4.1　数据中心的支撑作用

老挝国家水资源信息数据中心示范项目现已建设 25 个水情遥测站、1 个流量在线监测站、2 个视频监控站及 1 个水情数据中心站。水情数据中心站设在老挝中部万象气象水文司,数据中心一期、二期共计建设的 51 个水情遥测站,分布在老挝北部、中部和南部,所有数据都汇集到水情数据中心站,目前水情遥测系统均已投入正常运行,在老挝防汛抗旱和水资源管理方面发挥着重要作用。

监测站和中心站的正常运行是老挝国家水资源信息数据中心项目数据正常收集的基础保障,数据正常收集才能为防汛抗旱和水资源管理提供坚实的基础,为确保系统数据的正常收集,运行维护管理是必不可少的工作。老挝自动监测站点线长面广,整个系统运行维护管理工作由老挝气象水文司单独承担存在时效性低下、人力资源不足和维护成本偏高等问题。为保障系统正常运行,从速从快监控遥测运行情况并及时赴现场处理异常遥测站点,老挝后期分别在老挝北部和南部各建设一个运维分中心,采取就近维护的原则分别对自动监测站点进行运维管理。老挝国家水资源信息数据中心运维分中心建设能够有效保证数据中心的正常运行,为老挝防汛抗旱和水资源管理提供稳定、可靠的数据保障;另外可以利用运维分中心的建设培养老挝管理与专业技术人才,提高项目运行和管理能力。

4.4.2　数据中心的社会效益和经济效益

老挝人民民主共和国自然资源和环境部部长高度赞赏了水资源信息数据中心建设项目,认为该项目的投入运行对老挝防洪减灾和水资源管理发挥了重要作用,希望今后双方继续加强水利合作,在老挝全国河流综合规划等方面给予更多的支持。老挝方技术人员表示,在线流量监测系统的高可用性、系统的良好运行以及系统的建设特别是在线流量系统的建设,对该省掌握琅勃拉邦段湄公河干流水情信息非常有帮助。

水资源信息数据中心建设项目的实施准确捕捉了老挝水情遥测系统运行变化情况,为实现水情实时测报提供重要的技术支撑。因此项目具有明显的社会效益、生态效益和经济效益。

a. 通过水资源信息数据中心的实施,能够明显提高老挝水情监测运行维护管理能力,有效减少遥测站点现场维护次数,大大节省了燃料、人力、设备费用。通过远程监测,能够高效地集中水情维护人力、物力,针对性地开展水情维护工作,大大提高水情维护资源利用率。提高了日常业务管理工作的效率和信息资源利用率,降低管理成本。

b. 通过水资源信息数据中心建设项目的实施,可以有效减少维护水情遥测系统的工作量,让水情监测运行维护从劳动密集型转向技术管理型,通过信息化、智能化建设转变发展方式。水资源信息数据中心建设项目的实施提高了老挝水情监测运行维护管理的整体水平,加强了老挝科学、高效、安全的防洪抗旱决策支撑体系,进一步提高了防汛抗旱指挥调度水平和效率,切实保障人民的生命和财产安全。

c. 通过水资源信息数据中心建设项目的实施,为老挝防汛指挥调度决策提供了更高效、更可靠的水文数据基础保障,有助于改善老挝水资源环境,大大提高了老挝的生态环境治理能力,为通过水资源的有效利用促进环境的逐步改善、生态逐步恢复的老挝生态发展规划提供有力支撑。

第 5 章　柬埔寨水文信息监测与传输技术应用实践

CHAPTER 5

5.1　柬埔寨国家概况

5.1.1　自然地理概况

柬埔寨国家位于东南亚中南半岛南部,地跨东经 $102°\sim108°$、北纬 $10°\sim15°$,国土总面积为 18.1 万 km^2;柬埔寨南北最长处约 440km,东西最宽处约 650km,全国最南端至西边区域地处热带区域。柬埔寨东北部与老挝交界,西部及西北部与泰国接壤,东部及东南部与越南毗邻,西南部面向泰国湾,海岸线长约 460km。

5.1.1.1　地形地貌

柬埔寨国土大体呈碟状,东部、北部和西部三面被山脉与丘陵环绕,山地大部分被森林所覆盖,中部和南部为广阔而富庶的平原。全国主要地貌为平原、高原和山地,其中平原占全国总面积的 46%,高原占 29%,山地占 25%。

柬埔寨北部与泰国及老挝接壤处为扁担山脉(Dangrek Mountains),自西北方向向东北延伸,主要为岗丘地貌,海拔一般为 $60\sim200m$,边境地带局部高达 400m;东北部与老挝、东部与越南交界处为高原(Eastern Highlands),海拔多为 200m 以上,边境山脉分水岭局部地带高达 1000m;西南部山地主要为大象山脉(Elephant Mountains)与豆蔻山脉(Cardamom Mountains),海拔多为 $600\sim800m$,戈公省北部山脉最高约 1100m,豆蔻山脉东段的奥拉山(Phnom Aural)海拔 1813m,为境内最高峰。柬埔寨中部和南部为平原地貌,主要由湄公河及洞里萨湖—巴萨河水系冲积而成,地势平坦开阔,海拔一般为 $5\sim30m$。柬埔寨西南部泰国湾海岸曲折多岬角,海湾内岛屿众多,主要有戈公岛、龙岛等。

5.1.1.2　河流水系

柬埔寨水系发达,境内水系总体分为湄公河水系和西南、东南独流入海水系。湄公河是柬埔寨最大的河流,流贯国境东部。湄公河干流柬埔寨和老挝界河河段长约 26km、柬埔寨境内河段长约 500km,柬埔寨境内湄公河及其支流水系总汇流面积约 15.6 万 km^2,约占柬埔寨国土面积的 86%。柬埔寨与老挝边境至桔井、磅湛两省交界处这一区间河段内,河道呈辫状,沙岛及深潭众多,为鱼类产卵天然保护场;从桔井与磅湛交界处向南延伸至柬埔寨与越南交界处逐渐进入湄公河三角洲,水网纵横、湖泊广布,大部分地区为湄公河河漫滩,受湄公河洪涝影响较大。

柬埔寨境内湄公河支流主要包括洞里萨河及其支流水系、3S 水系(公河、桑河和斯雷博河)、巴萨河(Bassac)水系等。柬埔寨与老挝边境至桔井、磅湛两省交界处这一区间内,湄公河左岸入汇支流主要有发源于越南和老挝的公河、桑河和斯雷博河,以及特河(Prek Te)、川龙河(Prek Chhlong)等,总面积约 4.28 万 km^2;右岸入汇支流流程较短,汇流面积较小,总面积约 1.04 万 km^2。

洞里萨河长约 120km,在金边从湄公河右岸汇入干流,是柬埔寨境内湄公河的最大支流。洞里萨河流域西部和西南部以大象山脉及豆蔻山脉为界,北部由扁担山脉将其与呵叻高原(Khorat Plateau)分隔开,总汇流面积约 8.17 万 km^2。洞里萨河干流穿越洞里萨湖,上游为斯伦河(Stung Sreng),主要支流有上森河、桑岐河(Stung Sangker)、芝尼河(Stung Chinit)等;其中最大支流为上森河(Stung Sen),流域面积约 1.63 万 km^2,其他支流流域面积为 2000~10000km^2。

洞里萨湖是东南亚最大的天然淡水湖泊,被称为"柬埔寨的心脏",是柬埔寨人民的"生命之湖"。洞里萨湖通过洞里萨河水道在金边四臂湾(Chaktomuk)处与湄公河相连。湄公河与洞里萨湖之间的河湖关系复杂:雨季湄公河洪水倒灌入洞里萨湖,洞里萨湖是湄公河洪水的调蓄场所,大大减轻了湄公河下游的洪水威胁;旱季洞里萨湖湖水缓慢流出,使湄公河金边以下河段维持一定的水量与水位,是保证湄公河三角洲航行与灌溉不可或缺的水源。

洞里萨湖多年平均水位为 4.64m(甘邦隆站),相应面积为 6177km^2,容积约 151 亿 m^3;实测最高水位为 10.54m,相应面积为 15261km^2,容积约 787 亿 m^3;实测最低水位为 1.11m,相应面积为 2053km^2,容积约 8 亿 m^3。根据洞里萨河波雷格丹站流量资料统计,汛期 5 月下旬至 10 月上旬,湄公河洪水倒灌入洞里萨湖,年均倒灌天数 122d,多年平均倒灌水量 377 亿 m^3,占湄公河同期来水的 14.4%;多年平均削减湄公河洪峰 8402m^3/s,削峰率 18.9%;受湄公河洪水倒灌影响,洞里萨湖多年平均调蓄本流域洪水历时 151d,调洪总量 198 亿 m^3,调蓄能力为 80%。汛后 10 月中下旬至次年 5 月中上旬,洞里萨湖向湄公河补水,年均补水 243d,多年平均补水水量 711 亿 m^3,占湄公河下游同期来水的 29.9%。

自金边以下,湄公河干流右岸分出一条独立入海水道,称为巴萨河。湄公河干流和巴萨河的分流比在旱季 2 月为 55.6:44.4,雨季 10 月为 52.8:47.2,湄公河干流入海径流量略大于巴萨河。从右岸汇入巴萨河的主要有特诺河(Prek Thnot)、喇口河(Stung Slakou)、桐安瀚河(Stung Toan Han)等支流,总面积 11305km^2。

柬埔寨东南部分布一些经越南汇入南中国海的小河流,总汇流面积 6618km^2,约占柬埔寨国土面积的 4%,主要包括维口河(Vaico)的上游支流磅湛河(Prek Cham)等。这些河流位于湄公河洪泛区,受湄公河洪水影响较大。

　　柬埔寨境内其他独流入海水系分布在西南沿海地区,西南沿海地区独流入海河流流域东北部以大象山脉及豆蔻山脉为界,西南部面向泰国湾。该片区主要有前磅湾(Prek Kampong Bay)、塔泰河(Prek Tatai)等河流,均汇入泰国湾,总汇流面积 18045km^2,约占柬埔寨国土面积的 10%。

　　柬埔寨境内主要二级、三级河流约 30 条,大部分河流属于洞里萨河水系,见表 5.1-1。

表 5.1-1　　　　　　　　　柬埔寨主要河流参数(境内集水面积＞1000km^2)

水系	名称	境内长度/km	境内河道落差/m	境内集水面积/km^2	出口断面年径流量/亿 m^3
	湄公河干流	526	81	156372	5054
	湄公河支流				
湄公河水系	洞里萨河(Tonle Sap River)	630	165	81663	462.4
	菩萨河(Stung Pursat)	219	252	5964	50.9
	柴桢河(Stung Svay Don Keo)	78	10	2228	13.4
	斯丹尼河(Stung Dauntry)	165	901	1468	10.3
	桑岐河(Stung Sangker)	268	586	6052	51.3
1	蒙哥博雷河(Stung Mongkol Borey)	300	99	5264	31.3
	诗梳风河(Stung Sisophon)	108	51	5593	9.3
	暹粒河(Stung Siem Reap)	95	340	3619	9.3
	芝格楞河(Stung Chikreng)	130	136	2714	8.0
	世塘河(Stung Staung)	200	122	4357	23.9
	上森河(Stung Sen)	518	213	16342	93.1
	芝尼河(Stung Chinit)	377	142	8236	53.6
	桑河(Tonle Se San)	288	128	25965	1123.9
2	公河(Tonle Se Kong)	184	71	5564	433.6
	塞波河(Tonle Srepok)	238	66	12780	364.4
3	埔瑞河(Prek Preah)	119	178	2399	14.3
4	布雷格良河(Prek Krieng)	131	179	3331	21.5
5	波林坎毗河(Prek Kampi)	90	98	1142	7.3
6	特河(Prek Te)	202	764	4363	36.2
7	川龙河(Prek Chhlong)	300	631	5599	47.5
8	特诺河(Prek Thnot)	226	856	7055	42.8
9	喇口河(Stung Slakou)	145	62	2485	11.7
10	桐安瀚河(Stung Toan-Han)	62	13	1765	10.8

水系		名称	境内长度/km	境内河道落差/m	境内集水面积/km²	出口断面年径流量/亿 m³
东南水系	1	磅湛河(Prek Cham)	85	36	2671	50.4
西南沿海水系	1	前磅湾(Prek Kampong Bay)	179	462	2427	21
	2	斯雷安贝河(Prek Sre Ambel)	122	541	2653	25.8
	3	安东陶克河(Prek Andong Toek)	85	437	1354	24
	4	卓旁河(Prek Trapang Rung)	143	1104	2197	35
	5	塔泰河(Prek Tatai)	96	1000	1619	29.9
	6	高包河(Prek Koh Pao)	134	583	2912	56
	7	密陶克河(Stung Me Toek)	109	491	1043	25.8

5.1.1.3 区域地质

柬埔寨全国地层出露较全,以中、新生界为最发育,上、下古生界和前寒武系分布较少且零散。东部、南部高原和山地零散分布花岗岩、花岗闪长岩、玄武岩等。中部平原广泛分布第四系土层,厚度 10～200m。

柬埔寨位于印支地块南部,处于太平洋板块和印度洋板块之间,是古今板块强烈活动带,构造格局十分复杂。地质演化历史总体上处于扩张、增生和隆升的过程。在大地构造单元上,该国位于东印支板块(Ⅰ3)之黎府华里西—印支断褶带(Ⅰ34)和毛淡棉—金边移动板块(Ⅱ2)之豆蔻山—大叻华力西—印支断褶带(Ⅱ24)内。在新构造运动分区上,柬埔寨位于川圹—兰江掀斜隆起区之九龙江凹陷区内和昆嵩隆起区西侧边缘,其中九龙江凹陷是在元古代古老陆核地块基础上叠加形成的大型中、新生代凹陷盆地;昆嵩隆起区以整体抬升为主,差异运动不明显。第四纪以来,柬埔寨沿着中部洞里萨湖和中央山谷呈北东—南西向轻微沉陷,该地区内广泛接受了薄至中等厚度的晚更新世至全新世的沉积。

区内主要发育基里翁—韦伦、波贝—朱笃断裂,由两条断裂相互平行,走向北西向,横跨柬埔寨全境,总长度大于 500km,是柬埔寨境内规模最大的区域性隐伏平移断裂,大部分被第四纪地层覆盖。此外,柬埔寨境内其他断裂长度一般为 30～120km,晚更新世以来均未见活动迹象。

根据历史地震资料,柬埔寨无破坏性地震历史记录,地震活动水平低,现代地震活动主要为低频度的小震、微震。总体而言,柬埔寨地震活动微弱、稀少,构造比较平静,区域构造稳定性好。

5.1.1.4　资源环境

柬埔寨河流众多,水资源丰富,境内水资源总量 1467 亿 m^3,入境水量 4023 亿 m^3。柬埔寨国土面积的一半以上被森林覆盖,其次是农业用地,约占总面积的 20%,其余土地类型为草地、水域、城镇用地和原始未利用土地。

柬埔寨动物物种丰富,分布有 630 种保护物种,野生种群主要分布在东北部。在人烟稀少的森林和山区,生活有印度象、老虎、猎豹、熊,以及眼镜蛇等剧毒蛇类。柬埔寨分布有 850 多种鱼类,鲤科鱼类最多,洞里萨湖是水鸟和水生动物的天堂。

柬埔寨目前已知矿产品种有限,储量不明。主要有金、宝石、铁、锰、煤、磷酸盐、银、铜、铅、锌、锡、钨、石灰石、大理石、白云石、石英砂以及石油等。

柬埔寨旅游资源丰富,主要包括金边古迹群和吴哥古迹群。金边是柬埔寨的历史名城;吴哥古迹坐落在柬埔寨西北部的暹粒省,吴哥窟为世界七大奇迹之一,每年吸引着数百万游客前来参观旅游。

柬埔寨是东南亚第一个建立保护区的国家。1993 年通过皇家法令建立了 23 个保护区,共 340 万 hm^2。1993 年以后增加了一些森林保护区,保护区总面积达 430 万 hm^2,占国土总面积的 24%。目前,柬埔寨最严重的环境问题是森林砍伐。据世界银行 1998 年的《柬埔寨森林资源评估》报告,1969—1997 年,柬埔寨森林覆盖率从 73% 降至 58%。自 2007 年以来,柬埔寨原始森林不足 32.20 万 hm^2。森林砍伐导致水土流失较严重,河湖淤积问题突出。

5.1.1.5　交通运输

柬埔寨的交通运输以公路和水路运输为主。截至 2014 年,全国公路总长 12239km,主要有 1 号、4 号、5 号和 6 号公路,集中于中南部平原地区以及洞里萨湖周边区域;北部和南部山区交通闭塞。国内水路运输主要分布于湄公河干流、巴萨河和洞里萨河,通航总长度为 1750km,其中 850km 在旱季能通航。全国唯一的国际港——西哈努克港位于西南部泰国湾,2009—2014 年货运总量 120 万 t,同比增长约 50%。全国共有 2 个国际机场,分别位于金边市和暹粒市,年吞吐量超过 350 万人。全国有 2 条铁路线,分别为 385km 的金边—波贝铁路线和 270km 的金边—西哈努克市铁路线,但均已年久失修,运输能力差,维护费用高。

5.1.1.6　水力资源开发情况

柬埔寨的水能资源理论蕴藏量约为 10000MW,约 50% 位于湄公河桔井以上干流河段,30% 位于湄公河支流(主要集中在公河和桑河及其支流),20% 位于西南沿海地区,如额勒赛河(Stung Russey Chrum)和密陶克河(Stung Me Toek)等;全国约有 60 个可开发的水电点(含发电功能的灌溉项目)。柬埔寨河流水力资源分布主要流域统计见表 5.1-2。

表 5.1-2　　　　　　　　　柬埔寨河流水力资源分布主要流域统计表　　　　　　　　　（单位：MW）

区域	水系		梯级1	梯级2	梯级3	梯级4	合计
湄公河干流	湄公河干流		2600～3600	900～980			3500～4580
湄公河支流	公河	干流	190				190
	桑河	支流1	11	55	44		110
		干流	96	207	375		678
		合计					788
	斯雷博河	支流1	17	8	9		34
		支流2	5	4	5	7	21
		干流	222	330	235		787
		合计					842
西南沿海区（非湄公河水系）	额勒赛河	支流1	4	26	246		276
		支流2	120				120
		干流	338	125	32		495
		合计					891
	密陶克河	干流	50	210	175		435
合计							6646～7726

截至 2014 年底，已建水电站 8 座，总装机容量 929.4MW（7 座为中资建设，均位于湄公河支流及西南沿海河流），约占全国水力发电潜能的 10%，占柬埔寨当年国内发电装机容量的 61.5%；发电量达 18.52 亿 kW·h，占全国电力供应（包括从越南、泰国、老挝等国进口电力）的 38%。柬埔寨国内供电系统由若干独立的供电子系统组成（无高压主输变电线路连接），分别由 4 家许可证持有者运营，电压等级有 22kV、115kV 和 230kV，尚未形成全国统一电网。

柬埔寨的水电开发量较低，在能源分布中水电仅占 4%。自 2011 年以来，政府大幅增加了水电投资。柬埔寨计划新建 50 多个水电项目。由于柬埔寨的水电部门仍处于起步阶段，尚不清楚修建水电设施的影响能否充分缓解。关于柬埔寨现有的水力发电项目，民间社会和地方社区表示关切，认为相关部门对这些项目的负面影响没有给予足够的注意，同时也缺乏公众协商。

5.1.2　气候水文条件

柬埔寨属热带季风气候，全年分为两季，每年 5—10 月为雨季，11 月至次年 4 月为旱季，旱季雨季分明。柬埔寨气温呈持续高温态势，年平均气温 24℃，4 月气温最高，最高温度达40℃，1 月温度最低，为 18℃。柬埔寨为湿热型气候，全国年平均相对湿度值约为 80%，雨季与旱季的相对湿度差异较大。

柬埔寨降水量大,但降雨时空分配不均。全国年平均降水量 1700mm 左右,西南季风从 5 月一直持续到 11 月,全年约 90% 的降雨集中在雨季。柬埔寨境内各地降水空间分布差别较大,大象山脉、豆蔻山脉与东北部高原的年降水量高达 2200mm,相比之下洞里萨湖地区降水量却低至 1200～1600mm。柬埔寨年降水量最高区域为沿海地区,其年平均降水量超过 2600mm。

柬埔寨蒸发量大,尤其是 3、4 月东北季风横行,气候炎热、湿度较低,会出现高强的蒸发作用。柬埔寨多年平均年陆地蒸发量为 981mm,相当于占多年平均年降水深的 56.9%。柬埔寨境内湄公河上游蒸发量为 1200mm 左右,沿海及东北流域片区蒸发量为 1000～1100mm,洞里萨湖及湄公河三角洲蒸发量为 900～1000mm;由于气候湿润,蒸发量年际变化不大。

柬埔寨境内的水量主要靠降水补给,全国多年平均径流量为 1347 亿 m^3,径流地区分布的总趋势是由东北和西南山区向洞里萨湖中心区和三角洲地区递减;澜沧江—湄公河上游过境径流量 3157 亿 m^3,发源于越南和老挝的 3S 河流域进入柬埔寨境内的径流量为 866 亿 m^3,全国出境径流量约为 5370 亿 m^3。

5.1.3　社会经济情况

2014 年柬埔寨全国总人口达 1489.3 万,其中城镇人口 302.2 万,农村人口 1187.1 万,城镇化率为 20.3%,平均人口密度为 82 人/km^2,年均人口增长率为 1.51%,增速在东南亚国家中处于较高水平。人口主要集中在东南部湄公河三角洲地区和西北部洞里萨湖周边地区,东北和西南山区人口密度较低。城镇人口主要集中在湄公河三角洲区的金边、洞里萨湖区的暹粒、西南沿海区的西哈努克港等城市,其中金边市的城镇人口占全国总城镇人口的 47.7%。

自 21 世纪初开始,柬埔寨经济迅速增长,2004—2007 年经济增长率达 11.1%(图 5.1-1)。其强劲的增长速度来源于服装出口、旅游、房地产开发及农业生产的增加。直到 2008 年上半年其经济保持继续增长,但下半年开始受到泰国政局动荡和全球金融危机的综合影响。这些不利因素迫使柬埔寨经济增长在 2008 年底至 2009 年初出现放缓,并出现因大宗商品,尤其是石油和粮食等商品的进口价格飙升带来的两位数通胀。

柬埔寨经济“美元化”现象严重,市场可自由使用外币以补充本币的不足。由于柬埔寨与越南和泰国共享开放边境,其物价走势会受这两个最大贸易伙伴国的严重影响。例如,国际食品通胀会通过这两个主要贸易伙伴完全传递给柬埔寨。商业银行增加贷款与早期房地产价格上涨带来的财富效应,加上消费品进口水平提高及通胀压力的刺激,共同对大宗商品价格上涨起到助推作用。通胀率从 2007 年 9 月的略高于 6% 飙升至 2008 年 5 月的 25%,其驱动原因大部分为全球石油、粮食价格的急剧上涨。柬埔寨经济与美元挂钩,瑞尔和美元对其他贸易国货币贬值引发通胀,同时国内需求上升也是导致国内通胀压力的因素。

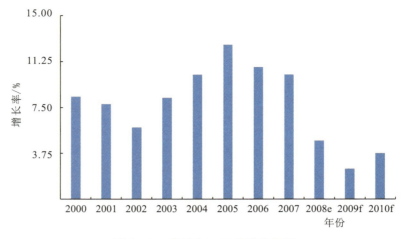

图 5.1-1 柬埔寨 GDP 年增长率图

来源：2009 年世界银行数据库和 2009 年亚洲发展银行（e：预期；f：预测）

作为东盟、东盟贸易区及世界贸易组织等组织的成员国，柬埔寨目前正逐步提升开放市场及区域经济一体化水平。柬埔寨人均 GDP 从 1993 年的 260 美元上升到 2007 年的 648 美元（图 5.1-2）。同时，贫困率在 1994—2004 年以每年 1.2％的速度下降。由于人口年增长率高达 2.5％，该国在减少贫困方面仍面临诸多挑战。

虽然柬埔寨目前有大约 70％的劳动力从事农业生产，但正在从农业向小型手工业和服务业过渡。2007 年对 GDP 贡献最大的行业是服务业（＞40％），而工业和农业的贡献率均为 30％。这与 1993 年农业贡献 50％的 GDP、工业与服务业贡献相对较少的情形相比有较大改变。

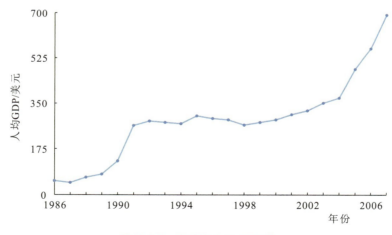

图 5.1-2 柬埔寨人均 GDP 图

柬埔寨的经济发展虽然已发出了积极的信号，但在谋求经济多元化和减少贫困方面仍面临着巨大挑战。城市人口收入偏高导致城乡收入差距不断扩大。经济衰退使政府减贫工作更为艰难。短期内降低通胀、引进政策和改革以维持经济中长期增长是解决问题的重要途径。减贫的重点是关注农村高达 80％的以务农和捕鱼为生的贫困人口。扶贫政策应重点针对农业及农村发展。

柬埔寨 2014 年的 GDP 总量为 167.03 亿美元,人均 1126.7 美元,仅为东盟国家平均水平的 30％。1998 年以后柬埔寨进入快速发展阶段,目前经济发展势头良好,GDP 年均增长率约 7％。全国经济以农业为主,工业基础薄弱。根据《柬埔寨产业发展政策 2015—2025》,2014 年柬埔寨的农业、工业、服务业增加值分别为 56.3 亿美元、43.0 亿美元、68.5 亿美元,占比分别为 33％、26％和 41％。金边、暹粒等地经济发展情况较好,其中金边 GDP 占全国 GDP 的 28％～32％,暹粒 GDP 占全国 GDP 的 12％～14％。

2020 年柬埔寨 GDP 总量为 252.91 亿美元,同比增长－3.14％,比上年减少了 17.98 亿美元,相比 2010 年增长了 140.49 亿美元。2020 年柬埔寨人均 GDP 为 1512.7 美元,同比增长－4.49％,比上年减少了 130.4 美元,与 2010 年人均 GDP 数据相比,近十年来人均 GDP 增长了 727.23 美元(图 5.1-3、图 5.1-4)。2020 年柬埔寨农业、工业和制造业占柬埔寨 GDP 比重分别为 22.84％、34.67％和 6.53％。

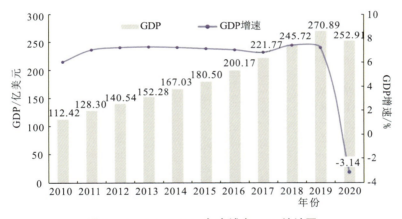

图 5.1-3　2010—2020 年柬埔寨 GDP 统计图

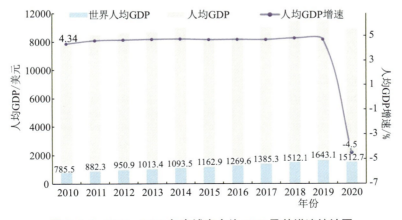

图 5.1-4　2010—2020 年柬埔寨人均 GDP 及其增速统计图

5.2 柬埔寨水文信息监测现状

5.2.1 水文监测站网与水文测验现状

柬埔寨江河众多,水资源丰富。柬埔寨主要河流有湄公河、洞里萨河等,还有东南亚最大的洞里萨湖,地表水 750 亿 m^3(不包括积蓄雨水),地下水 176 亿 m^3,年均降水量 1400～3500 mm,湄公河每年流经柬埔寨的流量为 4750 亿 m^3。

柬埔寨全国共有各类水文监测站点 124 个,其中水文站 31 个,水位站 6 个,雨量站 87 个。水文站点见表 5.2-1,雨量站点见表 5.2-2。目前主要开展了流量、水位、悬移质泥沙、降雨、蒸发等项目的观测。

表 5.2-1　　　　　　　　　　　　　　水文站点列表

序号	站码	站名	高程 (m)	集水面积 (km^2)	省份	流域/二级流域
1	014501	上丁站 (Stung Treng)	36.79	635000	上丁省 (Stung Treng)	湄公河 (Mekong)
2	014901	桔井站 (Kratie)	−0.10	646000	桔井省 (Kratie)	湄公河 (Mekong)
3	019801	金边友谊站 (Chruy Changvar)	−1.08	663000	金边 (Phnom Penh)	湄公河 (Mekong)
4	019802	磅湛站 (Kampong Cham)	−0.93	660000	磅湛省 (Kam pong Cham)	湄公河 (Mekong)
5	019806	梁乃康站 (Neak Leung)	−0.33	—	波罗勉省 (Prey Veng)	湄公河 (Mekong)
6	019901	三角洲站 (Stung Slot)	—	—	波罗勉省 (Prey Veng)	三角洲 (StungSlot Delta)
7	020101	金边港站 (Phnom Penh Port)	0.07	—	金边 (Phnom Penh)	洞里萨湖 (Tonle Sap)
8	020102	洞里萨河大桥站 (Prek Kdam)	0.08	84400	干丹省 (Kandal)	洞里萨湖 (Tonle Sap)
9	020103	磅清扬站 (Kampong Chhnang)	−2.62	—	磅清扬省 (Kam pong Chhnang)	洞里萨湖 (Tonle Sap)

续表

序号	站码	站名	高程（m）	集水面积（km²）	省份	流域/二级流域
10	020106	磅隆站 （Kampong Luong）	0.64	—	菩萨省 （Pursat）	洞里萨湖 （Tonle Sap）
11	033401	查克穆克站 （Bassac Chaktomouk）	−1.02	—	金边 （Phnom Penh）	巴萨河 （BASSAC）
12	033402	科赫站 （Koh Khel）	−1.00	—	干丹省 （Kandal）	巴萨河 （Bassac）
13	430102	磅森站 （Siem Pang）	—	23500	上丁省 （Stung Treng）	公河 （Se Kong）
14	430103	倡塘古站 （Chantangoy）	39.20	29700	上丁省 （Stung Treng）	公河 （Se Kong）
15	440101	卡马拉站 （Ban Kamphoun）	39.93	48200	上丁省 （Stung Treng）	公河 （Se Kong）
16	440102	云晒站 （Veun Sai）	—	16300	拉达那基里省 （Kattanakiri）	桑河 （Sesan）
17	450101	陆福特站 （Lumphat）	—	25600	拉达那基里省 （Kattanakiri）	斯雷博河 （Sre Pok）
18	520101	蒙哥博雷站 （Mongkol Borey）	8.23	4170	班迭棉吉省 （Banteay Meanchey）	蒙哥博雷河 （Stung Mongkol Borey）
19	530101	诗梳风站 （Sisophon）	2.96	4310	班迭棉吉省 （Banteay Meanchey）	诗梳风河 （Strung Sisophon）
20	540101	格罗兰站 （Kralanh）	4.77	8175	暹粒省 （Siem Reap）	斯伦河 （Stung Sreng）
21	550102	马德望站 （Battambang）	−1.73	3230	马德望省 （Battambang）	桑岐河 （Stung Sangker）
22	551101	布雷芝站 （Prek Chik）	—	835	马德望省 （Battambang）	岱提瑞河 （Stung Dauntri）
23	560102	普萨站 （Prasat Keo）	—	—	暹粒省 （Siem Reap）	暹粒河 （Stung Siem Reap）
24	570101	磅德站 （Kampog Kdei）	5.16	1920	暹粒省 （Siem Reap）	芝格楞河 （Stung Chikreng）

序号	站码	站名	高程 （m）	集水面积 （km²）	省份	流域/二级流域
25	580103	巴克坤站 （Bak Trakoun）	—	4480	菩萨省 （Pursat）	菩萨河 （Stung Pursat）
26	580104	希瓦站 （Khum Viel）	—	—	菩萨省 （Pursat）	菩萨河 （Stung Pursat）
27	580201	匹目站 （Peam）	—	—	菩萨省 （Pursat）	菩萨河 （Stung Pursat）
28	580301	科隆站 （Prey Khlong）	—	—	菩萨省 （Pursat）	菩萨河 （Stung Pursat）
29	581102	柴桢河站 （Svay Don Keo）	—	805	菩萨省 （Pursat）	柴桢河 （Stung Svay Donkeo）
30	590101	博里博站 （Boribor）	—	869	磅清扬省 （Kampong Chhnsng）	博里博河 （Stung Boribor）
31	600101	磅真站 （Kampong Chen）	6.01	1895	磅同省 （KampongThom）	世塘河 （Stung Staung）
32	610101	磅同站 （Kampong Thom）	−2.99	14000	磅同省 （Kampong Thom）	上森河 （Stung Sen）
33	620101	磅寺站 （Kampong Thmar）	6.16	4130	磅同省 （KampongThom）	芝尼河 （Stung Chinit）
34	620201	泰客萨站 （Taing Krasaing）	—	—	磅同省 （Kampong Thom）	泰客萨河 （Stung Taing Krasaing）
35	640102	特诺河斯隆站 （Thnous Loung）	—	4022	磅士卑省 （Kampong Speu）	特诺河 （Prek Thnot）
36	640103	匹卡利站 （Peam Khley- Dam Site）	39.31	—	磅士卑省 （Kompong Speu）	特诺河 （Prek Thnot）
37	660101	磅背站 （Kampong Trabaek）	—	—	波罗勉省 （Prey Veng）	磅背河 （Kampong Trabaek）

表 5.2-2 　　　　　　　　　　　　　　　雨量站点列表

序号	站码	站名	省份
1	100419	吴哥波雷站（Angkor Borey）	茶胶省（Takeo）
2	130320	吴哥窟站（Angkor Chum）	暹粒省（Siem Reap）
3	110520	巴布农站（Ba Phnom）	波罗勉省（Prey Veng）
4	120406	邦纳站（Bamnak）	菩萨省（Pursat）
5	130602	班隆站（Ban Lung）	拉达那基里省（Rattanakiri）
6	120503	巴莱站（Baray）	磅同省（Kampong Thom）
7	110431	巴塞站（Baset）	磅士卑省（Kampong Speu）
8	130305	马德望站（Battambang）	马德望省（Battambang）
9	130208	博维站（Bavel）	马德望省（Battambang）
10	120320	博昂坎托特站（Boeung Kantuot）	菩萨省（Pursat）
11	120426	博昂卡纳站（Boeung Khnar）	菩萨省（Pursat）
12	130404	丹德站（Damdek）	暹粒省（Siem Reap）
13	120304	达巴特站（Dap Bat）	菩萨省（Pursat）
14	110512	贡斋密站（Kamchay Mea）	波罗勉省（Prey Veng）
15	120504	磅湛站（Kampong Cham）	磅湛省（Kampong Cham）
·16	120401	磅清扬站（Kampong Chhnang）	磅清扬省（Kampong Chhnang）
17	130405	磅克帝站（Kampong Kdei）	暹粒省（Siem Reap）
18	110404	磅士卑站（Kampong Speu）	磅士卑省（Kampong Speu）
19	120423	磅特莫站（Kampong Thmar）	磅同省（Kampong Thom）
20	120404	磅同站（Kampong Thom）	磅同省（Kampong Thom）
21	110522	磅略白县站（Kampong Trabaek）	波罗勉省（Prey Veng）
22	110405	磅德拉拉站（Kampong Tralach）	磅清扬省（Kampong Chhnang）
23	100401	贡布站（Kampot）	贡布省（Kampot）
24	110513	甘芝列站（Kanchreach）	波罗勉省（Prey Veng）
25	120424	千丹克拉斯站（Kandal Chrass）	磅同省（Kampong Thom）
26	100403	基里翁站（Kirivong）	茶胶省（Takeo）
27	100421	高安迭站（Koh Andeth）	茶胶省（Takeo）
28	110303	戈公站（Koh Kong Ville）	戈公省（Koh Kong）
29	110432	贡比西站（Kong Pisey）	磅士卑省（Kampong Speu）
30	120403	格罗戈站（Krakor）	菩萨省（Pursat）
31	130307	格罗兰站（Kralanh）	暹粒省（Siem Reap）

序号	站码	站名	省份
32	120603	桔井站(Kratie)	桔井省(Kratie)
33	120312	豆蔻站(Kravanh)	菩萨省(Pursat)
34	120303	蒙勒塞站(Maung Russey)	马德望省(Battambang)
35	110523	梅桑站(Mesang)	波罗勉省(Prey Veng)
36	130604	欧格良站(O Krieng)	桔井省(Kratie)
37	110434	欧塔罗站(O Taroat)	磅士卑省(Kampong Speu)
38	110433	奥拉站(Oral)	磅士卑省(Kampong Speu)
39	110415	乌栋站(Oudong)	磅士卑省(Kampong Speu)
40	120202	拜林站(Pailin)	拜林市(Pailin)
41	120313	皮姆站(Peam)	菩萨省(Pursat)
42	640103	皮姆克利大坝遗址站(Peam Khley—Dam Site)	磅士卑省(Kampong Speu)
43	110524	Peam Ror 站(边罗)	波罗勉省(Prey Veng)
44	110525	Pear Raing 站(别良)	波罗勉省(Prey Veng)
45	110411	金边站(Phnom Penh Bassac)	金边市(Phnom Penh)
46	110413	普农斯罗站(Phnom Srouch)	磅士卑省(Kampong Speu)
47	110425	波成东站(Pochentong)	波成东(POCHENTONG)
48	120417	奔雷站(Ponley)	磅清扬省(Kampong Chhnang)
49	130321	波巴冈站(Prasat Bakong)	暹粒省(Seam Reap)
50	120422	波拉萨巴朗站(Prasat Balaing)	磅同省(Kampong Thom)
51	120516	波拉萨松博站(Prasat Sambo)	磅同省(Kampong Thom)
52	110511	波雷塔米克站(Prek Tameak)	干丹省(Kandal)
53	110436	波雷多普站(Prey Dop)	磅士卑省(Kampong Speu)
54	110435	波雷帕道站(Prey Pdao)	磅士卑省(Kampong Speu)
55	120425	波雷普鲁斯站(Prey Prous)	磅同省(Kampong Thom)
56	110514	波罗勉站(Prey Veng)	波罗勉省(Prey Veng)
57	120302	菩萨站(Pursat)	菩萨省(Pursat)
58	120416	柔里法尔站(Rolear Pha'ear)	磅清扬省(Kampong Chhnang)
59	110430	沙玛基棉芷站(Samaki Meanchey)	磅清扬省(Kampong Chhnang)
60	120505	松博站(Sambor)	桔井省(Kratie)
61	130505	三丹站(Sandan)	磅同省(Kampong Thom)
62	110437	三杜站(Sdock)	磅士卑省(Kampong Speu)
63	130605	桑河站(Sesan)	上丁省(Stung Treng)

序号	站码	站名	省份
64	140603	暹邦站(Siem Pang)	上丁省(Stung Treng)
65	130325	暹粒国塔里站(Siem Reap Koktatry)	暹粒省(Siem Reap)
66	100303	西哈努克港站(Sihanouk Ville)	西哈努克(Sihanouk Ville)
67	130202	诗梳风站(Sisophon)	班迭棉吉省(Banteay Meanchey)
68	110416	斯雷赫洛格站(Sre Khlorg)	磅士卑省(Kampong Speu)
69	130326	斯士奈站(Srey Snam)	暹粒省(Seam Reap)
70	120402	斯东站(Staung)	磅同省(Kampong Thom)
71	130501	上丁站(Stung Treng)	上丁省(Stung Treng)
72	581102	斯外东基奥站(Svay Donkeo)	菩萨省(Pursat)
73	130327	斯外列站(Svay Leu)	暹粒省(Seam Reap)
74	110503	柴桢站(Svay Rieng)	柴桢省(Svay Rieng)
75	120517	汀角站(Taing Kok)	磅同省(Kampong Thom)
76	120518	汀克赛因站(Taing Krasaing)	磅同省(Kampong Thom)
77	100420	茶胶站(Takeo Donkeo)	茶胶省(Takeo)
78	110409	塔克冒站(Takhmao)	干丹省(Kandal)
79	120309	达洛站(Talo)	菩萨省(Pursat)
80	130507	塔拉博里瓦站(Thala Borivat)	上丁省(Stung Treng)
81	110423	特诺托东站(Thnal Totung)	磅士卑省(Kampong Speu)
82	110403	洞里巴蒂站(Tonle Baty)	茶胶省(Takeo)
83	120427	特邦站(Tpaung)	磅士卑省(Kampong Speu)
84	110445	德罗乔站(Trapeang Chor)	磅士卑省(Kampong Speu)
85	120420	杜坡站(Tuk Phos)	磅清扬省(Kampong Chhnang)
86	130328	瓦林站(Varin)	暹粒省(Seam Reap)
87	120007	韦文站(Veal Veng)	菩萨省(Pursat)

5.2.2　水文监测信息化现状

　　柬埔寨经济、技术等条件相对落后,水文监测信息化仅处于起步阶段,全国层面的统一水文监测信息系统还未形成。现有的水文自动监测系统存在老化严重、技术支撑不足的问题。系统零乱、数据分散的问题给水文监测工作带来了极大的阻碍。柬埔寨目前投入运行的水文监测信息化系统主要包括湄委会建设的水情自动测报系统、少量外援建设的水情自动测报系统以及服务于水电开发的水情自动测报系统。各个系统之间独立运行,运维难度大,且数据孤岛问题严重。

（1）湄委会建设的水情自动测报系统

水情自动测报系统（OTT）由德国于 2012 年建成,负责湄公河干流重要水位站点的水文监测。系统以 GSM 为主信道,以海事卫星为备用信道,主要监测的要素为雨量和水位。系统的后期运行管理工作由柬埔寨相关水文部门负责。由于系统后期缺乏维护以及技术和资金支持,很难保障系统的正常运行,系统的防灾减灾服务能力得不到根本的数据保障。

（2）外援建设的水情自动测报系统

外援建设的水情自动测报系统多数为水文监测技术示范应用项目,监测站点偏少,流域覆盖面积较小,且后续技术和资金无法保障,较难保证长期稳定运行。

（3）水电企业建设的水情自动测报系统

水电企业建设的水情自动测报系统多数为施工期水情自动测报系统,主体是为确保水电站施工期安全度汛使用,当施工期结束转为运行期后,对部分站点进行优化调整,为运行期水库调度（发电调度）服务。

5.2.3　水文监测传输方式现状

柬埔寨水文监测传输方式以人工录入方式的网络传输、GSM 传输、海事卫星、北斗卫星为主。湄委会建设的水情自动测报系统传输方式为 GSM/海事卫星,中方水电企业建设的系统主要传输方式为北斗卫星/GSM,外援建设的系统主要传输方式为 GSM/海事卫星。

这种类型的传输方式尚能支持基本水文资料收集,但在以下几个方面无法满足水文监测发展的需求:

a. 监测频率,当前监测方式以小时传输或日传输为主,不能满足分钟传输的需求。

b. 包长,当前的传输内容大小以一百个字节以内的为主,对于流量等包长较大的水文监测无法满足。

c. 不能满足且无法支撑在线监测和远程控制等水文监测发展的需求。

5.2.4　水文信息监测存在的主要问题

受经济、社会等多方面的因素制约,柬埔寨水文信息监测发展缓慢,主要存在以下几个方面的突出问题。

（1）支撑能力不足

监测频率和监测密度较低,导致监测数据量不足。水文是水利工作的重要基础和技术支撑,数据不足导致对防洪减灾的决策能力的支撑不足。

（2）建设标准不统一，兼容性较差

柬埔寨的水文自动测报系统各个建设单位均以本国或本企业标准开展建设和为各个区域范围一定受众人群开展服务工作，计量标准不统一、高程基面不统一、通信格式不统一等方面造成各个系统之间相互独立，兼容性较差。

（3）信息共享性差

当前水文信息化建设需要解决的一大难题就是打通信息孤岛，实现各个系统之间数据互联互通，信息资源共享。柬埔寨目前没有在国家或区域层面开展有关方面的工作，没有对信息进行整合，没有制定相关共享的标准。

（4）技术等层面支持不足

随着经济社会的不断发展，对水文资料收集的要求越来越高，老旧的人工观测方式无法满足需求，水文信息化是当前发展的趋势，水文信息化需要水文、气象、电子、自动化、计算机和地理信息等方面的专业人员作为信息化系统运行、维护、分析和应用的支撑。柬埔寨在水文方面投入相对不足，专业化人员较为缺乏，不能很好地支撑水文信息化的发展。

5.3　柬埔寨水文信息监测与传输技术示范建设

5.3.1　建设目标及预期效益

5.3.1.1　建设目标

对柬埔寨湄公河流域水文关键要素（流量、水位、雨量、风速、风向、温度、湿度等）进行在线自动测报技术示范建设。根据河流地理及气候特点，采用不同的水位、流量传感器进行示范建设以及开展相应技术培训，提升水文数据采集和传输的监测能力及人员技术水平，提升柬埔寨湄公河流域水文自动监测能力，更好地监测流域的水量及水资源情况，建立综合防洪减灾信息体系，提高防灾抗风险能力，提高河流洪水灾害快速、准确预报预警以及指挥调度的重要技术支持手段。

在技术层面，从高起点出发建设"柬埔寨水文信息监测与传输技术示范"项目，系统建设既满足现实需求，又适应长远发展的需要，充分利用现代先进成熟的信息采集技术、通信技术、数据库技术、网络技术、软件技术，在满足可行性、安全性、实用性、可靠性和稳定性的前提下选用先进设备、先进技术。按照工程化的概念和工程应用要求建设，从防雷、供电、信道、设备性能、数据安全等方面全面考虑系统的安全性、可靠性与稳定性，为当地政府开展生态补偿考核提供可靠支撑。

5.3.1.2　预期效益

通过项目的实施，为柬埔寨防汛指挥调度决策提供更高效、更可靠的水文数据基础保障。预期将带来很大的社会效益、环境效益以及经济效益。

a. 通过项目测站的建设,快速收集、检查、纠错,能够自动进行标准化处理,经处理后的水情信息能够自动转发目标地点。为各级防汛指挥部门提供准确、及时的实时水雨情信息,为水资源的合理运用、防汛调度决策和抗洪抢险、救灾指挥提供科学依据,可满足当地国民经济建设、防汛抗旱、工程管理运行对水文情报预报服务的需要。

b. 通过项目的实施,能够明显提高柬埔寨水情监测运行维护管理能力,有效减少遥测站点现场维护次数,大大节省了燃料、人力、设备费用。

c. 通过远程监测,能够集中人力、物力资源,高效开展水情维护工作,大幅提高水情维护资源利用率。

d. 提高了日常业务管理工作的效率和信息资源利用率,降低管理成本。

e. 通过项目的实施,规范水文监测技术和标准,深化澜湄合作机制,同时也将大幅提升湄公河流域水文自动监测能力。建成的基于 v-ADCP 与视频监控的洞里萨湖流域水文自动测报系统将更有利于监测流域的水量及水资源情况和建立综合防洪减灾信息体系,提高防灾抗风险能力,是提高湄公河流域洪水灾害快速、准确预报预警以及指挥调度的重要技术支持手段。

f. 通过项目的实施,可以有效减少维护水情遥测系统的工作量,让水情监测测报及其维护从劳动密集型转向技术管理型,促进低碳养护,通过信息化、自动化建设转变发展方式。项目的实施提高了柬埔寨的水雨情自动监测水平。

g. 项目的实施加强了柬埔寨科学、高效、安全的防洪抗旱决策支撑体系,进一步提高防汛抗旱指挥调度水平和效率,切实保障人民的生命和财产安全。

h. 通过项目的实施,为柬埔寨防汛指挥调度决策提供更高效、更可靠的水文数据基础保障,将有助于柬埔寨水资源环境的改善,大大提高生态环境治理能力,为通过水资源的有效利用促进环境逐步改善,生态逐步恢复的生态发展规划提供有力支撑。

5.3.2 建设任务及功能需求

5.3.2.1 建设任务

为提升柬埔寨水文监测自动化能力,开展包含流量、水位、雨量、风速、风向、温度、湿度要素的水文自动测报技术示范系统建设,主要完成柬埔寨湄公河流域在线自动化监测示范站和远程中心站任务。对原水文站设备进行升级改造。基于 GPRS/4G/北斗通信完成组网工程建设。建成后的系统可快速对所辖范围内水雨情信息进行传送,快速收集、检查、纠错并自动进行标准化处理,经处理后的水情信息能够自动转发至目标地点。为各级防汛指挥部门提供准确、及时的实时水雨情信息,为水资源的合理运用、防汛调度决策和抗洪抢险、救灾指挥提供科学依据,可满足当地国民经济建设、防汛抗旱、工程管理运行对水文情报预报服务的需要。

系统由 1 个集成中心站、11 个水文监测站(4 个雷达水位流量站、3 个 ADCP 流量站、4 个多参数气象雨量站)组成。图片传输采用 4G 信道,数据传输采用 GPRS 加北斗卫星双信道通信方式实现。中心站租用具有固定 IP 地址的 Internet 光纤接入通道。视频站含在雷达水位雨量监测站、垂直声学多普勒剖面流速仪(v-ADCP)式流量自动监测站内,需建设在有 4G 信号的区域。

其项目建设实施步骤为:

a. 项目实施前现场查勘、编制实施方案等。

b. 项目水文自动测报系统及装置的出厂前集成及调试和数据中心处理软件研发调试。

c. 建设流量、水位、雨量在线自动监测站和中心站软硬件设备的组网建设。

d. 项目系统运行调试。

e. 项目验收、移交及后期维护运行。

5.3.2.2　功能需求

(1)监测站主要功能要求

a. 监测站能够自动、实时采集流域内的雨量、水位、流量、气象数据,并通过 GPRS 和卫星通信信道直接将水文信息传送到中心站,能接收并执行远程或现场命令。

b. 监测站能自动向中心站报告本站运行状态信息,监测站发出的每一条信息都自带站点本身的地址码和信息采集时刻标识及电源状态,表明该信息的来源和采集时刻。

c. 考虑到当地的通信状况,要求监测站的遥测终端应具有多种通信功能,包括 GPRS、卫星通信,数据通过以上两种信道同时发送。

d. 监测站工作方式能根据需要自由设定自报方式、应答方式和自报—应答方式,3 种工作模式在系统中可同时混合运行。

e. 监测站的数据长期保存在非易失性固态存储中,并具有通信恢复后数据自动补发功能,RTU 能同时存储 14 个月的本站所有监测要素数据,能通过远程指令方式或现场使用计算机设备 USB 接口方式下载存储的部分或全部数据。

f. 监测站各种设备工作稳定可靠并具有防潮湿、防盗、防雷电、抗暴风等措施,采用 12V 蓄电池组和太阳能电池板浮充方式长期工作,RTU 及通信设备低功耗,所有遥测站都能够在无人值守的条件下长期连续正常工作,特别在连续阴雨 40d 以上时仍能有效地工作。

(2)中心站主要功能要求

中心站主要具有数据接收及处理功能、系统管理功能、数据管理功能、用户权限管理功能和信息查询功能。

1) 数据接收及处理功能

a. 中心站能自动对监测站定时报、加报、召报的数据进行接收、处理、入库。

b. 中心站系统能完成单站、多站的最新数据和日、月、年或任意时段的遥测数据、通信状况、设备工况、监测站基本信息的图、表显示。

c. 中心站系统能以日、月、年为单位，对各种遥测数据进行定时数据接收畅通率、数据完整率以及遥测数据、通信状况、设备工况等相关的分析、统计和报表输出。

d. 中心站系统能在每个定时报时段后 5min 内按既定规则自动检查定时报数据的完整性以及检查和剔除奇异数据，当数据不完整和有奇异数据的情况时有声音、对话文字的提示，并能自动定时召测不完整的数据，将其重新处理后入库。

e. 中心站系统能对通过其他方式传输、下载的遥测数据进行入库处理（如现场下载的数据）。

f. 中心站系统能够按要求自动统计雨量、水位和流量的旬、月报数据并将数据写入实时数据库对应的表中。

2) 系统管理功能

在水文自动测报系统中，中心站需要管理的对象可分为系统的运行状况和系统的水文信息两大类。

中心站系统中必须对各遥测站的基本信息、工况以及设备运行参数进行有效管理，主要内容包括系统站号、设备类型及软硬件配置、版本等基本信息，信道等设备参数、状态等实时信息，通信方式及号码等基本情况，水文数据采集、传输、判别所需参数，如定时报时间间隔参数、加报阈值和奇异数据检查所需的极值水位、水位最大变幅、最大时段雨量等参数。

中心站系统必须对各监测站的地理信息、测站基本情况进行有效管理，主要内容包括测站类别、测站站码、水位流量关系图、表（多条关系线）管理、水系、河名、经纬度、高程等基本地理信息以及监测站点分布图等。

3) 数据管理功能

在数据库管理工作中，除了利用数据库管理系统本身提供的管理工具外，还应根据管理工作的实际需要和水文、水资源数据管理的特点，开发方便、灵活和有效的管理软件（或系统）对数据库进行管理。一方面方便管理人员快速对数据库进行管理，同时也提高数据库管理的规范程度和水平，另一方面将一些常用和相对固定的操作通过批处理命令的方式降低数据库管理的难度。数据管理功能采用人工交互方式和软件定期自动方式相结合来完成，减少系统维护的人工工作量，提高软件可用度。

数据管理的主要功能包括数据添加、删除、修改、导出（符合南方片水文资料整汇编软件所要求的数据格式）功能；数据的展示，可选择时段数据（如 5min 雨量、1h 雨量、24h 雨量等）和实时数据；系统日志清除；数据库的备份与恢复；数据库结构的导入与导出等。

数据存储设备的安全考虑采用冗余磁盘阵列和服务器等设备的双机、双电备份，以保障数据存储设备的长期、安全运行,采用网络防火墙等方式提高数据传输、存储、访问的安全。

4)用户权限管理功能

权限类别一般划分为系统管理员、系统操作员、系统使用员、系统服务对象四类。

5)信息查询功能

中心站信息查询功能主要为互联网(含局域网)的 Web 遥测信息查询等方面。Web 遥测信息查询功能要求对应于中心站系统的权限管理,在互联网(含局域网)中以网页文字、图、表的形式,完整而快速地查询数据接收及处理功能、系统管理功能、数据管理功能中的各种信息。

5.3.3　总体设计

柬埔寨水文信息监测与传输技术示范项目是一项涉及面广、水文要素在线自动化监测站点多、技术含量高、结构复杂、功能全面的监测系统工程,为确保系统建成后能达到拟定的目标,在系统设计中遵循以下原则:

(1)统筹兼顾的原则

本次建设充分考虑其他项目已建或在建站点,利用现有的通信资源、网络资源、信息资源。从实际情况出发,采用成熟技术确保先进实用、高效可靠、实时准确。

(2)优化配置、厉行节约的原则

方案本着厉行节约的原则进行优化配置,在保证监测成果精度的基础上,尽量采用最经济的监测方案。已建站点不做重复建设,其数据接入监测中心。

(3)坚持协调一致的原则

在中心站、监测站之间既要进行分级管理,又要协调一致。

(4)坚持技术先进、实用可靠的原则

开发建设中要树立超前意识,要正确处理先进性与实用性、先进性与可靠性的关系。既要采用当今世界先进的技术,高起点、高标准,又要在充分考虑实用性的基础上,力求技术的先进性。

5.3.3.1　自动监测站设计

柬埔寨水文信息监测与传输技术示范项目以"垂直声学多普勒剖面测流与视频监控的洞里萨湖流域水文自动测报技术示范建设"为基础,组成规模为 1：11,即 1 个集成中心站、11 个水文监测站(4 个雷达水位流量站、3 个 ADCP 流量站、4 个多参数气象雨量站)。图片传输采用 4G 信道,数据传输采用 GPRS 加北斗卫星双信道通信方式。

(1)雷达式水位雨量监测站设计

雷达水位计遥测站点建设主要包括基础、水位计钢支架和防雷接地,配置的主要设备包括雷达水位计、人工水尺、太阳能板、蓄电池、充电控制器、RTU(含 GPRS 通信模块)、4G 低功耗球机、信号避雷器和户外保温箱等。雷达水位计遥测站结构见图 5.3-1,雷达水位计遥测站配置见表 5.3-1。

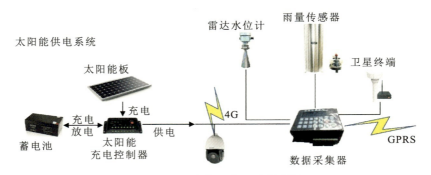

图 5.3-1　雷达水位计遥测站结构图

表 5.3-1　　　　　　　　　　　　**雷达水位计遥测站配置表**

序号	设备或项目名称	备注
1	雷达水位计	水位传感器
2	遥测数传终端	RTU
3	雨量计	雨量传感器
4	GPRS 通信终端	通信
5	太阳能板	
6	蓄电池	
7	太阳能充电控制器	
8	户外保温机柜	
9	雷达水位计基础及支架	
10	基础防雷与地网	
11	人工水尺及水尺桩	
12	4G 低功耗球机	

结合站点的实际地理位置及其精度要求,传感器参数设计如下:

1)雷达水位计

a. 最大量程:30m。

b. 过程温度:−60～＋250℃。

c. 过程压力:−0.1～4.0MPa。

d. 精度:±2mm。

e. 重复性:±1mm。

f. 过程连接:螺纹、法兰。

g. 频率范围:26GHz。

h. 信号输出:4～20mA/HART 协议(24VDC 两线制/四线制)、4～20mA/HART 协议(220VAC 四线制)。

i. 防护等级:IP67。

(2)翻斗式雨量计

a. 承雨口径:200+0.6mm,刃口角为 40°～50°。

b. 分辨率:0.5mm。

c. 测量精度:自排水量≤25mm,误差为±1mm;自排水量>25mm,误差为±2%。

d. 雨强范围:0.01～4mm/min,允许最大雨强 8mm/min。

e. 误码率:<10。

f. 可靠性指标:MTBF≥40000h。

g. 信号输出:磁钢干簧管式接点通断信号(单信号或双信号),接点允许承受的最大电压不小于 15V,允许通过电流不小于 150mA,输出端绝缘电阻不小于 1MΩ,导通电阻不大于10Ω,接点工作寿命在 50000 次以上。

h. 工作温度:—10～+50℃,空气相对湿度不限。

i. 防堵塞:传感器具有防堵、防虫、防尘措施,采用 304 不锈钢材质结构。

(2)v-ADCP 自动监测站设计

测流断面尽量选择在河流顺直、水流均匀、无漩涡或回流的地方,断面应与水流方向尽量垂直。测流段基本具有稳定规则的断面,测流断面处及附近无淤积物和石块等,保持测流断面的完整和通畅。本系统断面选用 ADCP 二线能坡法进行流量测量。仪器安装于河道底部,由河底向水面发射声波进行测量,见图 5.3-2。v-ADCP 实现了在线多点流速、水位、流量测量,具备先进的平面阵相位排列法、多目标跟踪技术以及高精度的多目标跟踪声学多普勒测量技术。

传感器参数设计如下:

600～2000kHz 工作频率及双频差分技术。

测量单元最大可达 166 个。

低功耗。

可接太阳能供电。

测量范围:0.03～120m。

野外防护等级:IP68。

频率:2MHz。

最小单元尺寸:0.25m。

测量范围:22.5m。

盲区:0.05m。

精度:0.005±2.0mm/s。

分辨率:1mm。

单元尺寸:0.25～2m。

最大流速:±20m/s。

测量单元数:86。

工作温度:-20～+60℃。

存储温度:-20～+70℃。

图 5.3-2 二线能坡法方式安装示意图

在河道垂线位置打一根合适的定位桩钉,安装支架有一活动关节,关节下部需要打入河底泥土,另外的"臂"顺着河流往下游平躺于河底。设备安放于"臂"的头上。工作时,"臂"平躺在河底,当需要检修时,"臂"可抬出水面进行检修。现场安装设计见图 5.3-3。

水下穿线、布线应遵循安全、稳定的设计原则。ADCP 电缆线从摆臂关节处穿出后,穿入钢丝软管进行保护,然后随着河底引至岸上。并在河底每隔 5m 左右打一根线缆固定桩以固定钢丝软管。钢丝软管内穿 ADCP 电缆线和钢丝绳,ADCP 电缆线用于 ADCP 与岸上仪表进行通信,钢丝绳起到配重作用(水深时,光靠钢丝软管自身的重量无法沉入河底,软管内穿上钢丝绳后能沉入河底)。钢丝软管外用扎带将气管与软管绑在一起。布设电缆时,应从水下一头往岸上布设。水下布线在对应的软管上等间隔戳小孔,让电缆线充分沉入河底,同时水下钢丝保护管用短钢钉固定。岸上部分应提前挖沟并预埋电缆,走线时尽量顺直。所有支架和线缆铺设完成后,进行设备安装,安装时可借助充气浮囊,在安装过程中,探头的安装角度应保证不被保护罩挡住发射路线,也不应过于贴近河底,安装后的角度为 45°～60°。流量监测站点设备配置见表 5.3-2。

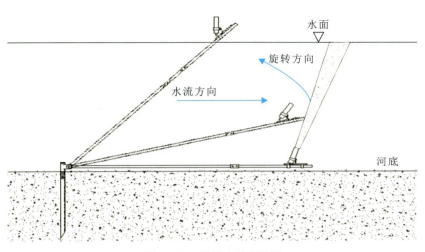

图 5.3-3　现场安装设计图

表 5.3-2　　　　　　　　　　　　　流量监测站点设备配置表

序号	设备或项目名称
1	v-ADCP
2	流速流量积算仪
3	雷达水位计
4	遥测数传终端
5	GPRS 通信终端
6	太阳能板
8	太阳能充电控制器
9	户外保温机柜
10	雷达水位计基础及支架
11	v-ADCP 支架及立桩(含气泵、气垫等)
12	人工水尺及水尺桩
13	4G 低功耗球机

（3）多参数气象雨量监测站

多参数气象雨量监测要素主要包括观测风向、风速、温度、湿度、降水，因此选择四要素多参数气象传感器加雨量计就能满足观测要求。多参数气象雨量监测站由遥测终端机、内置 4G 通信模块、气象传感器、雨量计、太阳能供电设备、北斗卫星通信机、密封蓄电池以及保护箱等部分组成。传感器参数设计如下：

MULTI-4P 型多参数测量气象传感器集成了风速、风向、温度、湿度共 4 种参数的测量，通过电容式传感器元件测量相对温度;使用精确的负温度系统元器件测量气温;使用超声波发送接收器来测量风速风向。传感器具备以下特点:

　　a. 适用于各种恶劣的气候环境。

　　b. 具有对安装点的局部环境的温度、湿度、风速、风向、大气压指标的实时监测。

　　c. 多参数集成设计,可同时测量风速、风向、温度、湿度、气压等参数。

　　d. 可全天候工作,不受暴雨、冰雪、霜冻天气的影响。

　　e. 测量精度高;性能稳定。

　　f. 结构坚固,仪器抗腐蚀性强。

　　g. 仪器本身轻巧,携带方便,安装、拆卸简单。

　　h. 信号接入方便,同时提供数字和模拟两种信号;不需要维护和现场校准。

1)风速传感器

风速测量采用超声波原理,传感器参数设计如下:

测量范围:0～60m/s。

分辨率:0.1m/s。

测量精度:±3%(当风速＝10m/s时测定)。

防护等级:IP66。

工作温度:－40～＋70℃。

工作湿度:RH5%～100%。

平均无故障时间 MTBF:5 万 h。

2)风向传感器

风速测量采用超声波原理,传感器参数设计如下:

测量范围:0°～359.9°,全方位,无盲区。

分辨率:0.1°。

精确度:±3°(当风速＝10m/s时测定)。

防护等级:IP66。

工作温度:－40～＋70℃。

工作湿度:RH5%～100%。

平均无故障时间 MTBF:5 万 h。

3)温度传感器

采用二极管结电压测量温度,传感器参数设计如下:

测量范围:－40～＋123.8℃。

分辨率:0.1℃。

测量精度:±0.2℃典型值,漂移＜0.04℃/a。

防护等级:IP66。

工作温度：－40～＋70℃。

工作湿度：RH5％～100％。

平均无故障时间 MTBF：5 万 h。

4）湿度传感器

湿度测量采用电容式原理测量，传感器参数设计如下：

测量范围：0～100％RH。

分辨率：0.05％。

测量精度：±2％RH 典型值，漂移＜0.5％RH/a。

防护等级：IP66。

工作温度：－40～＋70℃。

工作湿度：RH5％～100％。

平均无故障时间 MTBF：5 万 h。

系统采用模块化设计，可根据测量的气象要素等用户需求灵活增加或减少相应的模块和传感器，可任意组合。采集到的气象要素通过 GPRS/3G/4G 和北斗卫星方式发送到中心站。

根据 QX/T45 气象地面观测标准，风速风向要求高度在 10m 以上，温度、湿度在 1.5m 高度。但对于一体式气象站，立杆高度可选 2m、3m、3.5m、6m、10m，项目设计的一体式气象站立杆设计高度为 2m，见图 5.3-4。

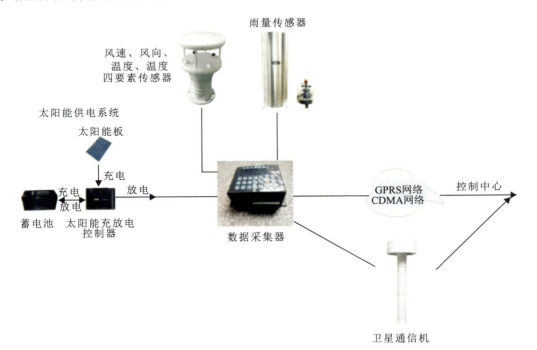

图 5.3-4　多参数气象雨量监测站系统结构图

多参数气象雨量监测站设备配置见表 5.3-3。

表 5.3-3　　　　　　　　　　多参数气象雨量监测站设备配置表

序号	产品名称	备注
1	一体化多参数气象传感器	风速、风向、温度、湿度
2	雨量计	精度 0.5mm
3	供电系统	包含蓄电池、控制器和太阳能板
4	数据遥测系统	包括 RTU、通信模块（4G、北斗卫星通信机）
5	其他配件	定制加工
6	基础与防雷地网	简易防雷地网

（4）4G 视频监控站

野外无线 4G 视频监控站由无线 4G 低功耗摄像头、太阳能供电设备、立杆以及保护箱等组成，图片和视频通过 4G 信道直接发送到中心站服务器上的海康威视接收平台。

5.3.3.2　通信组网设计

通信组网是水文自动测报系统工程的信息传输基础，它的优劣直接影响水情信息向中心站汇集的及时性、准确性。如何准确、及时地将水情信息传递到中心站是系统设计的关键环节之一。系统的数据通信网为 GPRS/GSM 通信和卫星通信。中心站租用具有固定 IP 地址的 Internet 光纤接入通道；视频站选择建设在有 4G 信号的区域；水位雨量监测站、非接触式雷达波测流站优先采用 GPRS 通信方式，在没有 GPRS 信号的站点采用北斗卫星通信方式。

总体组网架构见图 5.3-5。

（1）GPRS 通信组网

GPRS 是按 GSM 标准定义的封包交换协议，可快速接入数据网络。它在移动终端和网络之间实现了永远在线的连接，网络容量只有在实际进行传输时才被占用。GPRS 的实际速度典型值比理论速度慢，介于 14.4k～43.2k（上下行非对称速率）。GPRS 将是第一个实现移动互联网即时接入的标准，也是迈向 3G/UMTS 的过程。

采用移动 GPRS 技术进行网络数据传送，费用低，使用方便，不受地域限制，便于业务发展，具有很好的发展趋势，从 SMS 到 GPRS 到 4G，是一种更经济便捷的通信之路，可以构架更为广泛的通信网络，实现灵活的信息网络传输。

GPRS 基于数据分组传送，能提供连续不间断的数据通信业务，具有比 SMS 更好的数据传送速度和能力，且能够始终在线，通信费用按照实际传送的数据字节进行结算，运行费用低。GPRS 通信组网见图 5.3-6。

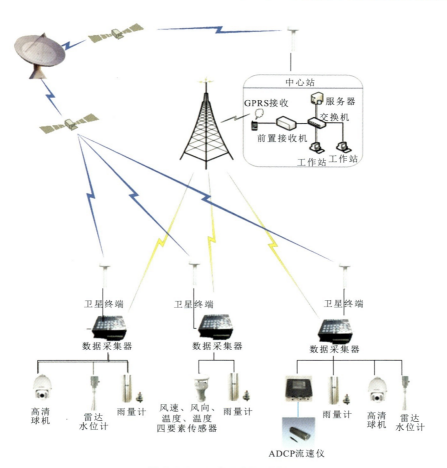

图 5.3-5　总体组网架构图

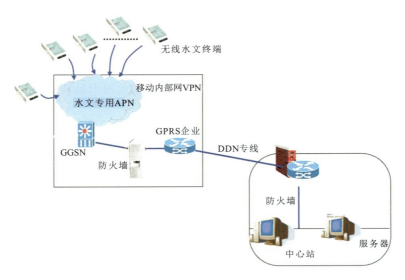

图 5.3-6　GPRS 通信组网图

应用 GPRS 传输水文数据的优点主要有：

1)实时性强

GPRS 网络具有永远在线的特点,设备打开后 1～3s 就可以登录核心网络,数据时延为 700～3000ms。

2)稳定性好、覆盖好

GPRS 网络是在 GSM 网络上加载的分组交换网,核心设备在移动公司机房,在信号较弱的地方可以自动切换编码方式,增加冗余码保证数据的传输。依托移动公司强大的网络和维护队伍,基本上在移动手机有信号的地方都可以使用 GPRS 网络,覆盖面广。

3)安全性高

柬埔寨水文部门向移动公司申请专用的 APN,并采用专线接入的方式,使用加密技术,保证数据的安全性。

4)价格低

由于 GPRS 网络按照流量收费,在数据传输量不是很大且终端特别多的情况下还可以按照 APN 接入点的流量收费,用户可根据运行情况选择。

5)数据传输量大

只要网络信号不断开,就可以持续发送数据。根据中心站的指令可以实现远程数据下载(一天、一周、一个月、半年甚至一年的数据)。

系统使用 GPRS 通信时,可以具备 GPRS 和 SMS(短信)两种通信方式。即在主信道超短波不通的情况下可设为 GPRS,在 GPRS 通信出现不通时,自动切换到备用信道 SMS(短信)通信方式发送数据。使用短信方式就只能用短信通信,不能用 GPRS 通信方式。GPRS 通信方式可以用无线方式下载 RTU 中存储的数据,以防系统数据丢失。而短信方式受短信发送容量限制,不能无线下载遥测站数据。

(2)北斗卫星通信组网

为应对部分站点没有 GPRS 信号的情况,采用北斗或天通卫星通信方式来实现站点与中心站的数据传输。其主要功能如下:

1)基本功能

发出定位及通信信息,接收中心站的定位和通信结果。

2)定位功能

可以进行手动、自动和紧急定位设定,向中心站发出定位请求,并接收中心站发出的定位结果。

3)通信功能

可以接收中心站发出的短报文信息,显示报文内容并存储接收到的信息,以便查询。可以编辑发送电文及编辑发送固定电文。

4)设置功能

可以对定位方式、通信频度、高程基准、坐标形式、显示信息方式等多种参数进行预设。

5.3.3.3　中心站设计

(1)中心站架构设计

整个中心站架构由通信层、业务层、接口层、核心数据库、应用支撑、核心功能六大部分组成。基于微服务、分布式框架的柬埔寨水文多要素综合管理平台集成了水文多要素数据的统一接收、综合监控、数据汇集、统一格式数据输出、水文数据共享等功能,并配置移动端App,见图5.3-7。

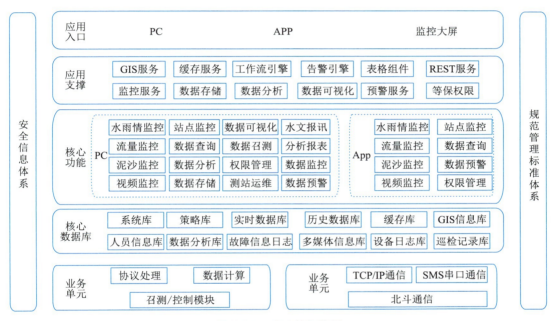

图 5.3-7　中心站架构图

1)通信层

通信层业务单元主要包括 TCP/IP 通信、SMS 串口通信、北斗通信、遥测站数据的汇集以及平台与各个遥测站 RTU 之间的通信,保障 RTU 的业务数据能够正常传递至平台,同时保障平台的各类遥测站指令能够正常传递至 RTU。在通信接口方面,通过开发的标准协议处理接口实现对 4G/5G、短信、北斗通信方式的支持。

2)业务层

业务层业务单元主要包括协议处理、数据计算、召测/控制模块,主要负责对接收到的遥测站各类实时数据进行报文的解析、处理、计算,并对数据的合理性进行判断。支持平台对遥测站进行数据的召测和测站的配置命令。基于水文通信规约等数据协议,开发标准化的数据解析接口,在通信层和应用层之间起连接桥梁的作用。提供信息查询接口及数据计算接口服务(包括各类信息的统计分析、GIS 服务以及模型计算),起到服务上层业务应用系统,连接下层数据层的功能。

3)应用入口

应用入口负责整个平台界面的运行展示管理,包括数据综合查询管理、报表查询导出管理、系统运维管理、系统设置管理等。其管理模块主要包括综合查询模块,主要查询各站点数据情况;报表查询导出模块,对现有和已有的数据进行导出查看;系统运维管理模块,时刻对站点的状态和数据状态进行监控,了解各站点的实时运行状态,结合站点数据和基础信息进行分析,远程配置设备参数信息,以便保障数据的准确性和完整性;系统设置管理模块,主要用来配置测站基本详情、用户基本信息、各用户权限等。

4)核心数据库

核心数据库主要是平台应用的数据库,是平台应用的组成部分,为系统提供数据持久化提供支撑,主要包括系统库、策略库、实时数据库、历史数据库、缓存库、GIS 信息库、人员信息库、数据分析库、故障信息日志、多媒体信息库等。数据层在接口部分实现透明的数据访问,无论数据的来源和存储位置,提供统一的数据库访问接口。

5)应用支撑

应用支撑主要包括由 GIS 服务、缓存服务、工作流引擎、告警引擎表格组件、REST 服务、监控服务等构成的应用支撑平台,主要负责为系统功能提供插件和服务的强大支持。

6)核心功能

核心功能层直接面向用户提供平台应用功能。本平台提供 PC 端和移动端 App 业务,即水文信息综合管理软件平台和水文信息综合管理 App。水文信息综合管理软件平台和水文信息综合管理 App 都是基于应用支撑平台而开发、组装和运行的。水文信息综合管理软件平台功能包括站点监控、水雨情监控、权限管理、流量监控、视频监控、数据查询、数据修改、测站运维、数据召测、数据分析、分析报表、数据转储、水文报汛、数据监控等。水文信息综合管理 App 功能包括站点监控、水雨情监控、权限管理、流量监控、视频监控、数据查询。监控可根据需要进行增减。

(2)数据流程设计

RTU 实时采集水文数据,通过 GPRS/4G/北斗等通信方式传送到中心站,经由数据通信微服务进行水文多要素报文的接收,经过报文解析微服务,通过设定的水文数据协议(水文通信规约等)对报文进行解析,获取水文多要素数据,经过数据计算微服务对数据进行水文计算后获取水文成果数据,经由数据接口服务将实时信息数据及计算后的水文成果数据存储于数据库服务器中,供应用系统运用。

为了保证报汛数据的数据质量,在水文数据存入数据库之后,需要对数据进行分析转换,这个过程一般比较复杂。为了减少对应用系统性能的影响,依据水文数据模型专门建立微服务进行水文数据分析报汛,找出不符合规则的问题数据,对数据进行标准化转换,以保证数据质量。对于同一数据有多个来源的情况,需要进行数据匹配合并。通过水文数据模型,定时对数据进行处理分析。中心站数据流程见图 5.3-8。

各种协议解析数据处理流程见图 5.3-9。

1)数据解析系统

数据解析系统分为解析和计算两个部分,其主要任务为:

a. 监听消息队列,从中获取数据。

b. 对信息进行解码并分析遥测数据的正确性,分类将各种数据写入数据库和缓存。

c. 本地存储原始遥测数据。

d. 接收数据的解码和校验。

e. 接收数据的合理性检查。

f. 原始数据的入库。

g. 自报、加报数据的入库。

h. 人工置数的入库。

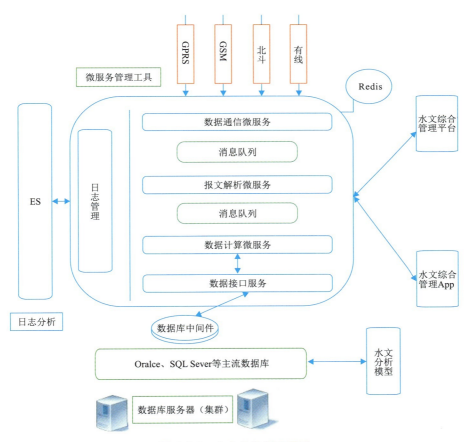

图 5.3-8　中心站数据流程图

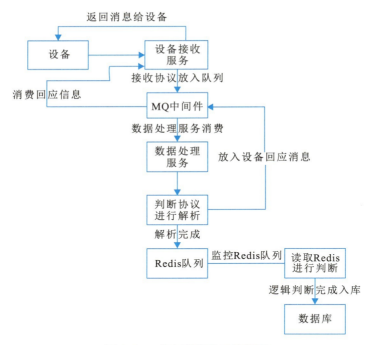

图 5.3-9　解析数据处理流程图

2）监视系统

根据遥测站采集设备工作状况及数据，分析遥测站的工作状况，对系统运行状况进行监视，其主要任务为：

a. 测站工作电压监控。

b. 测站发送数据间隔时间监控。

c. 测站数据合理性监控技术实现。

数据传输基于 Netty 框架实现串口通信。处理入库按照给定的协议规约进行解析计算并以预留接口的形式实现。这样可以进行灵活操作和控制，对数据库的操作简单可靠。数据显示采用单独系统编码，实现系统的解耦，便于维护。数据采集流程见图 5.3-10。

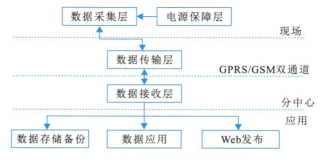

图 5.3-10　数据采集流程示意图

柬埔寨水文监测综合管理平台包括基于 B/S 架构的水文综合管理系统（PC 端网站）和监控运维 App,它们为系统的兼容和水文移动办公提供了有力的保障。

（3）中心站功能设计

中心站功能架构见图 5.3-11。

1）登录门户

为提升系统的安全性,将登录模块置于水文综合管理平台之外,并支持与 OA 系统或业务系统实现登录互联,支持水文内部系统的单点登录。该部分主要包括访问安全控制和用户权限控制两个模块。在通过密码加密、隐藏关键信息、登录校验码等手段提升系统安全的同时,用户权限控制模块控制系统的数据权限和菜单权限,实现基于不用的用户级别对辖区内站点数据的分等级管理。可解决当前主流水文系统网络安全不达标和不符合安全防护等级的问题。

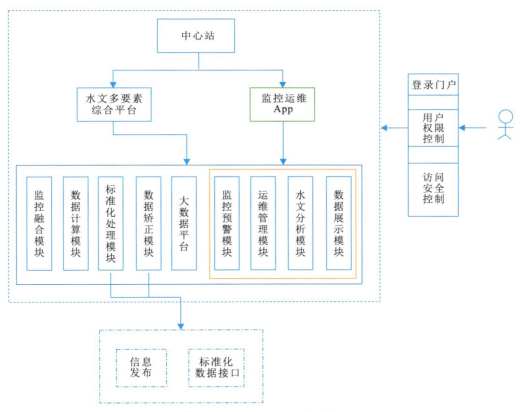

图 5.3-11 中心站功能架构图

2）数据融合模块

主要实现系统对多水文要素数据以及多厂商设备的统一接收。突破原有的大而全的水文业务系统开发模式,对业务进行拆分,将不同厂商、不同要素的数据接收拆分为不同的微服务,实现对不同要素(水位、雨量、流量、蒸发、水温、水质、气象、墒情)的支持,以及对越来越多的水文厂商设备的支持。

3)数据计算模块

对当前主流的水文计算包括雨量计算、点流量计算、ADCP 流量计算、时差法流量计算、蒸发计算进行水文建模,建立基于河流断面的动态水文计算模型,对需要计算的数据通过水文模型进行水文计算。

4)数据展示模块

针对水文多要素综合管理系统中涉及的水文要素进行图表数据的展示。

5)水文分析模块

以 Map/Reduce、BigTable 为核心,基于高效数据库访问技术实现对海量异构数据的高效管理,充分考虑各个监测要素之间的相互影响,集成流量计算模型、水沙关联分析模型,建立功能强大的模型算力仓库,并基于机器学习,对模型仓库进行动态调整,实现对多要素异构数据的高效分析。

6)数据校正模块

针对水文分析模块中提示的异常数据,以及人工发现的错误数据,提供人工校正的功能,并记录该过程,保证修改过程可追溯,将校正后的数据自动推送到交换系统,保障数据的一致性。

7)标准化处理模块

针对不同厂商数据的多样性,平台对水文数据进行标准化处理,满足用户对整编数据格式的要求以及对所需各类水文报表格式的需求。

8)大数据平台

基于多要素水文监测数据,形成水文大数据中心。进而通过大数据进行水文分析并提供标准的数据访问 API。平台对开源组件进行封装和增强,提供稳定的大容量的数据存储、查询和分析能力。

9)运维管理模块

充分利用 BS 架构和移动端 App 的优势,基于 REST 接口提供对测站参数的读取配置功能和对缺报数据的人工召测功能,实现对远程运维、水文移动办公的需求。

10)监控预警模块

水文多要素综合管理平台基于水文分析模块对系统测站状态、水文数据等进行分析,通过 GIS 一张图、App 推送、短信通知等三个层面预警,用户可自行配置告警方式。

11）信息发布和标准化数据接口

基于大数据平台，水文部门可对外提供数据服务功能，一方面可主动在微信公众号、微信小程序或水文网主动发部数据；另一方面可提供标准化的数据接口，供使用方调用，通过IP白名单的方式控制调用。

5.3.4　创新设计

5.3.4.1　全要素数据融合设计

柬埔寨水文信息监测与传输技术应用采用面向对象的编程思想，把构成问题的各个事物分解成各个对象，将监测要素对象作为程序的基本单位，将程序和数据封装其中，以提高程序的重用性、灵活性和可扩展性。

将不同水文要素的不同属性及其结构封装为不同的实体类，隐藏对象的属性和实现细节，仅对外公开接口，通过控制程序中属性的读和修改访问级别增加安全性和简化编程。将水文多要素抽象为数据对象后，部分要素具有相同的特征和属性，如各水文要素的主体都是测站，接收的数据具有接收时间等相同的属性，可以将相同的部分抽取出来放到一个类中作为父类，其他两个类继承这个父类。继承后，子类自动拥有父类的属性和方法。

对于各水文要素特有的属性和方法，在封装的类中单独进行定义，基于上述多要素数据的实现对各水文要素异构性的支持，可根据每个水文要素的数据和结构特点，封装为不同的对象，表现每个水文要素的属性和行为特点，并在异构的基础上对公共方法进行包装，在保持异构性的基础上增加简洁性和灵活性。

降低水文要素之间的耦合性，为每个水文要素数据编写专门的处理类。耦合性是软件系统结构中各模块间相互联系紧密程度的一种度量。模块之间联系越紧密，其耦合性就越强，而模块的独立性则越差。模块间耦合高低取决于模块间接口的复杂性、调用的方式及传递的信息。降低各个水文要素模块之间的耦合性，提高各水文要素报文的解析与计算的独立性和效率。在该水文多要素系统中，所有的水文要素通用同一个模块接收数据，在获取到水文数据报文后，为适应水文多要素数据异构的特点，为每个水文要素编写单独的解析和计算模块，减小在处理过程中各水文要素之间的耦合性，具体的模块设计见图 5.3-12。

结合缓存与线程池技术实现数据流向控制。在控制各水文要素分模块、低耦合的基础上，控制所有水文流向的一致性，结合缓存技术、线程池技术，在保证系统执行效率的基础上提升系统的一致性和整体性，即在保持数据异构支持的基础上保持系统的整体性。具体数据流向见图 5.3-13。

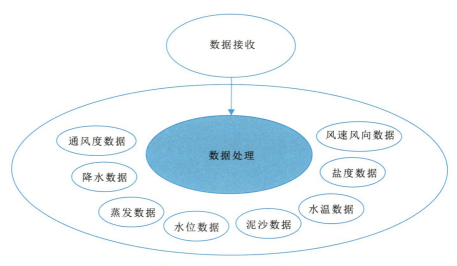

图 5.3-12 数据处理模块图

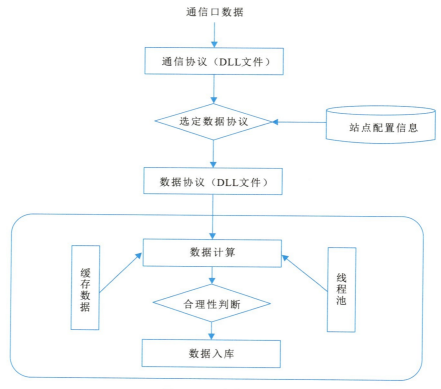

图 5.3-13 数据流向图

5.3.4.2 全量程监测设计

柬埔寨水文信息监测与传输技术应用实践将在湄公河流域建设 3 个在线流量监测站点,并针对每个站的特性进行全量程监测设计。

长期以来,河道断面流量测量基于传统流速仪法,该法通过测量特定过流断面垂线上的点流速,应用垂线流速分布经验公式得出垂线平均流速,依据各条垂线平均流速算出断面流量。该法测量精度相对较高,但是效率低,且需要建造测流缆道,若河面太宽需配备测流船,且不能实现在线监测。20 世纪 90 年代初,走航式 ADCP 开始在我国投入使用,其流量测算原理与流速仪法类似,测量精度和效率都有了较大提高,但是施测仍然需要建造渡河设施,且对河道通航安全有一定影响,也不能实现在线监测。近年来,国家开展水文信息化现代化建设,流量在线监测是水文行业的发展趋势,当前大多数在线监测方法基于指标流速法,即通过收集大量断面流速分布资料,建立断面平均流速与实时施测的特定点、特定水层、特定垂线的流速的函数关系式来推算断面流量,实现流量在线监测,基于此法的系统有表面雷达波测流系统、基于 H-ADCP 固定层的测流系统等。

观测断面流速流向分布特性非常复杂,不仅受断面形状、糙率影响,还受上下游比降特性影响,断面水位发生变化也会影响断面流速分布,断面流速分布资料收集周期很长,有些新建的观测断面无历史资料或资料少,导致指标流速公式建立比较困难。另外,断面水下河床时刻处于冲淤变化中,过水面积也随之变化,需要修订公式,这导致基于指标流速法的测流精度难以保证,系统难以投产。因此,研制一套准确、高效的流量在线监测系统以及基于此系统的推算方法一直是水文流量测验的重点目标。

在该示范建设中,开发 H-ADCP 河道断面多层流速测量及断面流量计算系统,基于部分流量累加法实现流量在线监测。此法通过把过水断面划分成若干个测量单元,分别测量各个单元面积 A_i 和单元平均流速 V_i,其中 i 表示单元序号,断面流量 Q 可表示为:

$$Q = \sum_{i=1}^{n} A_i \times V_i \qquad (5.3\text{-}1)$$

式中:n——单元总个数。

　　A_i——单元面积。

H-ADCP 实现断面各层各点流速测量。测量基于声学多普勒频移原理,传感器发射的声波脉冲遇到移动目标(水中颗粒物)反射后频率发生变化,频率变化量与移动目标速度成函数关系,假定水中颗粒物与水流速度相等,基于此法确定点流速。发射声波脉冲和接收的反射声波脉冲的时差与反射点和 H-ADCP 的距离成函数关系,基于此法确定相应点的位置。

H-ADCP 河道断面多层流速测量及断面流量计算系统在流速方面给全量程监测提供了有力支撑,为确保流量计算的准确性,还需保障水位监测对全量程的支撑,当前主流的水位传感器在测量量程上均有自身的局限性。结合集中传感器共同监测的方式,通过水位全量程控制系统控制在不同水位时采用不同量程的传感器,保证在低水和高水的全量程测量。根据站点的特性,基于气泡式水位计、浮子式水位计、雷达水位计的组合实现该站点水位的全量程监测。通过水位全量程控制系统,在分析各个水位计特性的基础上,选择最为合理的水位作为流量计算的依据。上述各传感器的特性如下:

气泡式水位计内部的活塞泵产生压缩空气,流经气流线,按设定好的间隔进入气室,在气室里,气泡均匀地冒出来进入水中。气泡室孔上水的液位(h)与测量管内流体静压(P)建立关系如下:

$$P = \rho g h \tag{5.3-2}$$

假设液体的密度保持不变,则测量液位和测量管内的空气压力之间就存在一定的线性关系。通过测量测管内的空气压力,就可以换算出当前的水位。简而言之,它由活塞泵产生的压缩空气流经测量管和气泡室,进入被测的水体中,测量管中的静压力与气泡室上的水位高度成正比。气泡式水位计先后测定大气压和气泡压力,取两个信号之间的差值,计算出气泡室上面的水位高度,这就是气泡式水位计测量液位的基本原理。气泡式水位计安装简单,操作、组网灵活,是遥测系统中,尤其是无井水位测量常用的水位监测仪器。具有高精度、高可靠、高智能、免气瓶、免测井、免维护、抗振动、寿命长的优点,特别适用于流动水体、大中小河流等水深比较大的场合。常用的气泡式水位计在低水,特别是 0～20m 量程具备较高的测量精度。

浮子式水位计仪器以浮子感测水位变化,工作状态下,浮子、平衡锤与悬索连接牢固,悬索悬挂在水位轮的"V"形槽中。平衡锤起到拉紧悬索和平衡的作用,调整浮子的配重可以使浮子工作于正常吃水线上。在水位不变的情况下,浮子与平衡锤两边的力是平衡的。当水位上升时,浮子产生向上的浮力,使平衡锤拉动悬索带动水位轮顺时针方向旋转,水位编码器的显示读数增加;水位下降时,则浮子下沉,并拉动悬索带动水位轮逆时针方向旋转,水位编码器的显示器读数减小。浮子式水位计的水位轮测量圆周长为 32cm,且水位轮与编码器为同轴连接,水位轮每转一圈,编码器也转一圈,输出对应的 32 组数字编码。当水位上升或下降,编码器的轴就旋转一定的角度,编码器同步输出一组对应的数字编码(二进制循环码,又称格雷码)。不同量程的仪器使用不同长度的悬索能够输出 1024～4096 组不同的编码,可以用于测量 10～40m 水位变幅。

雷达水位计是利用超高频电磁波经天线向被探测容器的液面发射,当电磁波碰到液面后反射回来,仪表检测出发射波及回波的时差,从而计算液面的高度。被测介质导电性越好或介电常数越大,回波信号的反射效果越好。雷达水位计主要由发射和接收装置、信号处理器、天线、操作面板、显示屏等几部分组成。发射—反射—接收是雷达水位计工作的基本原理。它分为时差式和频差式。

时差式是发射频率固定不变,测量发射波和反射波的运行时间,并经过智能化信号处理器,测出被测液位的高度。这类雷达水位计的运行时间与水位距离的关系为:

$$t = 2d/C \qquad\qquad (5.3\text{-}3)$$

式中：C——电磁波传播速度，$C = 300000\text{km/s}$；

　　　d——被测介质液位和探头之间的距离，m；

　　　t——探头从发射电磁波至接收到反射电磁波的时间，频差式是测量发射波与反射波之间的频率差，并将这频率差转换为与被测液位成比例关系的电信号。

这种水位计的发射频率不是一个固定频率，而是一个等幅可调的频率。

雷达水位计的量程为 $0\sim30\text{m}$，且对安装环境有一定的要求。

第6章 湄公河流域数据支持与管理应用实践

6.1 概述

6.1.1 湄公河流域数据支持与管理现状

6.1.1.1 湄公河流域数据管理现状

在澜沧江—湄公河合作机制正式建立之前,湄公河流域的数据未形成统一管理,各国自行保存资料,且以纸质资料为主,查阅、调取历史数据相当困难。

1995年4月5日,柬埔寨、老挝、泰国和越南四国签订了《湄公河流域可持续发展合作协定》,后来陆续签订了《数据与信息共享交换规程》(2001年)、《用水监测规程》(2003年)、《通知、事先磋商和同意规程》(2003年)、《维持干流流量规程》(2006年)和《水质规程》(2011年)5个规程和一系列技术指南、导则。这些文件为湄公河水资源及其相关资源的开发、利用、管理和保护提供了基本的机制框架。为了更好地履行核心职能,进一步提升湄公河流域水资源管理水平,2000年7月,湄委会启动了信息系统(Mekong River Commission Information System,MRC-IS)开发计划,在湄公河干流及重要支流构建水文气象、水质泥沙监测数据管理,并于2006年正式上线。该信息系统运行15年来,历经多次升级改造,积累了丰富的管理经验和大量数据,为湄委会和各成员国重大涉水决策提供了信息和数据支持。湄委会信息系统主要由监测网络、数据库、地理信息系统、模型工具等部分组成。但该系统在数据整合、共享、交换等方面均需推进与加强,其改进思路如下:

(1)优先整合已公开的数据资源

部分监测数据虽未通过官方渠道共享,但已通过各国网站发布,如泰国政府在气象部门官方网站上公开了部分蒙河流域的气象监测数据。对于此类数据可不必局限于共享协议,直接采用技术手段获取。

(2)通过联合研究等多种形式促进数据共享

在气候变化加剧的背景下,流域各国均高度重视流域发生的水旱灾害,并愿就此开展联合研究。可以考虑通过联合研究,从特定范围、特定时段的数据共享开始,逐步扩展数据共享范围。此外,对于相对静态的基础信息,如水利工程(尤其是水库)信息,可通过项目合作的方式通过调查获取。

(2)建立统一的标准体系

应建立六国共同认可的数据交换格式、接口调用、网络与信息安全等方面的标准体系。数据交换格式标准对平台的数据内容、格式、频次等进行规定。接口调用标准明确资源共享数据服务相关接口标准,保障接口调用,促进以服务化方式提供可共享功能和数据。此外,制定涵盖个人信息、重要数据、数据跨境安全等方面的网络安全技术标准,覆盖数据生命周期的数据安全,标准包括数据分类分级、去标识化、数据跨境、风险评估等方面的内容。

(4)建立视频会商和即时通信系统

在及时掌握上下游重要站点雨水情信息的基础上,依托澜湄水资源合作信息共享平台建立视频会商和即时通信系统。在面对突发水情和重大涉水事件时,可在最短时间内展开会商、决策和联合指挥调度,最大限度地降低洪旱灾害以及突发事件可能造成的损失。

为进一步加强澜湄六国间水资源数据、经验和技术等方面信息共享,澜湄水资源合作信息共享平台于 2020 年 11 月正式上线,目前只共享了少量站点的水文信息,大量历史数据需要借助科技手段长期保存并共享给有需要的机构或人员。

6.1.1.2　湄公河流域气象水文资料基本情况

水文气象数据内容包括风速、风向、泥沙、太阳辐射、日照时间、相对湿度、蒸发量、流量、气温、气压、径流、降水量以及水位等指标,数据主要来源于气象站和水文站。监测水文气象数据是湄委会的核心职能之一。湄委会于 2006 年在柬埔寨金边成立了区域防洪和减灾中心(Regional Flood Management and Mitigation Center,RFMMC),主要职责是洪旱预报和河流监测。根据湄委会与各成员国签订的谅解备忘录及其参考条款,成员国各相关单位负责收集常规站的数据并向区域洪水管理和减灾中心传输。

湄委会管理常规水文气象测站 139 个,经各成员国人工收集测站数据后,发送至区域防洪和减灾中心的数据终端上。汛期(6 月 1 日至 10 月 31 日)数据每天发送一次,旱季(11 月1 日至次年 5 月 31 日)每周发送一次。区域防洪和减灾中心会根据河流监测系统及成员国收集的数据编制洪水公告和旱情周报,并发布在其官方网站上,供成员国政府部门和流域各国公众参考。虽经多年运转,目前湄委会在气象水文资料的收集和管理中仍存在如下问题:

(1)数据密度不足

由于通信条件、响应程度以及发展水平不一致,很多项目缺乏历史数据和实时数据,仅有部分水文站可查看近 7d 数据,且目前 66 个水文站网的密度和数据量无法满足水文气象预报的精度需求。

(2)数据格式不统一

由于未能严格执行相关技术规程,各成员国上报的湄委会的数据经常出现单位、坐标体系等不一致的问题,后期处理工作量大,既浪费了大量人力,又影响了数据时效性。

（3）应急发布不及时，预警手段单一

目前，湄委会洪水预报结果只能通过浏览信息系统网页主动获取，未采用广播、电视、手机客户端等多媒体手段向各成员国和社会公众提供推送服务，民众无法在第一时间获取应急避险信息。

6.1.1.3 数据中心运行维护管理现状

湄公河流域现有自动站的运行维护均需要工作人员到现场，增加了运行维护的难度和工作量；同时，预警信息不全，不能早期预警和及时发现设备故障，只能待故障出现后再进行维护，降低了自动测报系统运行的可靠性和数据的实时性。湄公河六国对自动站设备的运行与维护管理提出了更高的要求，现有管理水平已不能满足各国防汛抗旱和水资源管理需求。

受站点分散与交通条件因素的制约，早期对站点设备的故障预判显得非常重要。同时，可通过远程诊断与技术会商解决一线运行维护管理人员技术水平参差不齐的问题。数据中心运行维护管理系统建成后，能实时掌握水情自动监测站点运行情况，为运行维护人员提供准确、及时的运行维护信息，极大地提高自动测报系统运行的稳定性与可靠度；通过增加完善各类运行维护信息，提升信息在线传输通道，为实现自动站在线运行维护诊断提供便利条件。

6.1.2 建设目标

为了对水文气象数据进行统一管理，提高数据利用效率，需要整合湄公河流域所有历史气象水文数据，以及湄委会和数据中心采集的实时水文数据，湄公河流域数据支持与管理应用项目建设目标为：

a. 建设完成气象水文综合数据库管理系统。

b. 建设气象水文数据录入和管理系统，将现有资料全部数字化，为防汛抗旱和水资源管理部门日常工作提供数据支撑。

c. 建设数据中心运行维护管理平台，实现远程系统维护、系统管理、系统诊断等功能，有效提高对已建系统的运行维护管理水平。

d. 先期在老挝国家水资源信息数据中心部署。

6.1.3 预期效益

湄公河流域数据支撑与管理应用对老挝已有历史气象水文数据、湄委会和数据中心采集的实时水文数据进行了统一管理，提高了数据利用的效率，为流域防汛抗旱、水资源管理、灾害预警监控等方面提供了可靠的数据支撑。后续还可以在汇聚数据库的基础上，利用数据挖掘、大数据分析和人工智能等先进的数据分析技术，在防汛调度、水资源合理分配和水利工程水调与电调方面发挥效益。

系统建成后，为运行维护提供了实时资料，提高了自动监测系统运行的稳定性与可靠性,保障了防汛抗旱决策所需数据源的安全性。该系统不仅服务于防汛抗旱工作,同时也服务于水资源管理工作,其搭建的基础信息平台为全面的水资源管理工作奠定了良好的基础,对于保障水资源可持续利用具有重要意义。

6.2　总体方案设计

6.2.1　总体功能架构

湄公河流域水资源数据支持和管理项目采用开放式的设计理念,整合水文、气象、空间地理数据及各种资源,建成一整套综合系统管理平台。

系统采用 B/S 模式开发,由应用层、服务层、数据层以及信息安全管理构成,其整体架构见图 6.2-1。

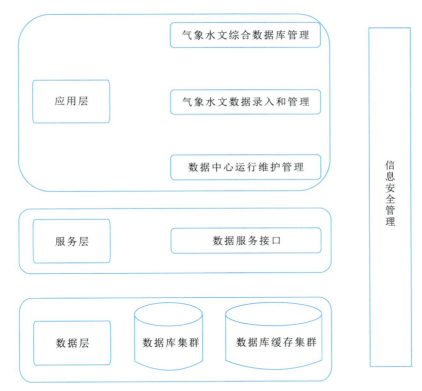

图 6.2-1　湄公河流域水资源数据支持和管理总体功能架构图

系统各层次的主要功能如下:

(1)应用层

应用层用于实现系统的业务逻辑,直接面向用户提供应用功能。系统的业务应用模块主要包括气象水文综合数据库管理、气象水文数据录入和管理、数据中心运行维护管理等功能。

（2）服务层

服务层用于提供所有的信息查询接口以及数据计算服务,提供的业务功能可以为所有的应用程序使用,起到服务上层业务应用系统、连接下层数据层的作用。包括各类信息的统计分析、GIS服务以及模型计算。

（3）数据层

数据层在接口部分实现了透明的数据访问,不区分数据的来源和存储位置,均提供统一的数据库访问接口。为了加快数据库的访问速度,通过连接池的方式优化数据库连接速度,并采用前端缓存加快数据库的读取速度。

（4）信息安全管理

用户通过个人用户名密码登录系统,保证系统的安全性。

6.2.2　功能组成

湄公河流域水资源数据支持和管理项目功能组成见图 6.2-2。

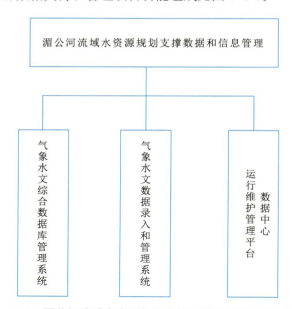

图 6.2-2　湄公河流域水资源数据支持和管理项目功能组成图

6.2.3　网络环境需求

6.2.3.1　基本原则

本着先进、开放、结构合理、可扩展性强、安全可靠的原则,湄公河流域数据支持与管理应用项目计算机网络系统利用已有的网络环境,网络环境需求主要考虑网络拓扑结构、网络协议选择、数据传输速率、设备选型及数据安全保障等几个方面,同时也考虑网络管理、远程接入、网络间互联及 Intranet/ Internet 技术应用方式等。

系统可通过调度数据网、广域网、局域网、路由器及 Web 服务器(或 OMS 系统),实现与相关计算机系统和部门进行数据通信和信息发布,以满足数据收集、数据交换等功能的要求。

开发数据通信传输软件,实现 LAN 和 WAN 上各类数据的传输。其结构方式采用 Client/Server(客户/服务器),传输层采用 TCP/IP 协议。系统建设遵循如下原则:

(1)实用性和先进性

采用先进成熟的技术和设备,满足当前机房的不同功能区域的需求,兼顾未来的业务需求,尽可能采用最先进的技术、设备和材料,以适应高速的数据传输需要,使整个系统在一段时期内保持技术的先进性,并具有良好的发展潜力,以适应未来信息产业业务的发展和技术升级的需要。

(2)安全可靠性

为保证各项业务应用,网络必须具有高可靠性,绝不能出现单点故障。要对机房布局、结构设计、设备选型、日常维护等各个方面进行高可靠性地设计和建设。在关键设备采用硬件备份、冗余等可靠性技术的基础上,采用相关的软件技术提供较强的管理机制、控制手段和事故监控与安全保密等技术措施提高机房的安全可靠性。

(3)灵活性与可扩展性

机房必须具有良好的灵活性与可扩展性,能够根据今后业务不断深入发展的需要,扩大设备容量和提高用户数量和质量的功能。具备支持多种网络传输、多种物理接口的能力,提供技术升级、设备更新的灵活性。

(4)标准化

机房系统结构设计基于国际标准和国家颁布的有关标准,包括各种建筑、机房设计标准,电力电气保障标准以及计算机局域网、广域网标准,坚持统一规范的原则,从而为未来的业务发展和设备增容奠定基础。

(5)工程的可分期性

机房的工程和设备均为模块化结构,相当于将该工程分期实施,而各期工程可以无缝结合,不造成重复施工和浪费。

(6)经济性

应以较高的性价比构建机房,使资金的产出投入比达到最大值。能以较低的成本、较少的人员投入来维持系统运转,提供高效能与高效益。尽可能保留并延长已有系统的投资,充分利用以往在资金与技术方面的投入。

6.2.3.2　网络建设方案

老挝气象水文综合数据库管理系统、老挝气象水文数据录入和管理系统和老挝国家水资源信息数据中心运行维护管理平台均部署在老挝人民民主共和国自然资源和环境部气象水文司所属的老挝国家水资源信息数据中心。

（1）网络拓扑

中心站的计算机网络协议对外互联均采用 TCP/IP 协议，局域网内部支持 TCP/IP、IPX/SPX、NetBEUI 等协议。中心站计算机网络采用万兆以太网技术。按功能区划分为内网和外网。内网由万兆以太网交换机为核心交换机，接入层交换机使用千兆线路与核心交换机相连；外网接入配置核心汇聚路由器和防火墙，防火墙作为数据中心边界接入和隔离，为其提供用户安全接入、抗攻击、入侵检测、防病毒、高性能 VPN、带宽管理等综合安全保障；为保障网络的稳定性，内外网均采用双网冗余结构设计。

计算机网络系统设备主要包括网络及数据库服务器集群系统、通信服务器、应用服务器、核心交换机、接入交换机、路由器、防火墙以及各类工作站等。计算机网络系统拓扑结构采用星形结构（图 6.2-3）。

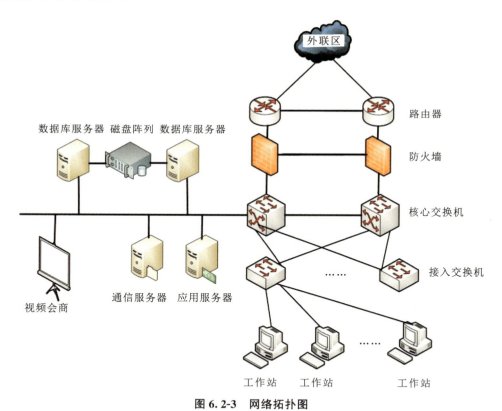

图 6.2-3　网络拓扑图

（2）通信组网

系统通信组网依托老挝国家水资源信息数据中心网络系统实现数据通信。

1）数据通信要求

a. 自动监测和记录通信网络运行状态，如有异常则通过报警系统报警。

b. 具有数据缓冲功能。在广域网络通道情况较差时，将要进行远程传输的数据暂时缓存起来，待通道恢复正常后，立即将缓存的数据进行补传。

c. 具有配置功能。可配置中心双机，中心通信服务端 TCP 端口号等。

d. 实时动态显示接收到和发送出去的数据包个数。

e. 实时动态显示接收或发送的数据的时间、数据包类型以及数据长度等。

f. 记录网络运行状态等。

g. 动态配置中心通信机信息和本地机信息。

2）数据通信功能要求

a. 接收中心转发的各类数据并写入数据库。在通信服务器采用双机备份的情况下，通信服务器发生切换后，通信连接自动切换到主通信服务器。

b. 具有判断与通信服务端的连接是否正常，并维持定期重新连接的功能。程序自动检测通道状态，并记录网络运行情况。

c. 在通道情况较差时具有一定的数据缓冲功能。

d. 具有配置功能，可配置双中心通信机地址，中心通信服务端 TCP 端口号等。

e. 与服务端系统的对时功能。

f. 可支持数据按优先级传送。

（3）网络安全

由于网络存在互连性，网络容易遭到黑客、病毒的恶性攻击，这对系统的安全防护提出了更高的要求。分中心系统在长期运行的过程中会积累大量宝贵的数据，为了保护分中心系统中的数据安全、可靠、可用，防止数据被非法盗用或破坏，在系统中必须采用必要的安全防护措施，保护系统及数据的安全。

系统作为专业的生产系统，必然要与多个外部系统进行联系。而为了提高系统运行的可靠性和安全性，则必须全面地从安全防护方案以及保护系统安全等角度实施方案，包括硬件与软件配置、安全管理策略、权限管理、隔离与认证、数据加密等。

1）安全背景

随着互联网的飞速发展，用户在体验互联网带来的无限共享资源的同时，网络威胁也随之而来，病毒感染、木马入侵、黑客攻击等威胁事件时时刻刻都在发生。安全行业在经历了大量的网络层工作之后发现，HTTPS、HTTP/2.0 和层出不穷的漏洞已经让网络安全解决方案进入一个进退维谷的状态：无法有效防止终端上的漏洞，无法对终端内部更详细的信息进行分析，有时候检测分析出问题却没办法进行处置。这些困难让我们认识到，终端才是真相之源和控制之本，要真正解决安全问题，必须直面困难，保障终端安全。

从防御角度来说,安全防护永远是投入不足的,所以我们必须识别安全的主战场。表面上我们都在解决设备安全的相关问题,如服务器安全、终端设备安全及整个网络设备安全等。然而安全的实质问题并不是设备,人或人为因素才是信息安全问题的根源所在。但人的力量无法直接作用于信息系统,人与信息系统进行交互必须要借助载体,这就是人机界面,而人机界面的实质就是终端。

一个安全事件,无论在网络中经过多少环节,用了多么高级的技术,其最终目的都是为了代替人完成某些未经授权的工作。比如窃取数据、破坏系统、潜伏以备后续使用等。而这些动作的完成,必须通过某个终端。正是因为终端是大多数安全事件的目标和发生地,因此终端成为安全的主战场。

2)设计理念

EDR 是安恒信息技术股份有限公司在深入分析与研究常见黑客入侵技术的基础上,总结归纳大量的安全漏洞信息和攻击方式后,研制开发的新一代终端安全防护产品。

EDR 由控制中心和终端组成。控制中心部署在独立提供的 Linux 系统主机上,主要功能是把所有终端信息集中于一体,便于集中监管和配置安全策略,聚合终端情报信息进行后续的响应以及处置。

控制中心采用 B/S 架构,安装完成后,用户可以在任意控制中心网络可达的计算机上访问控制中心的 Web 页面,对终端进行管控。

终端软件是一个独立的本地可执行程序,安装在需要被管控的主机上,并完成管理员通过控制中心下发的任务和策略。

EDR 工作原理见图 6.2-4。

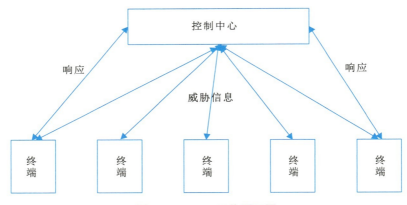

图 6.2-4　EDR 工作原理图

3)设计目标

a. 防御已知和未知类型勒索病毒。

EDR 不仅可以阻止已知勒索病毒的执行,而且在面对传统杀毒软件束手无策的未知类型勒索病毒时，EDR 会采用诱饵引擎，在未知类型勒索病毒试图加密时发现并阻断其加密行为，有效守护主机安全。

b. 防御高级威胁全流程攻击。

EDR 根据 ATT&CK 理论，对攻防对抗的各个阶段进行防护，包括单机扩展、隧道搭建、内网探测、远控持久化、痕迹清除。不仅可以做到威胁攻击审计，而且还可以防止黑客进行渗透攻击，实现攻防对抗全方位防御。

c. 管控全局终端安全态势。

服务器、PC 和虚拟机等终端安装了客户端软件后，上传资产指纹、病毒木马、高危漏洞、违规外联及安全配置等威胁信息到管理控制中心。用户在管理控制中心可以看到所有安装了客户端软件的主机及安全态势，并进行统一任务下发、策略配置。

d. 全方位的主机防护体系。

EDR 不仅包含传统杀毒软件的病毒查杀、漏洞管理、性能监控功能，在系统防护方面还可做到主动防御、系统登录防护、系统进程防护、文件监控，还支持网络防护、Web 应用防护、勒索挖矿防御、外设管理等多个功能。

e. 简单配置，离线升级，补丁管理。

EDR 支持用户自主进行安全配置，能够明确、有效地进行主机防护。主程序、病毒库、漏洞库、补丁库、Web 后门库、违规外联黑名单库全部支持离线导入升级包和一键自动升级，并可在专网使用。

6.2.4　系统设计原则及性能特点

6.2.4.1　基本原则

（1）基础性和整体性

整个系统的各种软件应符合国际、国家及行业相关标准。

（2）技术的先进、实用性

目前技术发展迅速，本系统需要考虑未来的扩展性，在采用的技术方面应体现先进、实用，才能确保项目建设结束后相当一段时间内技术不落后。系统是以先进的、成功的理念为核心的成熟技术的组合。

（3）系统的开放性、可扩展性和安全性

开放的结构意味着通信协议的开放和数据与数据结构的开放和共享。通信协议开放，系统接口透明，便于与其他系统组网，实现系统的集成与资源共享；数据与数据结构的开放使用户可以很方便地从系统中抽取所需要的各种数据和信息，实现信息交换与共享。

（4）规范性

系统设计符合有关国家和行业通用标准、协议和规范，符合国家与部颁标准及行业规范的要求;保证系统运行稳定可靠、数据安全;系统接口规范统一。

(5)经济性

能够实现最优的系统性价比,充分利用有限的资金,创造巨大的社会效益和经济效益。要求系统具有完善的数据库结构、方便灵活的操作界面、面向对象的技术开发、多样的输出效果,以及系统的安全性、实用性和兼容性。系统软件设计采用当今主流开发软件实施系统的前端开发和后端开发。

6.2.4.2 软件特点

(1)界面可视化配置

在线实时采集数据,并可对当前水文情况在线监控,可根据需要自定义切换监控水域或者告警类别。集成地图接口,可直接在地图上查看不同地区的水文情况。

(2)及时告警提示

将汛旱情或者水文告警信息预置进系统,当采集的数据达到预置数据时 则以告警形式通知系统管理员(短信、App 信息),并在系统界面以告警标识进行提醒,尽早预防汛旱灾情等。

(3)集成报表引擎

用户可以选择需要的数据,以饼状图、条形图、线状图等方式生成分析结果,输出的分析报告更加直观、生动。

(4)灵活性、扩展性

系统通过动态加载的方式加载通信协议和水文数据协议,可方便增加不同水文要素、不同协议的设备。比如为后续可能增加的水质监测提供方便的增添接口。

(5)集群高可用

接收服务器和数据库服务器采用集群或双机热备的方式部署,一方面,降低单机系统压力;另一方面,当其中一条服务器发生故障宕机时,不影响系统的正常运行。

6.2.4.3 性能需求

对已采集的数据进行统计分析时,若数据在 5000 条左右,其分析时间应不大于 10s。分析数据达到 10 万条时,服务器仍可以正常处理业务。

在非业务高峰期间,典型业务处理平均响应时间要求如下:系统登录时间不大于 2s。系统界面的一般性查询响应时间应小于 2s,大量数据查询响应时间应小于 6s,如存在特殊耗时操作,需详细说明。应用系统平均响应时间要求如下:应用系统内在线事务处理的响应时间不大于 2s,跨系统在线事务处理的响应时间不大于 3s,应用系统内查询的响应时间不大于 6s,应用系统内统计的响应时间不大于 30s。

在业务高峰期间,应用系统平均响应时间要求不超过非业务高峰期间平均响应时间的 1.5 倍。应用系统并发数设计应该支持 30％的冗余,保证系统在业务高峰期间稳定运行。

6.3　老挝气象水文综合数据库管理系统建设

6.3.1　数据库设计

数据库设计指根据用户的需求,在某一具体的数据库管理系统上设计数据库的结构和建立数据库的过程。数据库设计是整个系统的核心,数据库设计不仅要考虑库结构的合理性,还要考虑其安全性。数据库系统需要操作系统的支持。

数据库设计是建立数据库及其应用系统的技术,是信息系统开发和建设中的核心技术。数据库应用系统具有复杂性,为了支持相关程序运行,数据库设计变得异常复杂,因此最佳设计不可能一蹴而就,而只能是一种“反复探寻,逐步求精”的过程,也就是规划和结构化数据库中的数据对象以及这些数据对象之间关系的过程。

6.3.1.1　数据库设计原则

(1)一对一设计原则

在软件开发过程中,需要遵循一对一设计原则进而开展数据维护工作,尽量减少维护问题的出现,在保证数据维护工作顺利开展的同时降低维护工作难度。在此过程中,尽量避免数据大且杂的现象出现,否则既会影响软件开发进度,又会增加工作难度,给其产品质量带来影响。所以,设计人员必须重视此问题。同时,应充分了解实体间存在的必然联系,进而实现信息数据分散的目标,并在此基础上提高整体工作人员的工作效率,提高软件应用程序的可靠性、科学性、安全性以及自身性能。

(2)独特命名原则

独特命名原则的应用是为了减少在数据库设计过程中出现重复命名和不规范命名的现象。通过应用此原则能够减少数据冗杂,维护数据一致性,保持各关键词之间存在必然的对应联系。独特命名原则能够强化工作人员对大小写字母熟练操作的能力,有利于规范化后台代码工作的开展。

(3)双向使用原则

双向使用原则包括事务使用原则和索引功能原则。首先,双向使用原则是在逻辑工作单元模式的基础上实现其表现形式,不仅为非事务性单元操作工作提供基础保障,也保证其能够及时更新、获取数据资源。索引功能原则的有效运用使其获取更多属性列数据信息,并且对其做到灵活排序。目前,软件市场常见的索引模式分为多行检索聚簇索引和单行检索非聚簇索引。

6.3.1.2 重要性

(1)有利于资源节约

不少计算机软件设计时过于重视计算机软件的功能模块,却没有全面综合地分析数据库设计,这往往会导致软件在实际运行过程中频频出现性能低下的情况以及各类故障,甚至还会引发漏电、系统崩溃等一系列安全隐患。因此,对计算机软件数据库设计加以重视不仅可以减少软件后期的维修,达到节约人力与物力的目的,同时还有利于软件功能的高效发挥。

(2)有利于软件运行速度的提高

高水平的数据库设计可满足不同计算机软件系统对于运行速度的需求,而且还可以充分发挥并实现系统功能。计算机软件性能提高后,系统发出的运行指令也将更加快速有效,软件运行速度自然得以提高。此外,具有扩展性的数据库设计可帮助用户节约操作软件的时间。在数据库设计环节,利用其信息存储功能可清除一些不必要的数据库来提高系统的查询效率。除上述功能外,软件设计师还可依据软件功能需求进行有效的数据库设计,进而保障数据库有效发挥自身在计算机软件运行中的作用。

(3)有利于软件故障的减少

在进行数据库设计时,有些设计师的设计步骤过于复杂,也没有对软件本身进行有效分析,这必然会导致计算机软件无法有效发挥自身功能。同时,缺乏有效的设计日志信息还会导致软件在运行过程中出现一系列故障,用户在修改一些错误的操作时必然也会难度较大。因此,加强数据库设计可有效减少软件故障的发生概率,推动计算机软件功能的实现。

6.3.1.3 数据库设计技术

(1)明确用户需求

作为计算机软件开发的重要基础,数据库设计直接体现了用户的需求,因此设计师在设计数据库时一定要与用户密切沟通,紧密结合用户需求。明确用户开发需求后,设计师还需通过具体的业务体现其关联与流程。为便于后期业务拓展,设计环节应充分考虑拓展性,适当预留变通空间。

(2)重视数据维护

过大的设计面积与过于复杂的数据是数据库设计中常见的问题,因此设计师应对数据维护工作加以重视。为提升数据库的设计效率,设计师还应关注数据与实体之间的联系,促进设计效率的提升。

(3)增加命名规范性

数据库程序与文件的命名非常重要,既要避免名称重复,还要保证数据处于平衡状态。

即每个数据的关键词都应处于相对应的关系。对此,设计师在命名时应明了数据库程序与文件之间的关系,灵活运用大小写字母来对其进行命名,降低用户查找信息与资源时的复杂度与困难度。

(4)充分考虑数据库优化与效率的问题

考虑到数据库的优化与效率,设计师需针对不同表的存储数据采用不同的设计方式,如采用粗粒度的方式设计数据量较大的表。为使表查询功能更加简便快捷,可建立有效的索引。在设计中还应使用最少的表和最弱的关系来实现海量数据的存储。

(5)不断调整数据之间的关系

针对数据之间的关系不断进行调整与精简,可有效减少设计与数据之间的连接,进而可为数据之间平衡状态的维持以及数据读取效率的提升提供保障。

(6)合理使用索引

数据库索引通常分为有簇索引和非簇索引,这两种索引均可提升数据查找效率的方式。尽管数据索引效率得到了提升,但索引的应用往往又会带来插入、更新等性能减弱的问题。数据库性能衰弱现象往往会在填充较大因子数据时表现较为突出,因此在对索引较大的表执行插入、更新等操作时应尽量填写较小因子,为数据页留存空间。

6.3.1.4　数据库设计方法

(1)需求分析

调查和分析用户的业务活动和数据的使用情况,弄清所用数据的种类、范围、数量以及它们在业务活动中交流的情况,确定用户对数据库系统的使用要求和各种约束条件等,形成用户需求规约。

需求分析是在用户调查的基础上,通过分析,逐步明确用户对系统的需求,包括数据需求和围绕这些数据的业务处理需求。在需求分析中,通过自顶向下,逐步分解的方法分析系统,分析的结果采用数据流程图(DFD)进行图形化的描述。

(2)概念设计

对用户要求描述的现实世界(可能是一个工厂、一个商场或者一个学校等),通过对其进行的分类、聚集和概括,建立抽象的概念数据模型。这个概念模型应反映现实世界各部门的信息结构、信息流动情况、信息间的互相制约关系以及各部门对信息储存、查询和加工的要求等。所建立的模型应避开数据库在计算机上的具体实现细节,用一种抽象的形式表示出来。以扩充的实体—联系模型(E-R 模型)方法为例,第一步先明确现实世界各部门所含的各种实体及其属性、实体间的联系以及对信息的制约条件等,从而给出各部门内所用信息的局部描述(在数据库中称为用户的局部视图)。第二步再将前面得到的多个用户的局部视图集成为一个全局视图,即用户要描述的现实世界的概念数据模型。

（3）逻辑设计

主要工作是将现实世界的概念数据模型设计成数据库的一种逻辑模式，即适应于某种特定数据库管理系统所支持的逻辑数据模式。与此同时，可能还需为各种数据处理应用领域产生相应的逻辑子模式。这一步设计的结果就是所谓的"逻辑数据库"。

（4）物理设计

根据特定数据库管理系统所提供的多种存储结构和存取方法等依赖具体计算机结构的各项物理设计措施，对具体的应用任务选定最合适的物理存储结构（包括文件类型、索引结构和数据的存放次序与位逻辑等）、存取方法和存取路径等。这一步设计的结果就是所谓的"物理数据库"。

（5）验证设计

在上述设计的基础上，收集数据并具体建立一个数据库，运行一些典型的应用任务来验证数据库设计的正确性和合理性。一般而言，一个大型数据库的设计过程往往需要经过多次循环反复。当设计的步骤发现问题时，就需要对其进行修改。因此，在进行上述数据库设计时就应考虑今后修改设计的可能性和方便性。

（6）运行与维护设计

在数据库系统正式投入运行的过程中，必须不断对其进行调整与修改。至今，数据库设计的很多工作仍需要人工处理，除了关系型数据库已有一套较完整的数据范式理论可用来部分地指导数据库设计之外，尚缺乏一套完善的数据库设计理论、方法和工具，以实现数据库设计的自动化或交互式的半自动化设计。所以数据库设计今后的研究发展方向是研究数据库设计理论，寻求能够更有效地表达语义关系的数据模型，为各阶段的设计提供自动或半自动的设计工具和集成化的开发环境，使数据库的设计更加工程化、更加规范化和更加方便易行，在数据库的设计中充分体现软件工程的先进思想和方法。

（7）用户权限设计

用户权限设计是为了维护数据库数据的安全性、完整性，要想解决数据操作的并发控制问题，必须为使用信息系统的用户设定对数据的操作权限。系统规划了五种数据操作权限：系统管理员、省中心数据库管理员、分中心数据库管理员、特殊用户和一般用户。系统管理员拥有最高权限，除了拥有对数据的所有操作权限（录入、修改、删除、查询）外，还可以增加系统用户，即安排用户的数据操作权限；省中心数据库管理员主要负责全省数据的上下游对照检查、表面合理性审查，并可修改用户权限；分中心数据库管理员主要负责对本中心数据的录入、修改和删除，可以变更数据库中的数据记录，有权修改本站的密码，不经授权不得调阅其他分中心资料；特殊用户可对数据和评价结果进行查询；一般用户只能对数据评价结果和简报进行查询。据此，即可对不同部门用户的数据操作权限进行管理。进入水质数据库后,输入用户名和密码,即可进行不同权限的操作。

索引文件设计,对于一般的数据库来说,数据的检索方式采用的是顺序检索,即给出查询条件后,从数据库中的第一条记录开始检索,直到查到满足条件的记录为止。这种检索方式在数据库记录不多的情况下是可行的,但是当数据库记录量较大时,这种检索方式所花费的时间就比较长,用户需要等待很长时间才能得到系统的反应,系统运行效率不高。为了提高检索效率,可以建立索引,建立索引后的查找方式是折半查找法,检索效率比顺序查找法高。

6.3.1.5　数据库内容

数据库内容主要包括气象水文数据库和地理信息数据库两个子库。

气象水文数据库包括风速、风向、泥沙、太阳辐射、日照时间、相对湿度、蒸发量、流量、气温、气压、径流、降水量以及水位等信息。

地理信息数据库包括主要区段地形图、行政区划图、人口分布图、矿产资源分布图、工农业产值分布图、污染源分布图、水质状况图、水系、水质站网分布图、预测结果图等信息。

6.3.2　数据库管理系统建设

气象水文综合数据库用于存储气象水文司的气象和水文历史资料、实时收集的数据和水资源数据信息中心数据等,为水资源信息展示查询提供数据支撑。气象水文综合数据库管理系统是对数据进行管理的系统软件,它是数据库系统的核心组成部分,用户在数据库系统中的一切操作,包括数据定义、查询、更新(插入、删除和修改)及各种控制都通过管理系统进行。管理系统就是实现将用户意念下的抽象逻辑数据处理转换成计算机中的具体的物理数据的处理软件。

气象水文综合数据库管理系统主要包括数据库建立、数据导入、数据导出、数据库备份、数据库维护等功能模块。其系统模块见图6.3-1。

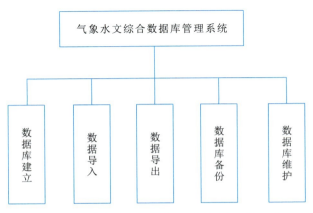

图 6.3-1　气象水文综合数据库管理系统模块图

（1）数据库建立功能

建立气象水文综合数据库及表结构。

（2）数据导入功能

初始数据装入及增量数据导入。

（3）数据导出功能

按需导出数据。

（4）数据库备份功能

数据库备份。

（5）数据库维护功能

数据库的维护包括数据库的转储、恢复、重组织与重构造、系统性能监视与分析等。

6.4 老挝气象水文数据录入和管理系统建设

建设气象水文数据录入和管理系统，可实现历史和实时数据及资料的录入和管理信息化，将现有资料全部数字化，为气象水文司日常工作提供数据支撑。气象水文数据录入和管理系统主要包括气象水文司历史和实时数据维护、人工资料数据录入等功能模块。

（1）气象水文司历史和实时数据维护

提供气象水文综合数据库数据的增、删、改功能。

（2）人工资料数据录入

针对现有的人工数据格式，提供批量导入接口。

其系统模块见图 6.4-1。

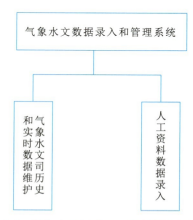

图 6.4-1 气象水文数据录入和管理系统模块图

系统主要数据库表结构见表 6.4-1 至表 6.4-6。

表 6.4-1　　　　　　　　　　　　　　　　水位—流量数据结构

STCD	varchar	测站编码
TM	datetime	时间
Z	numeric	水位
Q	numeric	流量
XSA	numeric	断面过水面积
XSAVV	numeric	断面平均流速
XSMXV	numeric	断面最大流速
FLWCHRCD	varchar	河水特征码
WPTN	varchar	水势
MSQMT	varchar	测流方法
MSAMT	varchar	测积方法
MSVMT	varchar	测速方法
STATE	varchar	状态(0:正常,－1:异常)
CREATE_TIME	datetime	接收时间

表 6.4-2　　　　　　　　　　　　　　　　降水量数据结构

STCD	varchar	测站编码
TM	datetime	时间
DRP	numeric	5min 时段降水量
INTV	numeric	时段长
PDR	numeric	降水历时
DYP	numeric	日降水量
WTH	varchar	天气状况
STATE	varchar	数据状态(0:正常,1:异常)
CREATE_TIME	smalldatetime	入库时间
PT	numeric	降水量累计值
DTP	numeric	1h 时段雨量

表 6.4-3　　　　　　　　　　　　　　　　蒸发—降雨数据结构

STCD	varchar	站码
TM	datetime	时间
EPTP	varchar	蒸发器类型
DYE	numeric	日蒸发量
STATE	varchar	数据状态(0:正常,1:异常)
TM	datetime	时间
CREATE_TIME	datetime	数据写入时间
DYP	numeric	日降水量

续表

STCD	varchar	站码
DYEKD	numeric	蒸发刻度
DYPKD	numeric	雨量刻度

表 6.4-4   风速风向数据结构

STCD	varchar	站码
TM	datetime	时间
CURRENT_WINDX	varchar	当前风向
MIN_WINDX	varchar	最小风向
MAX_WINDX	varchar	最大风向
VECTOR_WINDX	varchar	矢量风向
WIND_MASS	numeric	风的质量
CURRENT_TEMPERATURE	numeric	当前温度
MIN_TEMPERATURE	numeric	最小温度
MAX_TEMPERATURE	numeric	最大温度
AVG_TEMPERATURE	numeric	平均温度
TOP_TEMPERATURE	numeric	顶部温度
BOTTOM_TEMPERATURE	numeric	底部温度
CURRENT_WINDS	numeric	当前风速
MIN_WINDS	numeric	最小风速
MAX_WINDS	numeric	最大风速
AVG_WINDS	numeric	平均风速
VECTOR_WINDS	numeric	矢量风速
STATE	varchar	数据状态
CREATE_TIME	datetime	数据写入时间

表 6.4-5   流速数据结构

STCD	varchar	站点
TM	datetime	时间
V	numeric	流速
V1	numeric	流速1
V2	numeric	流速2
V3	numeric	流速3
V4	numeric	流速4
V5	numeric	流速5
V6	numeric	流速6

续表

STCD	varchar	站点
V7	numeric	流速 7
V8	numeric	流速 8
CREATE_TIME	datetime	接受时间
STATE	varchar	数据状态

表 6.4-6　　　　　　　　　　　水温—温度数据结构

STCD	varchar	站码
TM	datetime	时间
ATMP	numeric	气温
WTMP	numeric	水温
STATE	varchar	数据状态(0:正常,1:异常)
CREATE_TIME	datetime	数据写入时间

6.5　老挝国家水资源信息数据中心运行维护管理平台建设

6.5.1　需求分析

为使老挝国家水资源信息数据中心运行维护更加便利高效,运行维护管理平台系统采用 B/S 架构,实现实时监控系统运行状态。其主要需求如下:

a. 使用 GIS 图显示站点位置,显示站点实时数据信息,监控站点数据报警,报警站点在 GIS 图上以闪烁方式显示,同时以表格形式通知用户。

b. 支持水情、雨情和工情等信息图表查询,支持自定义雨情查询。

c. 支持各类型水雨情报表查询,支持畅通率报表查询,报表可输出 Excel 等格式。

d. 实现系统运维,能实施监控各监测站点状态,能监控实时信息采集状态,能远程对自动监测站编程,能远程批量传输数据。

e. 能实施监控信息采集系统数据报汛状态,能查询报汛数据错误信息,支持对错误报汛数据进行修正后补发。

f. 具有用户权限管理功能,能根据权限划分系统使用范围。

系统建成后为运行维护提供实时资料,提高自动监测系统运行的稳定性与可靠性,保障了防汛抗旱决策所需数据源的安全性。该系统不仅服务于防汛抗旱工作,同时也服务于水资源管理工作,其搭建的基础信息平台为全面的水资源管理工作奠定了良好的基础,对于保障水资源的可持续利用具有重要意义。

6.5.2　总体框架

老挝国家水资源信息数据中心运行维护管理平台总体架构的设计以统一的标准规范体

系和系统安全保障体系为前提,构建数据层、组件层、业务层、表现层的总体架构,组件层及业务层共同组成了业务逻辑层,见图 6.5-1。

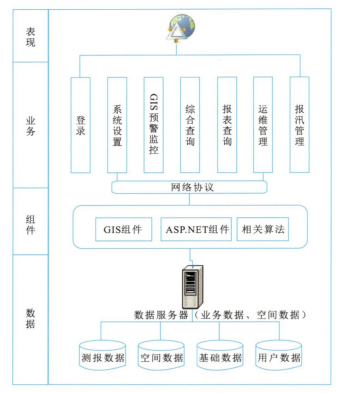

图6.5-1 老挝国家水资源信息数据中心运行维护管理平台系统框架图

（1）数据层

数据层主要负责所需的数据库,系统数据库包括测报数据、空间数据、基础数据及用户数据 4 个方面。

1）测报数据

指水位、雨量、流量、电压以及预警信息数据。

2）空间数据

指 GIS 地图上显示的测站、流域等矢量信息。

3）基础数据

指系统介绍、行政区域信息、流域信息、监测点信息、历史灾害信息以及水库信息。

4）用户数据

指系统用户信息及相关权限。

（2）组件层

业务逻辑层在体系结构中的位置很关键,它处于数据访问层与表示层的中间,起到了数据交换中承上启下的作用,对于数据访问层而言,它是调用者;对于表示层而言,它是被调用者。业务逻辑层又分为组件层和业务层。

组件层为业务层提供业务流程的实现及解决方案,由 GIS 相关组件、ASP. NET 组件及相关算法组成。

（3）业务层

业务层指业务规则的制定,也是系统的主要功能,包括登录、系统设置、GIS 预警监控、综合查询、报表查询、运维管理以及报汛管理。

（4）表现层

表现层用于显示数据和接收用户输入的数据,为用户提供一种交互式操作的界面。

6.5.3　功能设计

6.5.3.1　功能组成

运行维护管理平台系统从功能模块上划分为预警监控模块、综合查询模块、统计分析模块、系统运维模块、数据转储模块和系统设置模块,提供更加专业化的数据显示和统计分析,通过权限管理实现用户对各自负责站点的重点监控。其系统模块见图 6.5-2。

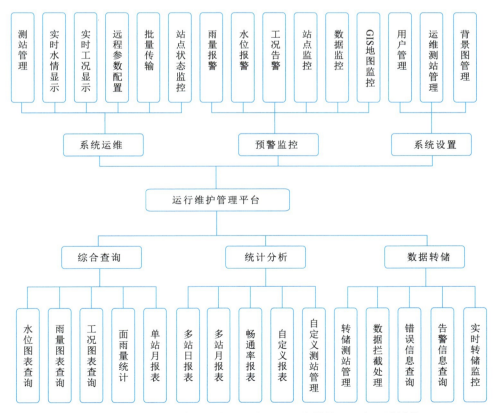

图 6.5-2　老挝国家水资源信息数据中心运行维护管理平台系统模块图

（1）预警监控模块

使用 GIS 图显示站点位置，显示站点实时数据信息，监控站点数据报警时，报警站点在 GIS 图上以闪烁方式显示，同时以表格形式通知用户；支持分级闪烁方式，支持声音和事件报警模式。

（2）综合查询模块

以图表形式查询水情、雨情和工情信息；支持水情、雨情和工情等信息图表查询，支持分级方式查询，支持多数据库查询模式；支持雨情自定义查询。

（3）统计分析模块

各类型统计报表，支持输入 Excel 等格式；支持各类型水雨情报表查询，支持畅通率报表查询，报表可输出 Excel 等格式。

（4）系统运维模块

实时监控站点状态，能远程对自动监测站进行编程，支持远程批量传输数据；实现系统运维，能实时监控各监测站点状态、能监控实时信息采集状态，能远程对自动监测站编程，能远程批量传输数据。

（5）数据转储模块

实时监控数据报汛状态，配置数据报汛站点信息；能实时监控信息采集系统数据报汛状态，能查询报汛数据错误信息，支持对错误报汛数据进行修正后补发。

（6）系统设置模块

管理系统用户及站点信息；系统设置模块包括用户管理和站点信息管理功能，根据实际工作需要对用户权限进行划分，实现用户分级管理；能对系统站点信息进行维护和增、删、改、查等操作。

6.5.3.2　通信链路

智能控制技术的通信链路基于浏览器—服务器（B/S）架构的设计建立，通过与客户端—服务器（C/S）的接收处理软件通信完成中心站对测站的控制，具体通信链路图见图 6.5-3。

应用浏览器—服务器（B/S）架构设计为运维人员访问系统提供便利。多要素水文数据的接收与处理是基于客户端—服务器（C/S）架构，基于 C/S 架构的优点有交互性强、具有安全的存取模式、网络通信量低、响应速度快、有利于处理大量数据。因为客户端要负责绝大多数的业务逻辑和 UI 展示，又称为胖客户端。它充分利用两端硬件，将任务分配到 Client 和 Server 两端，降低了系统的通信开销。但 C/S 架构存在针对性开发，不够灵活，维护和管理的难度较大，通常只局限于小型局域网，不利于扩展。并且该结构的每台客户机都需要安装相应的客户端程序，分布功能弱且兼容性差，不能实现快速部署安装和配置，因此缺少通用性,具有较大的局限性。针对这个问题,设计了基于 B/S 的运维平台。

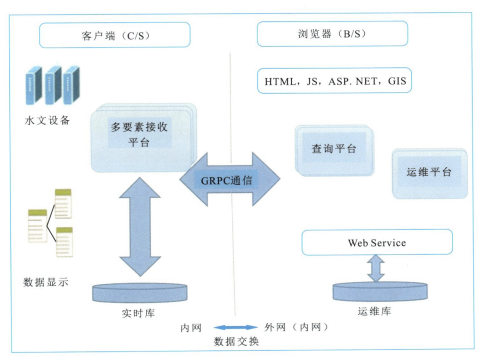

图 6.5-3　通信链路图

B/S 架构是伴随着 Internet 技术的兴起,对 C/S 架构的一种变化或改进架构,为了区别于传统的 C/S 架构,特意称为 B/S 架构。在这种架构下,通过浏览器进入工作界面,极少部分事务逻辑在前端(Browser)实现,主要事务逻辑在服务器端(Server)实现,形成三层(3-tier)结构。这样大大减小了客户端电脑负荷(因此被称为瘦客户端),降低了系统维护、升级的支出成本和用户的总体成本(TCO)。将运维平台设计为 B/S 架构,运维人员通过 Internet 访问即可对水文数据进行查询、修改,对测站和系统进行运行维护。

6.5.3.3　智能控制

4G/5G 通信为远程在线测控提供了稳定的通信链路。一方面对测站的运行状态实时监控;另一方面为测站运维人员远程修改运行参数提供途径,降低测站运维压力。并基于 Netty 通信与 REST 标准接口提供 App 访问,实现 App 对感知设备的监控与运维。

针对降雨、水位、流量、气象等数据建立关联分析,并充分利用站网、站点及历史数据信息建立数字质量评估模型,对数据的到报率、准时率、准确性、合理性进行质量评分和状态评估,并基于机器学习对数据质量评估模型进行动态优化。基于水文模型与大数据分析建立智能分析控制模块,针对系统测站状态、水文数据生成的分析报告,对河段上下游水位、流量、泥沙等水文数据,测验河段断面、河宽、河深等水力因素变化,行船、大坝等人类活动影响信息,降雨、蒸发等水资源信息以及水旱灾害信息进行预警,并基于 GIS 一张图、App 推送、短信通知等三个层面预警,可自行配置预警方式,并基于告警信息和水文分析对设备的运行参数进行灵活调整,系统提供以下三种中心站对测站的远程智能控制方式。

(1)测站运行参数调整

基于设备所支持的参数配置,动态显示参数配置的内容,提供时钟、工作状态、站码、版本号、对时选择、定时段次、电压、主备信道、手机号码、测站类型、水位、雨量、采集段次、水位基值、水位加报值、雨量加报值、传感器类型等参数的读取和设置,见图 6.5-4。

图 6.5-4 参数配置图

系统支持对监测设备进行远程参数的读取和设置。一方面系统基于读取的设备参数及其数据分析智能判定设备的运行状态,并根据需求对设备的运行状态进行实时调整;另一方面,为运维人员提供便利,做到中心站控制监测站,对监测站进行配置。提供基于 4G 信道的远程参数读取与设置。如果需要对其他参数进行设置,可在自主命令区通过手动输入命令进行发送,此功能仅对设备运维人员开放。

(2)批量传输

系统每日自动判定数据接收情况,对于通信链路故障造成的数据缺失,通过批量召测的方式将数据补全,另外用户可基于不同的水文要素及不同的时间段对数据进行批量传输,见图 6.5-5。

图 6.5-5 批量传输图

6.5.3.4　用户接口

基于 RESTful 接口通信,实现多要素接收系统和运维 B/S 系统的通信,REST 即表述性状态转移(Representational State Transfer),RESTful 遵循了 REST 的 Web 服务,REST 最大的几个特点为资源、统一接口、URI 和无状态。资源为系统之间的各类数据的传输提供了方便,JSON 是当前最常用的资源表示形式;统一接口是基于数据的 CRUD(create、read、update 和 delete,即数据的增、查、改、删)操作,与 HTTP 方法对应,GET 用来获取资源,POST 用来新建资源(也可以用于更新资源),PUT 用来更新资源,DELETE 用来删除资源。这样就统一了数据操作的接口,仅通过 HTTP 方法,就可以完成对数据的增删查改工作;URI 即统一资源定位符,每个 URI 都对应一个特定的资源;无状态即所有的资源都可以通过 URI 定位。

基于 RESTful 接口的上述特点,系统在 B/S 平台为运维系统提供所需的接口,通过 JSON 格式进行数据输,这样既实现了运维平台跨平台的需求,又保证了 B/S 接收平台和运维网站之间的通信。具体系统交互见图 6.5-6。

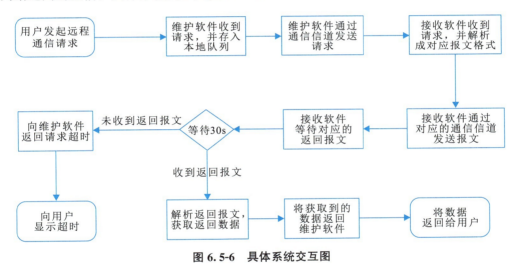

图 6.5-6　具体系统交互图

系统基于 B/S 架构和 RESFTful 接口通信,最终实现运维功能。

6.5.3.5　响应式框架

采用响应式前端框架自适应于台式机、平板电脑、手机等移动设备。

"响应式开发"即"响应式网站设计",是一种网络页面设计布局,其理念是集中创建页面的图片排版大小,可以智能地根据用户行为以及使用的设备环境进行相对应的布局。换句话说,就是使用相同的 HTML,在不同的分辨率时有不同的排版。系统采用 Bootstrap 响应式前端框架,使网站不仅能在 PC 端上面完美运行,在移动端上同样能够显示。

6.5.4 系统实现

老挝国家水资源信息数据中心运行维护管理平台依据软件设计基本原则及性能要求，在整合和集成现有老挝国家水资源信息数据中心软件的基础上，建立老挝国家水资源信息数据中心运行维护管理平台。系统平台的建设内容包括功能部分使用 VS. NET 平台 C♯语言，页面设计使用 ASP. NET，地图部分使用 ArcGIS，后台数据库使用 SQL Server，借助 B/S(浏览器/服务器)架构体系。

数据库是整个系统的核心，数据库的设计不仅要考虑库结构的合理性，还要考虑其安全性。

用户权限设计是为了维护数据库数据的安全性、完整性，解决数据操作的并发控制问题，必须为使用信息系统的用户设定对数据的操作权限。系统规划了三种数据操作权限：超级系统管理员、数据库管理员、一般用户。超级系统管理员拥有最高权限，除了拥有对数据的所有操作权限(录入、修改、删除、查询)外，还可以增加系统用户，即安排用户的数据操作权限；数据库管理员主要负责数据的录入、修改和删除，可以变更数据库中的数据记录，有权对数据的上下游对照检查、表面合理性审查，并可修改用户权限；一般用户只能限于数据和报表的查询。据此，即可对不同部门的用户进行数据操作权限的管理。进入数据库后，输入用户名和密码，即可进行不同权限的操作。

作为一个实时系统，实时性是首要指标。作为一个流计算框架，其与早期大数据处理的批处理框架有明显区别。批处理框架是执行完一次任务就结束运行，而流处理框架则是持续运行，理论上永不停止，并且处理粒度是消息级别，因此只要系统的计算能力足够，就能保证每条消息都能第一时间被发现并处理。对实时用户行为来说，首先要保证数据尽可能少丢失，另外要支持包括重试和降级的多种数据处理策略，若并不能发挥 exactly once 的优势，反而会因为事务支持降低性能，所以实时用户行为系统采用 at least once 的策略。这种策略下消息可能会重发，所以程序处理实现了幂等支持。在部分情况下数据处理需要重试，比如数据库连接超时或者无法连接。连接超时可能马上重试就能恢复，但是无法连接一般需要更长的时间等待网络或数据库恢复，这种情况下处理程序不能一直等待，否则会造成数据延迟。实时用户行为系统采用了双队列的设计来解决这个问题。

作为基础服务，对其可用性的要求比一般的服务要高得多，因为下游依赖的服务多，一旦出现故障，有可能会引起级联反应从而影响大量工作。项目从设计上对问题进行了处理，保障系统的可用性。

数据库查询可选择基于原始接收数据库和实时水情数据库。

应用系统由 6 大子系统组成，即系统设置子系统、预警监控子系统、数据查询子系统、统计分析子系统、系统运维管理子系统、数据转储子系统。

（1）系统设置子系统

系统设置主要是定义用户权限，系统定义了超级系统管理员、数据库管理员、一般用户三种数据操作权限。

超级系统管理员：对所有界面具有操作权限；数据库管理员：除系统管理以外的所有操作权限；一般用户：对所有站点均有查询权限。

（2）预警监控子系统

提供 GIS 地图监控、雨量告警监控、水位告警监控、工况告警监控、站点监控、数据监控等功能，针对异常数据可提供声音告警、App 提示、短信提示等功能，见图 6.5-7。

图 6.5-7　预警监控图

对于雨量超限、水位超限、电压超限的数据分别在雨量报警、水情报警、工况报警中展示，且该站点在 GIS 地图中位置闪烁，根据配置，发送告警短信和 App 提示。站点监控和数据监控展示一段时间内站点的运行状态和数据接收情况，提供对整个系统运行状态的监控。

告警信息可以以闪烁和声音方式提示，预警监控界面自动刷新，左边列表显示告警信息，右边显示地图，左右界面可以通过按钮隐藏，只显示地图。声音文件可选择停止播放。GIS 图以水系图为主，主要河流和主要城市标注在图上，支持缩放。

（3）数据查询子系统

系统提供对各类水文数据包括水位、雨量等水文要素的查询展示功能，并支持在增加水文要素后灵活调整，具体见图 6.5-8。

雨情信息分实时降水量、降雨日月年报表、面雨量统计、点雨量查询等，实现了雨情信息的查询。水情信息分水情表、水情过程等，实现了水情信息的表格查询与过程查询。

图 6.5-8　数据查询图

（4）统计分析子系统

统计分析主要针对报汛人员在日常工作中的应用而设计，做到对常用报表的全覆盖。雨情信息统计分降雨日月年报表、面雨量统计等，实现了雨情信息的报表统计；水情信息主要分析水情报表，实现水情报表日、月、年统计。

（5）系统运维管理子系统

系统提供对设备的参数读取/配置功能，并且支持对缺失数据进行批量召测，并提供对测站在线信息、实时数据接收的展示。运维管理接收展示包括工况信息、水雨情测站管理、数据维护、水位流量关系管理、远程控制、畅通率统计等模块。

系统采用 RESTful 接口技术，实现了运行维护管理系统对遥测站的远程控制，可远程对遥测站进行编程，可远程批量传输历史数据。

（6）数据转储子系统

在系统中配置每个站点需要转储的参数通过调用 ETL 服务实现，对于超限数据会自动进行拦截，等待人工处理。

第 7 章　认识与展望

CHAPTER 7

7.1　主要认识

7.1.1　北斗卫星在湄公河流域水资源监测中的应用

北斗卫星系统是中国决策实施的国家重大科技工程。该工程自 1994 年启动,2000 年完成北斗一号系统建设,2012 年完成北斗二号系统建设。2020 年,北斗三号全球卫星导航系统全面建成并开通服务,标志着工程"三步走"发展战略决战取得胜利,我国成为世界上第三个独立拥有全球卫星导航系统的国家。北斗卫星系统已覆盖整个赤道圆周,可实现全球通信。目前,全球已有 120 余个国家和地区使用北斗系统,包括湄公河流域柬埔寨、越南、老挝、缅甸、泰国和我国云南省共 6 个国家和地区。北斗卫星技术成熟、简单、工作稳定、覆盖面大,可广泛应用于湄公河流域的自动监测站。

作为流域水文机构,水利部长江水利委员会水文局在国内水文水资源监测领域紧盯技术发展前沿,将北斗系统技术应用于水文自动测报,在国内多个流域和省市水文水资源监测系统、自然灾害监测体系中采用北斗卫星通信技术和定位功能,极大地提升了水文监测的能力和水平。

由长江水利委员会水文局承担的"老挝国家水资源信息数据中心示范建设项目(一期工程)",在老挝境内湄公河流域建设 25 个自动监测站(13 个水文站、12 个雨量站)。采用自主研发 YAC 系列遥测产品,通信采用 GPRS 为主信道,北斗卫星为备用信道,在老挝人民民主共和国自然资源和环境部气象水文司移动网络不畅通时,自动监测站自动切换信道,及时通过北斗卫星将自动采集的水雨情信息传输至数据中心。自采用北斗卫星的自动监测站建成以来,项目运行实现了数据的互联互通,极大提升了老挝水文水资源监测预报预警的能力和水平,为老挝防洪抗旱减灾、水资源综合利用提供了决策支持与技术保障。

随着老挝和中国在澜湄合作框架下气象、水利合作的不断深入,为提升老挝应对自然灾害、管理水资源的能力,可以将北斗卫星系统更广泛地应用于各项目的建设中,将北斗卫星系统作为监测站点通信方面的重要手段。北斗卫星投入湄公河流域水资源监测应用后,充分发挥其体积小、没有雨衰、通信速率高等特点,性能全面优于通信卫星、海事卫星等通信方式。

北斗卫星在湄公河流域的水文自动测报系统中发挥数据传输作用,效果十分理想,基本解决了湄公河流域水文信息的采集与传输需求。

老挝国家水资源信息数据中心是中国政府援助的建设项目,也是澜湄合作早期收获的项目成果之一。数据中心采用中国先进的设计理念和信息技术,特别是利用物联网、北斗卫星通信技术以及气象水文相结合的预警预报模型,实现信息自动采集传输和互联互通。水资源信息数据中心的建立,使老挝初步具备了水文信息数据自动采集传输、信息处理、预警预报等能力,实现了水资源网络互联互通,极大提升了老挝水文水资源监测预报预警能力。

目前北斗卫星通信导航系统已经覆盖该湄公河流域柬埔寨、越南、老挝、缅甸、泰国和中国云南省共 6 个国家和地区,可提供基本导航和卫星通信服务。

北斗卫星系统在湄公河流域水资源监测的应用建设实践实现了在区域快速形成服务能力、逐步扩展为全球服务的发展路径,丰富了世界导航卫星服务的发展模式。

北斗卫星系统在老挝国家水资源信息数据中心示范建设项目的示范应用促进了当地北斗卫星系统服务推广,同时可推广到整个湄公河流域。积极推动北斗系统在当地的建设、应用等各领域开展全方位合作与交流,加强兼容与互操作,实现资源共享、优势互补、技术进步,共同提高北斗卫星导航系统服务水平,为用户提供更加优质多样、安全可靠的服务。

7.1.2 在线测流新技术在湄公河流域的应用

河流在线测流新监测技术在湄公河流域应用可实时掌握湄公河流域内可用水资源数据信息,提高监测效率,同时加大了老挝国家水资源数据中心对水资源管理的力度,从而加快了湄公河流域水文现代化建设,推动了中国监测技术、监测方法和监测结果标准化在湄公河流域的应用。

随着水文监测技术和装备的发展、进步,各类水文自动测报系统已经在不同地域和环境中得到应用,传感器设备也由早期的简单、单一型发展为数字、智能型、接触式、非接触式等。流量监测技术是水资源智能调度与精细化管理的重要基础手段。近年来,随着数字化、信息化、智能化的发展,实现河流流量实时在线监测成为水文水资源发展新阶段的必然趋势,是全面提升水文测报自动化水平过程中关键的挑战之一。流量监测的方法应根据环境、地理条件限制等因素采用合适的方法。按照是否接触水体分类,现有的流量监测技术和方法可以分为两类,即接触式测量方法和非接触式测量方法。接触式测量方法主要包括流速仪、浮标法、v-ADCP 等;非接触式测量方法主要包括电波流速仪、雷达波、微波遥感、粒子成像测速法以及 UHF 雷达等方法。采用非接触式的测量方法不受环境、地理的限制,因此被许多水文测站、水利工程的水情自动测报系统所采用。雷达测流、图像测流、固定式 ADCP 测流、时差法测流等各类非接触式和接触式水文自动测报系统已经在不同地域和环境中得到应用。图像测流这种非接触式的测流系统不仅能输出水位、流速、流量的测量值及其可视化图像,还能同时输出现场的视频片段和单帧图像,可用于测量结果的直观验证、现场工况的实时监视和历史事件的回溯分析,目前水利视频监控系统正逐渐成为河流、水库、灌区、闸坝等水文观测站的标准配置,为图像法测流系统构建提供了有利条件。超声波时差法测流这种接触式测流系统因其原理简单、人力劳动强度低、适用范围广、安装维护简便、可实现在线监测等优势已广泛应用于大型灌区渠道、南水北调输水河道、大型输水管道等各个领域。

随着水文自动化监测建设的全面开展,各类非接触式和接触式水文自动测报系统可在整个湄公河流域和环境中进行推广应用。在已完成的老挝水资源数据中心项目中,UHF 雷达在线测流技术已成功应用于湄公河干流流域的琅勃拉邦水文站,UHF 雷达波长介于高频和微波之间,距离分辨率较高,具有实现近海海洋和内陆大江大河动力参数精细测量的潜力。作为一种较为新兴的方法,利用 UHF 雷达系统探测河流技术已经取得相当瞩目的成果,在琅勃拉邦水文站的应用和比测结果分析将为后续在湄公河流域推广应用提供借鉴。

7.1.3　基于网络智能控制的物联网融合系统的认识

从实施成果和后期运行效益看,老挝国家水资源信息数据中心示范建设项目是一个成功的基于网络智能控制的物联网融合系统,该项目从感知要素的多样性、水文数据的复杂化、数据存储的异构性、感知方式的多样化出发,建立了基于网络智能控制的物联网水资源监测多要素融合系统,实现了对分散数据的集中管理和实时在线的远程测控。具体体现在以下几点。

(1)实现多信道多要素数据集中管理

老挝国家水资源信息数据中心水情信息接收处理平台的水资源信息感知包含了水位、降雨和流量等要素,4G 和北斗等通信方式自动互为备份构成湄公河流域水资源传输体系。建立高效的数据融合架构与异构数据存储体系,实现对上述数据的集中管理,建立水资源监测基础数据中心,并基于全文搜索引擎提供高效的数据服务。

(2)完成对监测站点远程在线测控

3G/4G/5G 通信为远程在线测控提供了稳定的通信链路。一方面对测站的运行状态实时监控;另一方面为测站运维人员远程修改运行参数提供途径,降低测站运维压力。并基于 Netty 通信与 REST 标准接口提供 App 访问,实现 App 对感知设备的监控与运维。

基于网络智能控制的物联网水资源监测多要素融合系统在老挝国家水资源信息数据中心示范建设项目和柬埔寨水文信息监测与传输技术应用等项目中成功应用,为老挝、柬埔寨和湄公河流域其他国家水资源监测系统智能物联汇集应用方向做出了成功的示范,水资源监测数据的稳定、高效汇集,集中应用管理能有效提高水资源数据的利用率,为流域内防汛抗旱和水资源管理决策提供坚实和实时的数据支撑,对流域内社会、经济层面产生了积极的影响。

7.2 展望

7.2.1 建立科学完善的报汛体系

湄公河流域洪涝灾害频发,水文监测技术和手段落后,严重影响流域内人民生命与财产安全。一个科学完善的报汛体系是水文监测信息及时、有效和完整的保障,是防汛抗旱和水资源管理的基础。

随着澜湄合作的进一步做深做实和水文监测系统的逐步应用,如何将这些分散的数据信息纳入一个统一的数据平台,是我们需要着力研究解决的。湄公河流域国家受各自条件的制约,自动监测体系的建设任重而道远,人工报汛仍是未来很长一段时间的主流方式,测站人工观测水情数据后记录在纸上,再通过电话或网络等方式上报数据,实时性不强,工作效率低下。水情报汛体系示范建设能够有效提升水文监测数据管理能力,报汛体系的完善有利于提高数据的实时性及完整性,有利于充分发挥水文数据社会效益的支撑作用,提升人员技术管理能力,进一步开展适合湄公河流域国家水情报汛体系示范建设研究,推广示范建设项目势在必行。

现已完成的老挝水资源数据中心示范建设项目和正在实施的柬埔寨水文信息监测与传输示范建设项目均紧密围绕该国家水情报汛体系示范建设目标,通过报汛体系示范建设的实施,提升该国水文数据报汛能力,提高了水文基础数据实时性及时效性,加强了数据管理技术交流及能力建设,构建了报汛信息实时交流体系,促进水资源可持续管理和利用,服务民生改善,支撑经济社会可持续发展,为其他澜湄国家在水资源领域的友好交流与长效合作起到了示范作用。此外,通过报汛体系示范建设的实施对成熟的水文报汛体系的推广,水文监测技术规范化、标准化、国际化,深化澜湄合作机制等具有重要的意义。

7.2.2 开展共享示范应用

通过澜湄水资源合作项目、亚洲合作基金项目、东盟海上合作基金项目和世界银行基金等项目建设,以及湄公河流域各国在水文监测方面的直接投入,或通过水利工程建设间接投入,水文自动化监测技术在湄公河流域各国得到了示范应用,在一些区域范围内建成了实时的水文监测系统。但是这些水文监测系统所采集的监测信息在国家与国家之间、部门与部门之间、项目与项目之间互相孤立,缺乏有效的共享和管理,缺少统一规划,各政府之间、网站和应用系统之间难以进行数据交换,形成彼此独立的信息孤岛,难以实现更高层次的信息处理。

2018 年依托"中国—东盟海上合作基金",通过中国与老挝水利部门的共同努力,长江水利委员会水文局援建的老挝国家水资源信息数据中心示范项目已成功落地,历经数据中心一期、二期建设,目前 51 个水情遥测站、1 个流量在线监测站、2 个视频监控站及水情数据中心系统均已投入正常运行。随着澜湄合作的进一步做深做实,越来越多的水情自动测报系统如雨后春笋般在湄公河流域各国建成,下一步我们需要着力研究开展湄公河流域水资源信息共享建设。水资源信息共享建设能够有效提升湄公河流域水资源数据管理能力,有利于充分发挥水资源监测对社会和经济的支撑作用。

开展水资源信息共享建设可采取循序渐进的方式,可先期开展数据共享示范应用。例如,选取具有代表性的水利工程水情信息监测系统——南乌江水情测报系统与长江水利委员会水文局承建的老挝国家水资源信息数据中心之间开展数据共享,中国电力建设集团有限公司在琅勃拉邦建设集控中心,采集南乌江流域水雨情信息。南乌江水情测报系统使用GPRS 通信网络实现水情数据的传输,其中心站设立在琅勃拉邦,中心站网络属于中国电力建设集团自己建设的网络;老挝数据中心系统使用 GPRS 和北斗卫星实现水情数据的传输,其中心站设立在万象,中心站网络接入老挝气象水文司局域网,公网出口在自然资源环境部。两系统存在共享互通的必要性、可行性和互补性,将南乌江已建水情测报系统数据纳入老挝国家水资源信息数据中心水文全要素在线监控管理系统,数据中心的进一步应用性和数据代表性将大幅提高。以南乌江数据共享示范应用为基础,逐步探索在湄公河流域行之有效的共享方式,集成湄公河流域已有水资源监测系统数据,为湄公河流域防汛抗旱和水资源管理提供坚实的数据支撑。

主要参考文献

[1] 王俊,熊明 . 水文监测体系创新及关键技术研究[M]. 北京:中国水利水电出版社,2015.

[2] 长江水利委员会水文局 . 长江水文河道测验分析文集[M]. 武汉:长江出版社,2008.

[3] 长江水利委员会水文局 . 长江水文河道测验分析文集(二)[M]. 武汉:长江出版社,2010.

[4] 中华人民共和国水利部 . 声学多普勒流量测验规范:SL 337—2006 [S]. 北京:中国水利水电出版社,2006.

[5] 国家市场监督管理总局,国家标准化管理委员会 . 水文自动测报系统技术规范:GB/T 41368—2022 [S]. 北京:中国水利水电出版社,2022.

[6] 中华人民共和国水利部 . 水位观测标准:GB/T 50138—2010 [S]. 北京:人民出版社,2010.

[7] 中华人民共和国水利部 . 降水量观测规范:SL 21—2006[S]. 北京:电子工业出版社,2006.

[8] 刘志雨 . 我国水文监测预报预警体系建设与成就[J]. 中国防汛抗旱,2019,29(10):5.

[9] 黄燕,李妍清,何小聪,等 . 湄公河流域洪水特性分析[J]. 人民长江,2018,11(22):12-14.

[10] 孙周亮,刘艳丽,刘翼,等 . 澜沧江—湄公河流域水资源利用现状与需求分析[J]. 水资源与水工程学报,2018,8(4):67-73.

[11] 黄汉文,李昌文,徐驰 . 澜沧江—湄公河水资源合作的现实、挑战与方向[J]. 人民长江,2021,52(7):88-94.

[12] 程海云 . 强化水文监测预报预警支撑安澜长江建设[J]. 长江技术经济,2021,5(5):1-5.

[13] 包第啸,马瑞,胡承芳.湄公河委员会信息系统发展与现状研究[J].长江技术经济,2021,5(6):112-121.

[14] 雷昌友,陈卫,高明,等.老挝国家水资源信息数据中心示范建设项目中心站设计与实现[J].长江技术经济,2022,6(1):105-108.

[15] 李然,王巧丽.老挝天空地一体化水雨情数据监测系统集成及应用——以老挝国家水资源信息数据中心项目为例[J].水利水电快报,2022,43(6):19-24.

[16] 王俊.长江水文测验方式方法技术创新的探索与实践[J].水文,2011(S1):3.

[17] 刘东生,陈守荣,李海源,等.长江水文测验方式方法创新方案设计[J].水文,2011,31(S1):4-7.

[18] 韩友平,段文超,周陈超.水文测验技术标准适应性研究成果与应用[J].水文,2011,31(S1):12-14.

[19] 王慧斌,徐立中,谭国平,等.水文自动测报物联网系统及通信组网与服务[J].水利信息化,2018(3):1-6.

[20] 艾萍,于家瑞,马梦梦.智慧水文监测体系中的关键技术简述[J].水利信息化,2018(1):36-40.

[21] 陈卫,冯能操,罗维新.HS-40气泡式压力水位计在长江数字航道水位监测中的应用[J].水运工程,2014(11):64-68.

[22] 陈守荣,香天元,蒋建平.ADCP外接设备对流量测验精度影响的研讨[J].人民长江,2010,41(1):29-34.

[23] 朱进,蒋建平,石照泉,等.GPS安装对ADCP测验精度的影响分析[J].现代测绘,2010,33(6):28-29.

[24] 陈建湘,吴尧,张潮.ADCP数据后处理软件设计及其应用[J].人民长江,2014,45(21):58-61.

[25] 鲁青,张国学,史东华,等.基于AI智能影像识别技术的流量实时在线监测集成与应用[J].水利水电快报,2021,42(9):97-103.

[26] 崔明,朱晓梅.水文遥测终端技术在水文情报预报中的应用分析[J].科研,2016(8):31.

[27] 闫梅.水文遥测终端技术在水文情报预报中的应用探究[J].科学技术创新,2017(8):123-123.

[28] 王慧斌,徐立中,谭国平,等.水文自动测报物联网系统及通信组网与服务[J].水利信息化,2018(3):1-6.

[29] 郑浩.LoRa 技术在低功耗广域网络中的实现和应用[J].信息通信技术,2017,11(1):19-26.

[30] 王巧丽,吴琦.嵌入式遥测终端在流量实时在线监测系统中的应用[J].工业控制计算机,2018,31(10):66-67.

[31] 胡国晨.基于 ARM 的 uC/OS-II 嵌入式实时操作系统研究[J].信息记录材料,2018,19(12):58-60.

[32] 龚鹏.微服务分布式构架开发实战[M].北京:人民邮电出版社,2018.

[33] 方志朋.深入理解 Spring Cloud 与微服务构建[M].北京:人民邮电出版社,2019.

[34] 付朋辉,吕锋,王艳.基于微服务架构的平台设计与应用[J].金融电子化,2017(6):2.

[35] 郭浩,赵铭伟,陈玉华,等.计算机网络技术及应用[M].北京:人民邮电出版社,2017.

[36] 贾金岚.计算机网络综合布线的合理性及系统设计探讨[J].电脑知识与技术,学术版,2021,17(11):47-48.

[37] 邱洪钢,张青莲,熊友谊.ArcGIS Engine 地理信息系统开发从入门到精通[M].北京:人民邮电出版社,2013.

[38] 周可.微型计算机接口技术[M].北京:人民邮电出版社,2015.

[39] 于英民,于佳.计算机接口技术:第 3 版[M].北京:电子工业出版社,2004.

[40] 杨开振.深入浅出 Spring Boot 2.x[M].北京:人民邮电出版社,2018.

[41] 吴向华.构建大数据项目的 REST 数据接口服务[C]//全国冶金自动化信息网.全国冶金自动化信息网 2018 年会论文集.北京:冶金自动化杂志社,2018.

[42] 张中.基于 XML/SOAP 协议的 Web 服务研究及其应用[D].哈尔滨:哈尔滨工程大学,2006.

[43] Handley M. Delay is not an option:low latency routing in space[C]// The 17th ACM Workshop on Hot Topics in Networks (HotNets'18). New York:ACM Press,2018:85-91.

[44] Chiang M,Zhang T. Fog and IoT:An overview of research opportunities[J]. IEEE Internet of Things Journal,2016(3):854-864.

［45］ Wang H B, Liu Y, Xu S F. An opportunistic routing protocol based on link correlation for wireless mesh networks ［C］//International Conference on Wireless Communications. Networking and APPlications, 2015, 348:113-125.

［46］ Wang X, Hong Z, Zhu J. GRPC: A Communication Cooperation Mechanism in Distributed Systems［J］. ACM SIGOPS Operating Systems Review, 1993, 27（3）: 75-86.

［47］ Mekong River Commission. Overview of the Hydrology of the Mekong Basin［R］. Vientiane: Mekong River Commission, 2006.

［48］ Mathias K G, P S R J, Paul C, et al. Changing sediment budget of the Mekong: Cumulative threats and management strategies for a large river basin［J］. The Science of the total environment, 2018:625-632.

［49］ 吴迪,赵勇,裴源生,等. 澜沧江—湄公河流域温度和降水变化趋势分析［J］. 中国水利水电科学研究院学报,2011,9（4）: 304-312.

图书在版编目（CIP）数据

澜湄水资源自动监测关键技术研究与实践 / 毕宏伟等著.
—武汉 ： 长江出版社，2023.6
（澜湄水资源合作研究丛书）
ISBN 978-7-5492-9181-6

Ⅰ．①澜… Ⅱ．①毕… Ⅲ．①澜沧江－流域－水文观测－研究
②湄公河－流域－水文观测－研究 Ⅳ．① P332

中国国家版本馆 CIP 数据核字 (2023) 第 204907 号

澜湄水资源自动监测关键技术研究与实践
LANMEISHUIZIYUANZIDONGJIANCEGUANJIANJISHUYANJIUYUSHIJIAN
毕宏伟等　著

责任编辑： 李春雷
装帧设计： 彭微
出版发行： 长江出版社
地　　址： 武汉市江岸区解放大道 1863 号
邮　　编： 430010
网　　址： https://www.cjpress.cn
电　　话： 027-82926557（总编室）
　　　　　　027-82926806（市场营销部）
经　　销： 各地新华书店
印　　刷： 湖北金港彩印有限公司
规　　格： 787mm×1092mm
开　　本： 16
印　　张： 19.75
彩　　页： 4
字　　数： 511 千字
版　　次： 2023 年 6 月第 1 版
印　　次： 2023 年 6 月第 1 次
书　　号： ISBN 978-7-5492-9181-6
定　　价： 180.00 元